矩阵特征值定位理论

李朝迁　李耀堂　著

科学出版社

北京

内 容 简 介

本书较为全面、系统地介绍了矩阵特征值定位的基本理论、方法及其相关问题. 全书共五章, 包括预备知识、Geršgorin 圆盘定理与严格对角占优矩阵、Brauer 卵形定理与双严格对角占优矩阵、几类结构矩阵的特征值定位与估计(包括非负矩阵谱半径的估计、随机矩阵非 1 特征值的定位与估计、Toeplitz 矩阵特征值的定位等)以及与矩阵特征值定位相关的其他问题(如严格对角占优矩阵的 Schur 补、B-矩阵与实特征值的估计、线性互补问题解的误差估计、矩阵伪谱定位、区间矩阵特征值定位、非线性特征值定位、高阶张量特征值定位)等. 同时, 我们较为详尽地给出了上述各问题的相关文献, 以便于读者参阅, 还以附录形式给出了部分图的 MATLAB 代码.

本书可作为高等院校数学各专业研究生和理工科相关专业研究生矩阵理论及应用课程的教学用书或教学参考书, 也可作为理工科院校高年级本科生的选修课用书, 亦可供相关专业教师和科研人员阅读参考.

图书在版编目(CIP)数据

矩阵特征值定位理论/李朝迁, 李耀堂著.—北京: 科学出版社, 2024.1
ISBN 978-7-03-077522-1

I. ①矩⋯　II. ①李⋯ ②李⋯　III. ①矩阵–谱分析(数学)　IV. ①O151.21

中国国家版本馆 CIP 数据核字(2024)第 007608 号

责任编辑: 王丽平　孙翠勤 / 责任校对: 彭珍珍
责任印制: 张　伟 / 封面设计: 无极书装

科 学 出 版 社 出版
北京东黄城根北街 16 号
邮政编码: 100717
http://www.sciencep.com

北京捷迅佳彩印刷有限公司 印刷
科学出版社发行　各地新华书店经销

*

2024 年 1 月第 一 版　开本: 720 × 1000　1/16
2024 年 1 月第一次印刷　印张: 13 1/2
字数: 280 000
定价: 128.00 元
(如有印装质量问题, 我社负责调换)

前　言

　　矩阵是代数学中最重要的基本概念之一, 不仅是数学各学科的基本工具, 而且在物理学、统计学、最优化、信息处理、自动控制、数据科学和经济学等应用学科的理论研究和数值计算中都有着广泛的应用. 1850 年, 英国数学家詹姆斯·约瑟夫·西尔维斯特 (James Joseph Sylvester) 首先使用矩阵 (matrix) 一词, 而将矩阵作为独立的数学对象进行研究的则是 19 世纪英国数学家阿瑟·凯莱 (Arthur Cayley). 在阿瑟·凯莱时代, 许多与矩阵有关的性质已经在对行列式的研究中被发现, 这使得凯莱认为矩阵的引进是十分自然的. 他说: "矩阵概念或是直接从行列式的概念而来, 或是作为一种表达线性方程组的方便方法而来的." 从 1858 年开始, 凯莱发表了《矩阵论的研究报告》等一系列关于矩阵的专门论文, 研究了矩阵的运算律、矩阵的逆和转置以及特征多项式等. 1854 年, 法国数学家夏尔·埃尔米特 (Charles Hermite) 首次使用了 "正交矩阵" 这一术语, 但其正式定义直到 1878 年才由德国数学家弗迪南德·格奥尔格·弗罗贝尼乌斯 (Ferdinand Georg Frobenius) 发表. 1879 年, 弗罗贝尼乌斯引入矩阵秩的概念. 至此, 矩阵的体系基本上建立起来了.

　　百度百科的词条对 "矩阵" 一词的解释中称: 矩阵概念最早在 1922 年见于中文. 1922 年程廷熙在一篇介绍文章中将矩阵译为 "纵横阵". 1925 年, 科学名词审查会算学名词审查组在《科学》第十卷第四期刊登的审定名词表中, 矩阵被翻译为 "矩阵式", 方块矩阵翻译为 "方阵式", 而各类矩阵如 "正交矩阵""伴随矩阵" 中的 "矩阵" 则被翻译为 "方阵". 1935 年, 中国数学会审查后, 在中华民国教育部审定的《数学名词》中, "矩阵" 作为译名首次出现. 中华人民共和国成立后编订的《数学名词》中, 则将译名定为 "(矩) 阵". 1993 年, 全国自然科学名词审定委员会公布的《数学名词》中, "矩阵" 被定为正式译名, 并沿用至今.

　　矩阵特征值问题是矩阵理论及其应用研究的主要课题, 在动力系统的稳定性分析、控制系统的可控性研究等许多学科中具有重要应用. 国内外许多学者都致力于这一问题的研究, 并得到一系列成果. 1846 年, C. G. Jacobi 设计算法计算对称矩阵的特征值. 1958 年, H. Rutishauser 给出了计算一般方阵特征值的算法. 以此为基础, J. G. F. Francis 和 V. N. Kublanovskaya 提出了著名的适合于求解中小规模矩阵特征值的 QR 算法. 对于求解大型矩阵特征值问题的常用算法主要有幂迭代法、子空间迭代法、Lanczos 方法、Davidson 方法、Arnoldi 方法等. 还有利用预处理技术, 结合一些传统的算法而得到的收敛性更好的算法. 例如, 预处理 Lanczos 方法、Davidson-Lanczos 方法、Jacobi-Davidson 方法等. 虽然有许多计算矩阵特征值的算法, 但当矩阵是稠密的且阶数较大的时候, 其特征值的精确计算还是十分困难的, 尤其是随着科技的发展, 特别是计算机科学、信息科学和数据科学的发展, 在科学和工程技术等应用领域出现的矩阵的规模越来越大, 使得矩阵特征值的精确计算变得越来越难. 既然矩阵特征值的精确计算难以做到, 我们可以退而求其次之, 对其进行估计, 即确定给定矩阵特征值在复平面的大致位置. 幸运的是, 在许多实际应用中, 事实上也并不需要精确地计算出矩阵的所有特征值, 而只需确定其特征值在复平面的分布情况即可, 即矩阵特征值的定位. 例如, 在动力系统稳定性研究中, 只需判断其系数矩阵的特征值是否都分布在复平面的左半平面; 在实对称矩阵正定性的判定中, 只需判断出矩阵的特征值是否全为正数; 在线性方程组迭代解法的收敛性问题中, 如果迭代矩阵的特征值都位于复平面的单位圆内, 则此迭代法收敛; 等等. 因此, 研究矩阵的特征值定位问题具有十分重要的理论和应用意义. 许多学者对其进行了研究, 获得了一系列重要结果. 本书将从矩阵非奇异性判定的角度对矩阵特征值定位问题的研究结果, 尤其是近年来的最新研究结果 (包括作者的研究结果) 进行系统梳理、总结与分析, 期望对矩阵特征值定位及其应用给出一个较为完整和系统的论述.

　　本书共有五章, 比较全面、系统介绍矩阵特征值定位的基本理论、方法及其相关问题.

　　第 1 章介绍本书中涉及的一些重要概念和相关结论, 包括矩阵、矩阵范数、矩阵特征值和特征向量、矩阵非奇异性、矩阵的不可约性、矩阵的关联有向图、矩阵的等价、相似、正交和置换变换及其不变量等. 其中也包括作者多年从事矩阵理论研究中关于矩阵相关概念的理解与体会, 例如矩阵、矩阵特征值等, 这为矩阵理论及其应用的研究提供了不一样的视角.

　　第 2 章介绍著名的矩阵特征值定位定理: Geršgorin 圆盘定理、与之对应的严格对角占优矩阵及应用加权、分块技术定义的 α-严格对角占优矩阵、块对角占优矩阵及其对应的特征值定位集, 以此阐释矩阵特征值定位集与矩阵非奇异性的 "相互依赖、同生共存" 的关系.

　　第 3 章介绍另一著名的矩阵特征值定位定理: Brauer 卵形定理、与之对应的双严格对角占优矩阵及应用矩阵稀疏性、二部分划技术等定义的 S-严格对角占优矩阵、Dashnic-Zusmanovich 型矩阵等及其对应的特征值定位集, 系统梳理矩阵特征值定位集、非奇异矩阵相关研究进展.

　　第 4 章介绍几类结构矩阵 (如非负矩阵、随机矩阵、Toeplitz 矩阵) 特征值的 Geršgorin 型定位与估计的相关结果. 这可看作是一般矩阵特征值定位的理论、方法在 (特殊) 结构矩阵上的应用.

第 5 章介绍与矩阵特征值定位相关的问题, 例如严格对角占优矩阵的 Schur 补问题、B-矩阵与实特征值的估计问题、线性互补问题解的误差估计问题、矩阵伪谱定位问题、区间矩阵特征值定位问题、非线性特征值定位问题和高阶张量特征值定位问题等.

本书并不企图呈现矩阵特征值定位与非奇异矩阵的所有结果, 而是想抛砖引玉, 希望能为读者, 特别是从事矩阵特征值定位及其相关问题研究的本科生、研究生的学习和研究提供一些帮助和启发.

本书的出版得到了云南省"兴滇英才支持计划"、云南大学"东陆人才计划"的资助, 在此表示衷心感谢.

由于作者水平有限, 书中难免存在不妥之处, 希望读者予以批评指正.

作　者

2023 年 4 月

目　　录

第 1 章 预 备 知 识

我们设定读者学习过 "数学分析" 和 "高等代数" 等课程, 因此不再详细阐述微积分和线性代数的一般知识. 但为了方便阅读, 本章简要介绍下文中涉及的一些重要概念和相关结论, 它们都可在一般的线性代数教程中找到, 例如参考文献 [156, 249, 426] 等.

1.1 矩阵和矩阵范数

定义 1.1.1 设 m, n 为正整数, 记 $M = \{1, 2, \cdots, m\}$, $N = \{1, 2, \cdots, n\}$. 称定义在 M 和 N 的笛卡儿积 (Cartesian product) $M \times N$ 上的函数 $A : M \times N \to \mathbb{C}$ (或 $\mathbb{R}$) 为 $m \times n$ 阶矩阵, 记为

$$
A = \begin{bmatrix}
a_{11} & a_{12} & \cdots & a_{1n} \\
a_{21} & a_{22} & \cdots & a_{2n} \\
\vdots & \vdots & \ddots & \vdots \\
a_{m1} & a_{m2} & \cdots & a_{mn}
\end{bmatrix},
$$

这里 a_{ij} 为函数 A 在 (i, j) 处的值, 即 $a_{ij} = A(i, j)$. 当每个 a_{ij} 都为实数时, 称 A 为 $m \times n$ 阶实矩阵, 记为 $A = [a_{ij}] \in \mathbb{R}^{m \times n}$; 当有 a_{ij} 为复数时, 称 A 为 $m \times n$ 阶复矩阵, 记为 $A = [a_{ij}] \in \mathbb{C}^{m \times n}$, 其中 a_{ij} 也称为矩阵 A 的 (i, j) 元. 当 $m = n$ 时, 简称 A 为 n 阶方阵.

注 许多教科书中都将矩阵定义为: 由 $m \times n$ 个数 a_{ij} 排成的 m 行 n 列的数表. 显然, 这样的定义和定义 1.1.1 是等价的, 且形象易懂. 但在许多应用问题中出现的数据并不是以数表的形式出现, 且规模巨大, 这使得很难将其与矩阵联系起来, 用矩阵进行表示和描述. 而定义 1.1.1 将矩阵看成函数, 表示了某些量之间的因果关系, 这意味着一个可量化的 "果" 若由两个可量化的因决定, 而这两个因的取值范围为离散和有限的, 则该问题就可由矩阵来表示, 应用矩阵理论来研究和求解.

显然, $\mathbb{C}^{n \times n}$ 关于矩阵的加法和数乘形成一个线性空间. 人们引入 $\mathbb{C}^{n \times n}$ 上的范数 (称之为矩阵范数) 来刻画 $\mathbb{C}^{n \times n}$ 中元素 (即, 矩阵) 之间的差异. 为了协调范数、矩阵与向量相乘以及矩阵乘法三者的关系, 本书中用到的矩阵范数为由向量

空间 $\mathbb{C}^n$ 上的 1-范数、2-范数和 ∞-范数诱导的矩阵 1-范数、矩阵 2-范数和矩阵 ∞-范数.

定义 1.1.2　对给定的向量 $\mathbf{x} = [x_1, \cdots, x_n]^\top \in \mathbb{C}^n$, 称

(1) $\|\mathbf{x}\|_1 = \sum\limits_{i \in N} |x_i|$ 为向量 $\mathbf{x}$ 的 1-范数;

(2) $\|\mathbf{x}\|_2 = \left(\sum\limits_{i \in N} |x_i|^2 \right)^{\frac{1}{2}}$ 为向量 $\mathbf{x}$ 的 2-范数;

(3) $\|\mathbf{x}\|_\infty = \max\limits_{i \in N} |x_i|$ 为向量 $\mathbf{x}$ 的 ∞-范数.

由向量范数诱导的矩阵范数的定义如下.

定义 1.1.3　对给定的矩阵 $A = [a_{ij}] \in \mathbb{C}^{n \times n}$, 称

$$\|A\| := \sup_{\mathbf{x} \neq 0} \frac{\|A\mathbf{x}\|}{\|\mathbf{x}\|} = \sup_{\|\mathbf{x}\| = 1} \|A\mathbf{x}\|$$

为矩阵 A 的由向量范数 $\|\cdot\|$ 诱导的矩阵范数. 特别地,

(1) 称由向量 1-范数诱导的矩阵范数

$$\|A\|_1 = \max_{i \in N} \left\{ C_i(A) := \sum_{j \in N} |a_{ji}| \right\}$$

为矩阵 A 的 1-范数, 也称为矩阵 A 的列范数;

(2) 称由向量 2-范数诱导的矩阵范数

$$\|A\|_2 = \sqrt{\lambda_{\max}(AA^*)}$$

为矩阵 A 的 2-范数, 也称为矩阵 A 的谱范数, 其中 $\lambda_{\max}(AA^*)$ 为矩阵 A 与其共轭转置 A^* 乘积的最大特征值;

(3) 称由向量 ∞-范数诱导的矩阵范数

$$\|A\|_\infty = \max_{i \in N} \left\{ R_i(A) := \sum_{j \in N} |a_{ij}| \right\}$$

为矩阵 A 的 ∞-范数, 也称为矩阵 A 的行范数.

矩阵 1-范数、2-范数和 ∞-范数彼此是等价的, 即对任意的 $p, q \in \{1, 2, \infty\}$, 存在常数 α, β 使得

$$\alpha \|A\|_p \leqslant \|A\|_q \leqslant \beta \|A\|_p.$$

因此, 在实用中往往选取其中的一种范数即可.

1.2　矩阵特征值和特征向量

矩阵特征值和特征向量是矩阵最重要的数值特征, 在许多学科中具有重要应用.

定义 1.2.1　设 $A = [a_{ij}] \in \mathbb{C}^{n \times n}$, $\lambda \in \mathbb{C}$. 若存在非零向量 $\mathbf{x} \in \mathbb{C}^n \backslash \{\mathbf{0}\}$ 使得

$$A\mathbf{x} = \lambda \mathbf{x}, \tag{1.1}$$

则称 λ 为矩阵 A 的特征值, 称 $\mathbf{x}$ 为矩阵 A 的对应于特征值 λ 的特征向量.

注　设 $A = [a_{ij}] \in \mathbb{C}^{n \times n}$, 则

$$\mathbf{y} = A\mathbf{x}, \quad \forall \mathbf{x} \in \mathbb{C}^n$$

定义了 $\mathbb{C}^n$ 到 $\mathbb{C}^n$ 的一个线性变换. 于是从线性变换的角度来看, 矩阵 A 的特征向量就是在由其定义的线性变换下的方向不变量, 而其对应的特征值就是其伸缩系数. 这样就能用矩阵的特征值和特征向量很好地刻画线性变换, 这在理解和解决线性系统问题时具有重要意义.

定义 1.2.2　设 $A = [a_{ij}] \in \mathbb{C}^{n \times n}$. 称

$$\rho(A) := \max\{|\lambda| : \lambda \in \sigma(A)\}$$

为矩阵 A 的谱半径, 其中 $\sigma(A)$ 为矩阵 A 的谱, 即矩阵 A 所有特征值构成的集合.

关于矩阵特征值和特征向量有如下基本而重要的结果 (它们都可在一般的线性代数教材中找到).

定理 1.1　设 $A = [a_{ij}] \in \mathbb{C}^{n \times n}$. 则

(1) $\lambda \in \sigma(A)$ 当且仅当 λ 为矩阵 A 的特征方程 $\det(\lambda I - A) = 0$ 的根, 其中 $\det(\lambda I - A)$ 为矩阵 $\lambda I - A$ 的行列式, I 为单位矩阵;

(2) 矩阵 A 有 n 个特征值 (重特征值按重数计), 即 $\sigma(A)$ 为复平面上含有 n 个元素 (重特征值按重数计) 的集合;

(3) 实对称矩阵 A 的特征值都是实数, 即当 $A \in \mathbb{R}^{n \times n}$ 且对称时, $\sigma(A)$ 位于复平面的实轴上;

(4) 实矩阵 A 的复特征值 (若存在的话) 互成共轭成对出现, 即若 $\lambda = a + bi \in \sigma(A)$, 则 $\bar{\lambda} = a - bi \in \sigma(A)$;

(5) 实对称矩阵 A 正定当且仅当 A 的特征值都为正实数.

1.3　矩阵的非奇异性及其充分必要条件

在矩阵理论及其应用的研究中, 往往首先要解决的问题就是判断所给矩阵的非奇异性 (或者称为奇异性). 然而当矩阵的阶数较大时, 其非奇异性的判断是困

难的. 另一方面, 随着科学技术的发展, 特别是数字和大数据时代的来临, 在许多科学和技术领域遇到的矩阵的阶数越来越大, 这使得矩阵非奇异性的判断成为矩阵研究的一个热点问题.

定义 1.3.1 设 $A = [a_{ij}] \in \mathbb{C}^{n \times n}$. 若 A 的行列式不为零, 即 $\det(A) \neq 0$, 则称 A 为非奇异矩阵 (或说 A 是非奇异的); 否则, 即 $\det(A) = 0$, 则称 A 为奇异矩阵 (或说 A 是奇异的).

注 定义 1.3.1 虽然给出了矩阵 A 为非奇异矩阵的精确定义, 但是当矩阵的阶数 n 很大时, 行列式的计算量巨大, 直接应用定义 1.3.1 判定矩阵是否为非奇异的是不可行的. 因此, 寻找矩阵非奇异 (或奇异) 的条件就成为矩阵研究中一个十分有意义的课题.

许多文献 (如参考文献 [194,481]) 中都对矩阵非奇异 (或奇异) 的充分必要条件进行了总结分析. 下面我们仅罗列出本书中用到的几个经典结果.

定理 1.2 设 $A = [a_{ij}] \in \mathbb{C}^{n \times n}$. 则下列各款等价:

(1) A 为非奇异矩阵;

(2) A 为可逆矩阵, 即存在一个矩阵 B 使得 $AB = BA = I$;

(3) A 可表示成若干个初等矩阵之积;

(4) A 的特征值都不为 0, 即 $0 \notin \sigma(A)$;

(5) A 的秩 $\mathrm{rank}(A) = n$;

(6) A 的行 (或列) 向量组是线性无关的;

(7) A 的值域 $\mathfrak{R}(A)$ 的维数为 n, 其中 $\mathfrak{R}(A) := \{\mathbf{y} \in \mathbb{C}^n : \mathbf{y} = A\mathbf{x}, \mathbf{x} \in \mathbb{C}^n\}$;

(8) A 的零空间或核 $\mathfrak{N}(A)$ 的维数为 0, 其中 $\mathfrak{N}(A) := \{\mathbf{x} \in \mathbb{C}^n : A\mathbf{x} = 0, \mathbf{x} \in \mathbb{C}^n\}$;

(9) 对任意的向量 $\mathbf{b} \in \mathbb{C}^n$, 线性方程组 $A\mathbf{x} = \mathbf{b}$ 的解存在且唯一;

(10) 线性变换 $\mathbf{y} = A\mathbf{x}$ 是自同构的.

1.4 不可约矩阵、矩阵的有向图

不可约 (或可约) 矩阵是数值线性代数中的一个重要概念, 在工程和经济理论等学科中的许多领域都有广泛的应用.

定义 1.4.1 设矩阵 $A \in \mathbb{C}^{n \times n}$, $n \geqslant 2$. 若存在置换矩阵 $P \in \mathbb{R}^{n \times n}$ 及正整数 $r < n$ 使得

$$PAP^\top = \begin{bmatrix} A_{11} & A_{12} \\ \mathbf{0} & A_{22} \end{bmatrix},$$

其中 $A_{11} \in \mathbb{C}^{r \times r}$, $A_{22} \in \mathbb{C}^{(n-r) \times (n-r)}$, 则称 A 是可约的 (或 A 是可约矩阵). 否则

称 A 是不可约的 (或 A 是不可约矩阵). 特别地, 当 $n=1$ 时, 若 $A \neq \mathbf{0}$, 则 A 是不可约矩阵; 若 $A = \mathbf{0}$, 则 A 是可约矩阵.

注 由定义 1.4.1 知矩阵 A 的不可约性 (或可约性) 本质上是由矩阵 A 的零元素的位置 (称之为矩阵 A 的零位模式) 所决定的, 即矩阵的不可约性是矩阵零位模式的反映, 这在大规模稀疏矩阵的研究和应用中具有重要意义.

不可约矩阵 (可约矩阵) 的上述定义具有如下等价形式.

定义 1.4.2 设矩阵 $A \in \mathbb{C}^{n \times n}, n \geqslant 2$. 若存在指标集 $N = \{1, 2, \cdots, n\}$ 的非空真子集 S, 使得对任意的 $i \in S$ 和任意的 $j \in \bar{S} = N \backslash S$ 都有 $a_{ij} = 0$, 则称矩阵 A 是可约的; 否则称矩阵 A 是不可约的.

由定义 1.4.1 和定义 1.4.2 可直接得到不可约矩阵 (可约矩阵) 的如下性质:

(1) 矩阵的主对角元是否等于零不影响矩阵的不可约性;

(2) 矩阵 A 的每个去心行和

$$r_i(A) := \sum_{\substack{j \in N, \\ j \neq i}} |a_{ij}| \neq 0$$

是 A 不可约的必要条件. 换言之, 若矩阵 A 的某个去心行和为零, 则 A 是可约的.

尽管定义 1.4.1 和定义 1.4.2 从不同的角度对不可约矩阵 (可约矩阵) 进行了刻画, 定义了其概念, 但是由于 n 阶置换矩阵有 $n!$ 个之多, 指标集 N 的非空子集有 $2^n - 1$ 个, 当矩阵的阶数 n 很大时要对其一一验证是否满足定义 1.4.1 或定义 1.4.2 是难以实现的, 因此应用定义 1.4.1 或定义 1.4.2 去判定一个给定矩阵是否可约 (或不可约) 是困难的.

下面定理给出应用计算机判断矩阵不可约 (可约) 的一个途径.

定义 1.4.3 设矩阵 $A \in \mathbb{C}^{n \times n}$. 取点集 $V := \{v_1, \cdots, v_n\}$ 和边集 $E := \{\overrightarrow{v_i v_j} : i, j \in N, i \neq j, a_{ij} \neq 0\}$, 称有向图 $G(V, E)$ 为矩阵 A 的有向图, 记为 $G(A)$.

定理 1.3 矩阵 A 为不可约的当且仅当其有向图 $G(A)$ 为强连通的.

定理 1.3 建立了矩阵的不可约性与其有向图的强连通性之间的联系, 从而为应用图论算法借助计算机判断矩阵不可约性构建了桥梁. 而关于有向图的强连通的判定, 已有成熟的计算机算法, 参见 [432].

1.5 矩阵的等价、相似、正交和置换变换及其不变量

将一个复杂或生疏的矩阵问题转换成简单或熟悉的矩阵问题是矩阵理论和应用研究的常用途径, 当然这种变换要保证我们关心或研究的问题的本质不变. 用数学语言讲, 就是用变换 $T : \mathbb{C}^{n \times n} \to \mathbb{C}^{n \times n}$ 将复杂或生疏的矩阵问题转换成简单

或熟悉的矩阵问题, 且我们关心的量是变换中的不变量. 本节罗列出几种重要的常用矩阵变换及其不变量.

定义 1.5.1 设 $P, Q \in \mathbb{C}^{n \times n}$ 为非奇异矩阵. 称变换 $T : \mathbb{C}^{n \times n} \to \mathbb{C}^{n \times n}$,

$$T(A) := PAQ, \quad \forall A \in \mathbb{C}^{n \times n}$$

为矩阵的等价变换. 若记 $B = T(A)$, 即 $B = PAQ$, 此时称矩阵 A 和矩阵 B 等价.

注 矩阵的等价变换具有如下性质:

(1) 矩阵 A 和矩阵 B 等价当且仅当矩阵 A 经过有限次初等变换变成矩阵 B;

(2) 若矩阵 A 和矩阵 B 等价, 则矩阵 A 和矩阵 B 的秩相等, 即秩是矩阵等价变换下的不变量, 因而在等价变换下矩阵的奇异性不变.

定义 1.5.2 设 $P \in \mathbb{C}^{n \times n}$ 为非奇异矩阵. 称变换 $T : \mathbb{C}^{n \times n} \to \mathbb{C}^{n \times n}$,

$$T(A) := PAP^{-1}, \quad \forall A \in \mathbb{C}^{n \times n}$$

为矩阵的相似变换. 若记 $B = T(A)$, 即 $B = PAP^{-1}$, 此时称矩阵 A 和矩阵 B 相似.

注 若矩阵 A 和矩阵 B 相似, 则矩阵 A 和矩阵 B 有相同的谱, 即特征值是矩阵相似变换下的不变量, 因而在相似变换下矩阵的奇异性也不变.

定义 1.5.3 设 $Q \in \mathbb{R}^{n \times n}$ 为正交矩阵. 称变换 $T : \mathbb{R}^{n \times n} \to \mathbb{R}^{n \times n}$,

$$T(A) := QAQ^{\top}, \quad \forall A \in \mathbb{R}^{n \times n}$$

为矩阵的正交变换. 若记 $B = T(A)$, 即 $B = QAQ^{\top}$, 此时称矩阵 A 和矩阵 B 正交相似.

注 若矩阵 A 和矩阵 B 正交相似, 则矩阵 A 和矩阵 B 有相同的谱, 即在正交变换下矩阵的特征值不变, 因而在正交变换下矩阵的奇异性也不变, 而且在正交变换下矩阵的对称性也不变, 即特征值和对称性都是矩阵正交变换下的不变量.

定义 1.5.4 设 $P \in \mathbb{R}^{n \times n}$ 为置换矩阵. 称变换 $T : \mathbb{R}^{n \times n} \to \mathbb{R}^{n \times n}$,

$$T(A) := PAP^{\top}, \quad \forall A \in \mathbb{R}^{n \times n}$$

为矩阵的置换变换. 若记 $B = T(A)$, 即 $B = PAP^{\top}$, 则称矩阵 A 和矩阵 B 置换相似.

注 矩阵的置换变换具有如下性质:

(1) 若矩阵 A 和矩阵 B 置换相似, 则矩阵 A 和矩阵 B 有相同的谱, 即在置换变换下矩阵的特征值不变, 因而在置换变换下矩阵的奇异性也不变, 而且在置换变换下矩阵的对称性也不变;

(2) 矩阵的置换变换只改变其元素在矩阵中的位置而不改变矩阵元素的值, 且同一行的元素经置换变换仍在同一行, 同一列的元素经置换变换仍在同一列, 对角线元素经置换变换仍为对角线元素, 非对角线元素经置换变换仍为非对角线元素.

第 2 章　Geršgorin 圆盘定理与严格对角占优矩阵

本章通过分析矩阵特征值定位的经典结果——Geršgorin 圆盘定理和重要的非奇异矩阵类——严格对角占优矩阵之间的关联, 阐释矩阵特征值定位集与矩阵的非奇异性的 "相互依赖、同生共存" 的属性.

2.1　Geršgorin 圆盘定理

1931 年, Semen Aronovich Geršgorin 提出了著名的矩阵特征值定位定理, 即 n 阶复矩阵的所有特征值都位于复平面中以矩阵主对角线元素为圆心、去心行和为半径的 n 个圆盘之并集上, 后人称此定理为 Geršgorin 圆盘定理. 正如著名数学家 R. S. Varga 教授所预言, 简洁优美且具有广泛应用的 Geršgorin 圆盘定理激发起了众多科研工作者对矩阵特征值问题研究的热情.

定理 2.1 (Geršgorin 圆盘定理)　设矩阵 $A = [a_{ij}] \in \mathbb{C}^{n \times n}$, $\sigma(A)$ 为 A 的谱. 则

$$\sigma(A) \subseteq \Gamma(A) := \bigcup_{i \in N} \Gamma_i(A),$$

其中

$$\Gamma_i(A) = \left\{ z \in \mathbb{C} : |z - a_{ii}| \leqslant r_i(A) = \sum_{\substack{j \in N, \\ j \neq i}} |a_{ij}| \right\}.$$

证明　设 $\lambda \in \sigma(A)$, 则存在非零向量 $\mathbf{x} = [x_1, \cdots, x_n]^\top \in \mathbb{C}^n$ 使得

$$A\mathbf{x} = \lambda\mathbf{x}.$$

令 $|x_k| = \max\limits_{i \in N} |x_i|$, 则 $|x_k| > 0$. 由上述方程组的第 k 个等式知

$$\lambda x_k = a_{kk} x_k + \sum_{j \neq k} a_{kj} x_j.$$

将 $a_{kk} x_k$ 移到等号左侧, 两边取模并使用三角不等式得

$$|\lambda - a_{kk}||x_k| \leqslant \sum_{j \neq k} |a_{kj}||x_j| \leqslant r_k(A)|x_k|.$$

不等式两边同时除以 $|x_k|$ 得

$$|\lambda - a_{kk}| \leqslant r_k(A).$$

因此, $\lambda \in \Gamma_k(A) \subseteq \Gamma(A)$. □

集合 $\Gamma_k(A)$ 是以 a_{kk} 为圆心、去心行和 $r_k(A)$ 为半径的圆盘, 我们称其为矩阵 A 的第 k 个 Geršgorin 圆盘. 定理 2.1 表明矩阵 A 的所有特征值都位于 n 个 Geršgorin 圆盘的并集 $\Gamma(A)$ 上.

例 2.1.1 设矩阵

$$A = \begin{bmatrix} 1 & 2 & 0 \\ -1 & -1 & 0 \\ 1 & 0 & -4 \end{bmatrix}.$$

简单计算知 $\sigma(A) = \{-4, i, -i\}$, A 的第一个 Geršgorin 圆盘为

$$\Gamma_1(A) = \{z \in \mathbb{C} : |z - 1| \leqslant 2\},$$

第二个 Geršgorin 圆盘为

$$\Gamma_2(A) = \{z \in \mathbb{C} : |z + 1| \leqslant 1\},$$

第三个 Geršgorin 圆盘为

$$\Gamma_3(A) = \{z \in \mathbb{C} : |z + 4| \leqslant 1\}.$$

显然,

$$\sigma(A) \subseteq \Gamma(A) = \Gamma_1(A) \bigcup \Gamma_2(A) \bigcup \Gamma_3(A),$$

见图 2.1, 其中 $*$ 为矩阵 A 的特征值. 进一步, 特征值 i 和 $-i$ 对应的特征向量分别为 $\left[2, -1+i, \dfrac{1-4i}{15}\right]^\top$ 和 $\left[2, -1-i, \dfrac{1+4i}{15}\right]^\top$, 对于这两个特征向量都有

$$|x_1| = |2| > |x_2| = |-1 \pm i| > |x_3| = \left|\frac{1 \pm 4i}{15}\right|.$$

由定理 2.1 的证明知, 特征值 i 和 $-i$ 落在其对应的特征向量按模最大分量对应的 Geršgorin 圆盘上, 即

$$\pm i \in \Gamma_1(A),$$

另一方面, 通过图 2.1 可看出 $\Gamma_2(A)$ 不包含矩阵 A 的任何特征值, 这表明并不是每个 Geršgorin 圆盘一定含有特征值. 而互不相交的区域 $\Gamma_1(A)$ 与 $\Gamma_2(A) \bigcup \Gamma_3(A)$,

分别包含至少一个特征值, 且包含特征值的个数与构成该区域的 Geršgorin 圆盘的个数相同. 事实上, 这个结论对任意的矩阵 $A \in \mathbb{C}^{n \times n}$ 都成立, 即有如下定理.

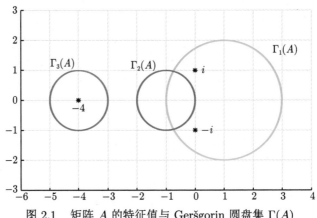

图 2.1　矩阵 A 的特征值与 Geršgorin 圆盘集 $\Gamma(A)$

定理 2.2　设矩阵 $A = [a_{ij}] \in \mathbb{C}^{n \times n}$, $n \geqslant 2$. 若存在 N 的非空真子集 S, 即 $\varnothing \neq S \subset N$, 使得

$$\left(\Gamma_S(A) := \bigcup_{i \in S} \Gamma_i(A) \right) \bigcap \left(\Gamma_{\overline{S}}(A) := \bigcup_{j \in \overline{S}} \Gamma_j(A) \right) = \varnothing, \tag{2.1}$$

其中 $\overline{S}$ 为 S 的补集, 则 $\Gamma_S(A)$ 含有 A 的 $|S|$ 个特征值 (重特征值按重数计), $\Gamma_{\overline{S}}(A)$ 含有 A 的 $|\overline{S}|$ 个特征值 (重特征值按重数计), 其中 $|S|$ 为集合 S 的势, 即集合 S 中元素的个数, 且 $|S| + |\overline{S}| = n$.

证明　记 $A = D + B$, 其中 $D = \mathrm{diag}(a_{11}, a_{22}, \cdots, a_{nn})$ 为 A 的对角部分. 令 $A_\epsilon = D + \epsilon B$, 其中 $\epsilon \in [0, 1]$. 显然, $A_0 = D$, $A_1 = A$, 且对任意的 $i \in N$, $r_i(A_\epsilon) = r_i(\epsilon B) = \epsilon r_i(A)$. 因此,

$$\Gamma_i(A_\epsilon) \subseteq \Gamma_i(A), \quad i \in N, \quad \Gamma_S(A_\epsilon) \subseteq \Gamma_S(A), \quad \Gamma_{\overline{S}}(A_\epsilon) \subseteq \Gamma_{\overline{S}}(A)$$

且

$$\Gamma_S(A_\epsilon) \bigcap \Gamma_{\overline{S}}(A_\epsilon) = \varnothing.$$

另一方面, 由定理 2.1 知, $\sigma(A_\epsilon) \in (\Gamma_S(A_\epsilon) \bigcup \Gamma_{\overline{S}}(A_\epsilon))$.

由于 $\Gamma_S(A_\epsilon)$ 和 $\Gamma_{\overline{S}}(A_\epsilon)$ 为复平面中的两个不相交的有界闭集, 于是由分析学中的分离定理知, 复平面中存在不含 A_ϵ 的任何特征值的可求长的简单闭曲线 Υ

使得 $\Gamma_S(A_\epsilon)$ 含于以 Υ 为边界的闭区域, 且该闭区域与 $\Gamma_{\overline{S}}(A_\epsilon)$ 不交. 设

$$\chi_\epsilon(\lambda) = \det(\lambda I - A_\epsilon) = \det(\lambda I - D - \epsilon B)$$

为 A_ϵ 的特征多项式, 则对任意的 $\lambda \in \Upsilon$ 及 $\epsilon \in [0,1]$,

$$\chi_\epsilon(\lambda) \neq 0.$$

注意到 $\chi_\epsilon(\lambda)$ 的零点为 A_ϵ 的特征值, 且其系数为 ϵ 的多项式, 再由辐角原理知 $\chi_\epsilon(\lambda)$ 零点的个数 (重根按重数计) 为

$$N(\epsilon) = \frac{1}{2\pi i} \oint_\Upsilon \frac{\chi_\epsilon'(\lambda)}{\chi_\epsilon(\lambda)} d\lambda.$$

对任意的 $\epsilon \in [0, 1]$, 上述积分在 Υ 的某个邻域内是解析的, 因此, $N(\epsilon)$ 在 $[0, 1]$ 上是连续的, 进而为常值函数 (因为 $N(\epsilon)$ 为零点的个数). 因为 $\chi_0(\lambda)$ 为 $A_0 = \mathcal{D}$ 的特征值多项式, 由 $\Gamma_S(A_\epsilon)$ 的构造知 Υ 内有且仅有 $A_0 = \mathcal{D}$ 的 $|S|$ 个特征值, 故 $\chi_0(\lambda)$ 在 Υ 内恰有 $|S|$ 个零点, 即 $N(0) = |S|$. 因此, $N(1) = N(0) = |S|$, 即 $\Gamma_S(A)$ 恰包含 A 的 $|S|$ 个特征值. □

再次回到图 2.1. 从图 2.1 知, 矩阵 A 的特征值 i 与 $-i$ 都落在 A 的第一个 Geršgorin 圆盘上. 自然地要问, 同一个特征值可否同时落在不同的 Geršgorin 圆盘上, 或者同时落在 $k > 1$ 个圆盘上呢? 先看一个例子, 考虑矩阵

$$A = \begin{bmatrix} 2 & 1 & 0 \\ -4 & -2 & 0 \\ 0 & 0 & 0 \end{bmatrix}.$$

易知 0 为 A 的特征值, $[1, -2, 3]^\top$ 和 $[0, 0, 1]^\top$ 为其对应的特征向量, 其按模最大分量的指标均为 3, 故特征值 $0 \in \Gamma_3(A)$. 另一方面, $[1, -2, 0]^\top$ 和 $[0, 0, 1]^\top$ 也为特征值 0 对应的特征向量. 但是其按模最大分量的指标分别为 2 和 3, 故 $0 \in \Gamma_2(A)$ 且 $0 \in \Gamma_3(A)$, 即 0 同时落在了两个 Geršgorin 圆盘上. 上述例子表明了同一个特征值可以同时落在不同的 Geršgorin 圆盘上, 且落在圆盘的情况与其特征向量空间密切相关. 下面详细讨论该问题, 为此需用到如下结果. 由线性代数知, 对于 A 的特征值 λ, 值域 $\mathfrak{R}(A)$ 为 λ 对应的特征向量空间, 零空间 $\mathfrak{N}(\lambda I - A)$ 的维数 $\dim(\mathfrak{N}(\lambda I - A))$ 为特征值 λ 的几何重数.

下面的引理是显然的, 故证明略去.

引理 2.3　设 S 为 $\mathbb{C}^n$ 中的 k 维子空间. 则存在 S 的一组基 $\{\mathbf{v}^{(1)}, \cdots, \mathbf{v}^{(k)}\}$ 具有如下性质: 存在整数 $p_1, \cdots, p_k, 1 \leqslant p_i \leqslant n$ 且 $p_i \neq p_j, i \neq j$ 使得

$$|(\mathbf{v}^{(i)})_{p_i}| = \max_{1 \leqslant j \leqslant n} |(\mathbf{v}^{(i)})_j|, \quad i = 1, 2, \cdots, k,$$

其中 $\left(\mathbf{v}^{(i)}\right)_j$ 表示向量 $\mathbf{v}^{(i)}$ 的第 j 个分量.

定理 2.4　设矩阵 $A = [a_{ij}] \in \mathbb{C}^{n \times n}$, λ 为 A 的几何重数为 k 的特征值. 则 λ 至少落在 A 的 k 个 Geršgorin 圆盘上.

证明　因为 λ 的几何重数为 k, 故存在 $\{\mathbf{x}^{(1)}, \mathbf{x}^{(2)}, \cdots, \mathbf{x}^{(k)}\}$ 为其特征向量空间的一组基. 由引理 2.3 知, 存在不同整数 $p_1, p_2, \cdots, p_k \in \{1, 2, \cdots, n\}$ 使得每个向量 $\mathbf{x}^{(i)}$ 的第 p_i 位置的元素按模最大. 由定理 2.1 的证明及上述分析知

$$\lambda \in \Gamma_{p_i}(A), \quad i = 1, 2, \cdots, k. \qquad \square$$

定理 2.4 同时告诉我们另一个有意思的事实, 矩阵 A 的几何重数为 k 的特征值一定位于其任意 $n - k + 1$ 个 Geršgorin 圆盘的并集上, 即有如下推论.

推论 2.5　设矩阵 $A = [a_{ij}] \in \mathbb{C}^{n \times n}$, λ 为 A 的几何重数为 k 的特征值. 则对任意满足 $1 \leqslant i_1 < i_2 < \cdots < i_{n-k+1} \leqslant n$ 的 $i_1, i_2, \cdots, i_{n-k+1}$, 都有

$$\lambda \in \bigcup_{j=1}^{n-k+1} \Gamma_{i_j}(A).$$

推论 2.5 应用特征值的几何重数得到了比 Geršgorin 圆盘定理更精细的结果. 反之, 通过 Geršgorin 圆盘也可获得特征值几何重数的相关信息.

定理 2.6　设矩阵 $A = [a_{ij}] \in \mathbb{R}^{n \times n}$,

$$R_{\mathrm{con}}(A) := \left\{ S \subseteq N : \Gamma_{i_k}(A) \bigcap \Gamma_{i_{k_0}}(A) \neq \varnothing, \forall k \in S, \exists k_0 \in S \backslash \{k\} \right\}.$$

若对任意的 $S \in R_{\mathrm{con}}(A)$, $|S| \leqslant q$, 则矩阵 A 的任意非实特征值的几何重数不大于 $\dfrac{q}{2}$.

证明　设 $\lambda \in \sigma(A)$, $\lambda \notin \mathbb{R}$ 且其几何重数为 p. 假若 $p > \dfrac{q}{2}$, 则 $2p > q$. 由定理 2.4 知, 存在 $s \in N$, $s \geqslant p$ 使得

$$\lambda \in \Gamma_{i_k}(A), \quad k = 1, 2, \cdots, s.$$

因此, $\bigcap\limits_{k=1}^{s} \Gamma_{i_k}(A) \neq \varnothing$, 从而 $S := \{1, 2, \cdots, s\} \in R_{\mathrm{con}}(A)$. 注意到 A 为实矩阵, 因此 $\bar{\lambda}$ 也为 A 的特征值, 其几何重数也为 p, 且

$$\overline{\lambda} \in \Gamma_{i_k}(A), \quad k = 1, 2, \cdots, s.$$

这意味着 $\bigcup\limits_{k=1}^{s} \Gamma_{i_k}(A) \neq \varnothing$ 中至少有 $2p$ 个特征值. 再由定理 2.2 知 $\bigcup\limits_{k=1}^{s} \Gamma_{i_k}(A) \neq \varnothing$ 至少有 $2p$ 个 Geršgorin 圆盘, 即 $s \geqslant 2p > q$, 这与 $|S| \leqslant q$ 矛盾. 因此, $p \leqslant \dfrac{q}{2}$. $\square$

当 $q = 1$ 时, 由定理 2.6 易得下述推论.

推论 2.7 设矩阵 $A \in \mathbb{R}^{n \times n}$. 若

$$\Gamma_i(A) \bigcap \Gamma_j(A) = \varnothing, \quad \forall i, j \in N, \quad i \neq j, \tag{2.2}$$

则 A 仅有实特征值.

推论 2.8 设矩阵 $A \in \mathbb{C}^{n \times n}$. 若 $a_{ii} \in \mathbb{R}$, $i \in N$, 其特征多项式的系数均为实数, 且 (2.2) 式成立, 则 A 仅有实特征值.

矩阵的特征值位于其 Geršgorin 圆盘的边界上是一种特殊而重要的情形. 下面, 应用矩阵的不可约性建立 Geršgorin 圆盘定理的边界结果.

定理 2.9 设矩阵 $A = [a_{ij}] \in \mathbb{C}^{n \times n}$ 不可约, $\lambda \in \sigma(A)$. 若对任意的 $i \in N$,

$$|\lambda - a_{ii}| \geqslant r_i(A), \tag{2.3}$$

则对任意的 $i \in N$,

$$|\lambda - a_{ii}| = r_i(A),$$

即 λ 位于矩阵 A 的每个 Geršgorin 圆盘的边界上.

证明 设非零向量 $\mathbf{x} = [x_1, \cdots, x_n]^\top \in \mathbb{C}^n$ 为 A 的对应于 λ 的特征向量, 则 (1.1) 式成立. 不失一般性, 设 $\max\limits_{i \in N} |x_i| = 1$, 令 $S := \{j \in N : |x_j| = 1\}$, 则 $S \subseteq N$ 是非空的. 下证 $S = N$. 事实上, 若 S 为 N 的真子集, 即 $S \subset N$, 则由 A 不可约知, 存在 $k \in S$, $j_0 \in N \backslash S$ 使得

$$|a_{kj_0}| > 0.$$

由 (1.1) 式及定理 2.1 得

$$|\lambda - a_{kk}| \leqslant \sum_{\substack{j \neq k, \\ j \in N}} |a_{kj}||x_j| \leqslant \sum_{\substack{j \neq k, \\ j \in N}} |a_{kj}| = r_k(A).$$

再由不等式 (2.3) 得

$$|\lambda - a_{kk}| = \sum_{\substack{j \neq k, \\ j \in N}} |a_{kj}||x_j| = \sum_{\substack{j \neq k, j_0, \\ j \in N}} |a_{kj}||x_j| + |a_{kj_0}||x_{j_0}| = \sum_{\substack{j \neq k, \\ j \in N}} |a_{kj}| = r_k(A).$$

这意味着 $|x_{j_0}| = 1$, 即 $j_0 \in S$. 这与 $j_0 \in N \backslash S$ 矛盾. 因此, $S = N$. 类似上述证明过程, 易证对任意的 $i \in S = N$, 都有

$$|\lambda - a_{ii}| = \sum_{\substack{j \neq i, \\ j \in N}} |a_{ij}||x_j| = \sum_{\substack{j \neq i, \\ j \in N}} |a_{ij}| = r_i(A). \qquad \square$$

　　由定理 2.9 亦知, 若不可约矩阵的某个特征值落在其 n 个圆盘的并集的边界上, 则一定落在该矩阵的每个圆盘的边界上. 但反之却未必成立. 考虑矩阵

$$A = \begin{bmatrix} 1 & -1 & 0 & 0 \\ 0 & i & -i & 0 \\ 0 & 0 & -1 & 1 \\ i & 0 & 0 & -i \end{bmatrix}.$$

容易验证 A 是不可约的, 且 0 是 A 的特征值. 图 2.2 给出了矩阵 A 的 Geršgorin 圆盘集 $\Gamma(A)$, 由此图知, 尽管 0 落在每个圆盘边界上, 但其并没有落在所有圆盘的并集的边界上.

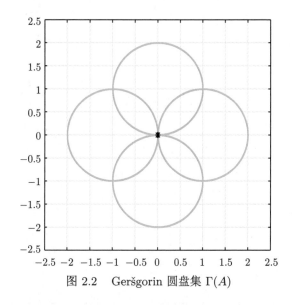

图 2.2　　Geršgorin 圆盘集 $\Gamma(A)$

　　由 1.5 节知: 若矩阵 A 与矩阵 B 相似, 即存在非奇异矩阵 X 使得

$$B = X^{-1}AX,$$

则矩阵 A 与矩阵 B 的特征值相同, 即 $\sigma(A) = \sigma(B) = \sigma(X^{-1}AX)$. 特别地, 若 X 为非奇异对角矩阵, 则称矩阵 A 与矩阵 B 对角相似. 将 Geršgorin 圆盘定理用于 $X^{-1}AX$ 可得如下结果:

定理 2.10 设矩阵 $A = [a_{ij}] \in \mathbb{C}^{n \times n}$, X 为正对角矩阵, 即 X 的 (i,i) 位置的元素 $x_i > 0$, $i \in N$, 记为

$$X = \mathrm{diag}(x_1, x_2, \cdots, x_n) > 0.$$

则

$$\sigma(A) \subseteq \Gamma^X(A) := \bigcup_{i \in N} \Gamma_i^X(A),$$

其中

$$\Gamma_i^X(A) = \left\{ z \in \mathbb{C} : |z - a_{ii}| \leqslant r_i(X^{-1}AX) = r_i^X(A) := \sum_{\substack{j \in N, \\ j \neq i}} \frac{|a_{ij}| x_j}{x_i} \right\}.$$

进一步,

$$\sigma(A) \subseteq \bigcap_{X > 0} \Gamma^X(A). \tag{2.4}$$

定理 2.10 中 $r_i^X(A)$ 可视为矩阵 A 的第 i 行的加权去心行和, 我们称 $\Gamma_i^X(A)$ 为矩阵 A 第 i 个加权 Geršgorin 圆盘, 称 $\Gamma^X(A)$ 为 A 的加权 Geršgorin 圆盘集. 显然, 当 X 取单位矩阵 I 时, $\Gamma^X(A)$ 退化为 Geršgorin 圆盘集, 于是有

$$\bigcap_{X > 0} \Gamma^X(A) \subseteq \Gamma(A).$$

我们称集合 $\bigcap\limits_{X > 0} \Gamma^X(A)$ 为 A 的极小 Geršgorin 圆盘集. 需要指出的是, 极小 Geršgorin 圆盘集为无穷多集合的交集, 在实践上难以求得. 因此, 在实际应用中只能选择特殊的 X 对应的加权 Geršgorin 圆盘集定位矩阵的特征值. 这样对不同的问题或者某种特殊结构的矩阵类, 如何选择 X 使得加权 Geršgorin 圆盘集更小是值得研究的问题. 愿意对该问题进一步学习的读者可参阅文献 [88, 92, 250, 447, 454].

上述介绍的 Geršgorin 圆盘集及相关结果都是利用矩阵行元素得到的. 由于转置变换不改变矩阵的特征值, 即 $\sigma(A) = \sigma(A^\top)$, 故应用其列元素也可得到相应的结果.

定理 2.11 设矩阵 $A = [a_{ij}] \in \mathbb{C}^{n \times n}$. 则

$$\sigma(A) \subseteq \Gamma(A^\top) := \bigcup_{i \in N} \Gamma_i(A^\top),$$

其中 $\Gamma_i(A^\top) = \left\{ z \in \mathbb{C} : |z - a_{ii}| \leqslant c_i(A) = r_i(A^\top) \right\}$, $c_i(A)$ 为 A 的第 i 列的去心列和.

由定理 2.1 与定理 2.11 得

$$\sigma(A) \subseteq \Gamma(A) \bigcap \Gamma(A^\top),$$

即

$$\sigma(A) \subseteq \left(\bigcup_{i \in N} \Gamma_i(A) \right) \bigcap \left(\bigcup_{j \in N} \Gamma_j(A^\top) \right).$$

这表明同时利用矩阵行与列的信息可给出其更为精确的特征值定位集. 这促使我们考虑是否有如下更为精确的特征值定位集的猜想, 即

$$\sigma(A) \subseteq \bigcup_{i \in N} \left(\Gamma_i(A) \bigcap \Gamma_i(A^\top) \right) = \overline{\Gamma}(A)$$

是否成立? 其中

$$\overline{\Gamma}(A) := \bigcup_{i \in N} \left(\overline{\Gamma}_i(A) := \{ z \in \mathbb{C} : |z - a_{ii}| \leqslant \min\{r_i(A), c_i(A)\} \} \right). \tag{2.5}$$

遗憾的是, 答案是否定的. 考虑矩阵

$$A = \begin{bmatrix} 10 & 9 \\ 1 & 10 \end{bmatrix},$$

其谱为 $\sigma(A) = \{7, 13\}$. 而

$$\overline{\Gamma}_1(A) = \overline{\Gamma}_2(A) = \{ z \in \mathbb{C} : |z - 10| \leqslant 1 \} = \overline{\Gamma}(A).$$

显然, $\sigma(A) \nsubseteq \overline{\Gamma}(A)$. 但这却引出一个有趣的问题: 集合 $\overline{\Gamma}(A)$ 并上什么集合可使其既能够包含矩阵 A 所有的特征值, 又含于 $\Gamma(A) \bigcap \Gamma(A^\top)$ 之内, 即有如下问题:

$$\sigma(A) \subseteq \left(\overline{\Gamma}(A) \bigcup ? \right) \subseteq \left(\Gamma(A) \bigcap \Gamma(A^\top) \right).$$

我们将在定理 2.21 和定理 2.23 回答该问题.

从 Geršgorin 圆盘定理及证明可以看出矩阵 A 的特征值定位集 $\Gamma(A)$ 涉及以下关键因素:

矩阵 A、圆心 a_{ii}、半径 $r_i(A)$、特征向量 x (按模最大分量 $|x_k|$).

在 Geršgorin 圆盘定理的基础上, 通过改变每个关键因素, 有可能得到矩阵特征值新的定位集.

定理 2.12 设矩阵 $A = [a_{ij}] \in \mathbb{C}^{n \times n}$, $n \geqslant 2$, $\lambda \in \sigma(A)$. 则

$$\lambda \notin \Delta(A) := \bigcap_{i \in N} \bigcup_{\substack{j \neq i, \\ j \in N}} \Delta_{ij}(A).$$

进而,

$$\lambda \in \Gamma(A) \backslash \Delta(A),$$

其中

$$\Delta_{ij}(A) := \{ z \in \mathbb{C} : |z - a_{jj}| < 2|a_{ji}| - r_j(A) \}.$$

证明 设非零向量 $\mathbf{x} = [x_1, \cdots, x_n]^\top \in \mathbb{C}^n$ 为 A 的对应 λ 的特征向量, 则 (1.1) 式成立. 不失一般性, 设 $|x_k| = \max_{i \in N} |x_i|$, 则 $|x_k| > 0$. 考虑分量 x_j, $j \neq k$ 及 (1.1) 式中的第 j 个等式:

$$(\lambda - a_{jj}) x_j = \sum_{\substack{i \neq j, k, \\ i \in N}} a_{ji} x_i + a_{jk} x_k.$$

移项、等式两边同时取模, 并应用三角不等式得

$$|a_{jk}||x_k| \leqslant |\lambda - a_{jj}||x_j| + \sum_{\substack{i \neq j, k, \\ i \in N}} |a_{ji}||x_i| \leqslant |\lambda - a_{jj}||x_k| + \sum_{\substack{i \neq j, \\ i \in N}} |a_{ji}||x_k|.$$

不等式两边同除以 $|x_k|$, 移项得

$$|\lambda - a_{jj}| \geqslant |a_{jk}| - \sum_{\substack{i \neq j, k, \\ i \in N}} |a_{ji}| = 2|a_{jk}| - r_j(A).$$

故对任意的 $j \neq k$, $\lambda \notin \Delta_{kj}(A)$. 因此,

$$\lambda \notin \bigcup_{\substack{j \neq k, \\ j \in N}} \Delta_{kj}(A).$$

进一步,

$$\lambda \notin \bigcap_{i \in N} \bigcup_{\substack{j \neq i, \\ j \in N}} \Delta_{ij}(A).$$

再由定理 2.1 得, $\lambda \in \Gamma(A) \backslash \Delta(A)$. □

定理 2.12 表明矩阵的每一个特征值都不落在集合 $\Delta(A)$, 即 $\Delta(A)$ 为矩阵特征值的一个排除区域. 由定理 2.12 的证明可以看出, 变化特征向量 $\mathbf{x}$, 即不考虑按

模最大分量 $|x_k|$ 对应的等式, 而考虑其他分量对应的等式, 从而得到新的特征值定位结果: 矩阵特征值的排除区域. 同样地, 变化其他关键因素, 也可以得到更多的特征值定位结果. 例如 2.4 节考虑分块矩阵进而得到分块矩阵的 Geršgorin 圆盘定理; 3.2 节考虑特征向量 x 按模第一大和第二大分量得到 Brauer 卵形特征值定位定理; 4.1 节考虑非负矩阵及按模最大的特征值得到非负矩阵谱半径的估计式; 5.5 节变化矩阵为区间矩阵进而得到区间矩阵特征值定位结果等.

2.2　严格对角占优矩阵

严格对角占优矩阵是 L. Lévy 于 1881 年提出的一类具有广泛应用背景的特殊矩阵. L. Lévy 当时只考虑了实矩阵, 1887 年 J. Desplanques 将其推广到复矩阵.

定义 2.2.1　设矩阵 $A = [a_{ij}] \in \mathbb{C}^{n \times n}$. 若对任意的 $i \in N$,

$$|a_{ii}| \geqslant r_i(A), \tag{2.6}$$

则称 A 为对角占优矩阵. 进一步, 若对任意的 $i \in N$,

$$|a_{ii}| > r_i(A), \tag{2.7}$$

则称 A 为严格对角占优矩阵, 记为 $A \in SDD$.

定理 2.13　设矩阵 $A = [a_{ij}] \in \mathbb{C}^{n \times n}$. 若 A 为严格对角占优矩阵, 则 A 为非奇异矩阵.

证明　反证法. 假若 A 为奇异的, 则 0 为 A 的特征值. 设非零向量 $\mathbf{x} = [x_1, \cdots, x_n]^\top$ 为 A 的对应于 0 的特征向量, 则

$$A\mathbf{x} = 0\mathbf{x} = \mathbf{0},$$

其中 $\mathbf{0}$ 为 n 维零向量. 令 $|x_k| = \max\limits_{i \in N} |x_i|$, 则 $|x_k| > 0$. 由 $A\mathbf{x} = \mathbf{0}$ 的第 k 个等式得

$$a_{kk} x_k = -\sum_{\substack{i \neq k, \\ i \in N}} a_{ki} x_i.$$

两边取模, 并应用三角不等式得

$$|a_{kk}||x_k| \leqslant \sum_{\substack{i \neq k, \\ i \in N}} |a_{ki}||x_i| \leqslant \sum_{\substack{i \neq k, \\ i \in N}} |a_{ki}||x_k| = r_k(A)|x_k|.$$

故

$$|a_{kk}| \leqslant \sum_{\substack{i \neq k, \\ i \in N}} |a_{ki}| = r_k(A).$$

这与 A 为严格对角占优矩阵矛盾. 因此, 0 不是 A 的特征值, 即 A 为非奇异矩阵. □

严格对角占优矩阵的非奇异性提供了判定非奇异矩阵的容易验证的充分条件 (2.7).

上述定理的证明与 Geršgorin 圆盘定理的证明有相似之处, 即都用到特征方程与特征向量按模最大分量对应的等式. 事实上, 由 Geršgorin 圆盘定理可以直接证明定理 2.13, 即严格对角占优矩阵的非奇异性.

定理 2.13 的另一种证明 假若 A 是奇异的, 则 0 为 A 的特征值. 由 Geršgorin 圆盘定理知, 存在 $i_0 \in N$ 使得

$$|0 - a_{i_0 i_0}| \leqslant r_{i_0}(A),$$

即

$$|a_{i_0 i_0}| \leqslant r_{i_0}(A).$$

这矛盾于 (2.7) 式. 因此, A 为非奇异矩阵. □

反之, 由定理 2.13, 即严格对角占优矩阵的非奇异性也可以直接得到 Geršgorin 圆盘定理.

Geršgorin 圆盘定理 (定理 2.1) 的另一种证明 设 $\lambda \in \sigma(A)$, 则 $\lambda I - A$ 是奇异的. 假若 $\lambda \notin \Gamma(A)$, 则对任意的 $i \in N$,

$$|\lambda - a_{ii}| > r_i(A),$$

即 $\lambda I - A$ 为严格对角占优矩阵. 由定理 2.13 得, $\lambda I - A$ 为非奇异矩阵. 这与 $\lambda I - A$ 为奇异的矛盾. 因此, $\lambda \in \Gamma(A)$. □

通过上述讨论可以看出, 严格对角占优矩阵的非奇异性和 Geršgorin 圆盘定理有一种 "相互依赖、同生共存" 的属性, 表示如下:

Geršgorin 圆盘定理 $\rightleftharpoons$ 严格对角占优矩阵的非奇异性.

这种属性启示我们, 矩阵的特征值包含集与非奇异矩阵类之间有密切关联, 只要研究其中一方, 那么就可得到另一方的相关结果. 例如, 通过 Geršgorin 圆盘的边界结果 (定理 2.9) 可以得到另一类非奇异矩阵.

定义 2.2.2　设矩阵 $A = [a_{ij}] \in \mathbb{C}^{n \times n}$. 若 A 满足

(1) A 为不可约的;

(2) 对任意的 $i \in N$, (2.6) 成立, 即 A 为对角占优矩阵;

(3) 存在 $i_0 \in N$ 使得 $|a_{i_0 i_0}| > r_{i_0}(A)$,

则称 A 为不可约对角占优矩阵.

定理 2.14　设矩阵 $A = [a_{ij}] \in \mathbb{C}^{n \times n}$. 若 A 为不可约对角占优矩阵, 则 A 为非奇异矩阵.

证明　假若 A 为奇异的, 则 0 为 A 的特征值. 由 A 为对角占优矩阵知, 对任意的 $i \in N$,

$$|a_{ii}| = |0 - a_{ii}| \geqslant r_i(A).$$

于是由定理 2.9 知, 对任意的 $i \in N$,

$$|a_{ii}| = r_i(A).$$

这矛盾于 A 为不可约对角占优矩阵定义的 (3). 因此, A 为非奇异矩阵.　　　□

类似地, 应用不可约对角占优矩阵的非奇异性也可证明定理 2.9, 即它们之间亦有如下对应关系:

Geršgorin 圆盘定理的边界结果 (定理 2.9) ⇌ 不可约对角占优矩阵的非奇异性.

下面, 讨论与极小 Geršgorin 圆盘集 (定理 2.10) 相对应的矩阵类——非奇异 H-矩阵. 该类矩阵在生物、经济、物理等领域有着重要的应用.

定义 2.2.3　设矩阵 $A = [a_{ij}] \in \mathbb{C}^{n \times n}$. 若存在正对角矩阵 $X = \text{diag}(x_1, \cdots, x_n)$ 使得 AX 为严格对角占优矩阵, 则称 A 为非奇异 H-矩阵.

非奇异 H-矩阵的 "非奇异" 是由严格对角占优矩阵的非奇异性及正对角矩阵的非奇异性得到的. 值得注意的是也有 "奇异 H-矩阵" 的概念. 由于本书主要研究非奇异矩阵, 故对奇异 H-矩阵不作深入探讨, 相关研究参见文献 [35,36,39]. 另一方面, 严格对角占优矩阵左乘一个正对角矩阵并不改变其严格对角占优性, 因此, 非奇异 H-矩阵的定义也可写为: 若存在正对角矩阵 $X = \text{diag}(x_1, \cdots, x_n)$ 使得 $X^{-1}AX$ 为严格对角占优矩阵, 则称 A 为非奇异 H-矩阵. 由此可类似建立非奇异 H-矩阵与极小 Geršgorin 圆盘集的对应关系:

极小 Geršgorin 圆盘集 (定理 2.10) ⇌ 非奇异 H-矩阵.

然而, 通过定义 2.2.3 判定一个矩阵是否为非奇异 H-矩阵并不容易, 尤其是当矩阵的阶数较大时, 更是不可行的. 因此, 必须另辟蹊径寻找其他方法. 常用方法是寻找容易判断的非奇异 H-矩阵类的子类. 特别地, 取正对角矩阵 X 为单位矩阵, 即 $X = I$, 则得到如下结果:

定理 2.15 若矩阵 A 为严格对角占优矩阵, 则 A 为非奇异 H-矩阵.
由定义 2.2.2 确定的不可约对角占优矩阵也为非奇异 H-矩阵的子类.

定理 2.16 若矩阵 A 为不可约对角占优矩阵, 则 A 为非奇异 H-矩阵.

证明 令

$$N^+(A) := \{i \in N : |a_{ii}| > r_i(A)\}, \quad N^0(A) := \{i \in N : |a_{ii}| = r_i(A)\}.$$

显然, $N^+(A) \subseteq N$. 由定义 2.2.2 知, $N^+(A) \neq \varnothing$ 且 $N^+(A) \bigcup N^0(A) = N$. 若 $N^+(A) = N$, 则 A 为严格对角占优矩阵. 由定理 2.15 知 A 为非奇异 H-矩阵.

下设 $N^+(A) \subset N$. 考虑 "最坏" 情况, 即 $N^+(A)$ 只含有 1 个元素, 令

$$N^+(A) = \{i_0\}.$$

不失一般性, 设 $i_0 = 1$, 即

$$|a_{11}| > r_1(A). \tag{2.8}$$

因此, $N^0(A) = \{2, 3, \cdots, n\}$, 即对任意的 $i = 2, 3, \cdots, n$,

$$|a_{ii}| = r_i(A).$$

由 (2.8) 式得

$$\frac{r_1(A)}{|a_{11}|} < 1,$$

故存在正实数 $\epsilon^{(1)} > 0$ 使得

$$\frac{r_1(A)}{|a_{11}|} < \frac{r_1(A) + \epsilon^{(1)}}{|a_{11}|} < 1.$$

由 A 为不可约矩阵得, 存在 $i_1 \in N^0(A)$ 使得 $a_{i_1 1} \neq 0$. 取正对角矩阵

$$X^{(1)} = \text{diag}\left(x_1^{(1)}, \cdots, x_n^{(1)}\right),$$

其中

$$x_i^{(1)} = \begin{cases} \dfrac{r_1(A) + \epsilon^{(1)}}{|a_{11}|}, & i = 1, \\ 1, & i \neq 1. \end{cases}$$

令 $A^{(1)} = AX^{(1)} = (a_{ij}^{(1)})$. 下证 $A^{(1)}$ 仍为不可约对角占优矩阵. 事实上,

$$|a_{11}^{(1)}| = |a_{11}| \cdot \frac{r_1(A) + \epsilon^{(1)}}{|a_{11}|} = r_1(A) + \epsilon^{(1)} > r_1(A) = r_1(A^{(1)}),$$

且对任意的 $i \neq 1, i \in N$,

$$|a_{ii}^{(1)}| = a_{ii} = r_i(A) = \sum_{\substack{j \neq i, \\ j \in N}} |a_{ij}| \geqslant \sum_{\substack{j \neq 1, i, \\ j \in N}} |a_{ij}| + |a_{i1}| \frac{r_1(A) + \epsilon^{(1)}}{|a_{11}|} = r_i(A^{(1)}).$$

特别地, 由 $|a_{i1}| \neq 0$ 得

$$|a_{i_1 i_1}^{(1)}| > r_i(A^{(1)}).$$

由于右乘正对角矩阵不改变矩阵的不可约性, 因此, $A^{(1)}$ 仍为不可约对角占优矩阵, 且 $\{1, i_1\} \subseteq N^+(A^{(1)})$. 仍考虑 “最坏” 情况, 即

$$N^+(A^{(1)}) = \{1, i_1\}.$$

不失一般性, 设 $i_1 = 2$, 则

$$N^0(A^{(1)}) = \{3, 4, \cdots, n\}.$$

注意到,

$$\max_{k=1,2} \frac{r_k(A^{(1)})}{|a_{kk}^{(1)}|} < 1,$$

故存在正实数 $\epsilon^{(2)} > 0$ 使得

$$\max_{k=1,2} \frac{r_k(A^{(1)})}{|a_{kk}^{(1)}|} < \max_{k=1,2} \frac{r_k(A^{(1)}) + \epsilon^{(2)}}{|a_{kk}^{(1)}|} < 1.$$

由 $A^{(1)}$ 为不可约矩阵得, 存在 $l \in N^+(A^{(1)})$, $i_2 \in N^0(A^{(1)})$ 使得 $a_{i_2 l} \neq 0$. 取正对角矩阵 $X^{(2)} = \mathrm{diag}\left(\mathbf{x}_1^{(2)}, \cdots, \mathbf{x}_n^{(2)}\right)$, 其中

$$\mathbf{x}_i^{(2)} = \begin{cases} 1, & i \neq l, i \in N^+(A^{(1)}), \\ \max\limits_{k=1,2} \dfrac{r_k(A^{(1)}) + \epsilon^{(2)}}{|a_{kk}^{(1)}|}, & i = l, \\ 1, & i \neq N^0(A^{(1)}). \end{cases}$$

令 $A^{(2)} = A^{(1)} X^{(2)} = (a_{ij}^{(2)})$. 类似前面讨论, 易证 $A^{(2)}$ 仍为不可约对角占优矩阵, 且

$$\{1, 2, i_2\} \subseteq N^+(A^{(2)}).$$

重复下去, 至多 $n - 1$ 次使得

$$N^+(A^{(n-1)}) = \{1, 2, \cdots, n\} = N,$$

即

$$A^{(n-1)} = A^{(n-2)}X^{(n-1)} = A^{(n-3)}X^{(n-2)}X^{(n-1)} = \cdots = AX^{(1)}\cdots X^{(n-1)}$$

为严格对角占优矩阵. 取

$$X = X^{(1)}\cdots X^{(n-1)}.$$

则 X 为正对角矩阵且使得 AX 为严格对角占优矩阵. 由定义 2.2.3 知 A 为非奇异 H-矩阵. $\qquad\square$

　　在矩阵理论及其应用中, 非奇异矩阵的逆矩阵的范数的估计是一个重要而困难的问题. 下面, 给出严格对角占优矩阵的逆矩阵的无穷范数估计的一个结果.

定理 2.17　设矩阵 $A = [a_{ij}] \in \mathbb{C}^{n\times n}$ 为严格对角占优矩阵. 则

$$\|A^{-1}\|_\infty \leqslant \frac{1}{\min\limits_{i\in N}\{|a_{ii}| - r_i(A)\}}.$$

证明　令 $\gamma = \min\limits_{i\in N}\{|a_{ii}| - r_i(A)\}$. 因为

$$\|A^{-1}\|_\infty^{-1} = \inf_{\mathbf{x}\neq 0}\frac{\|A\mathbf{x}\|_\infty}{\|\mathbf{x}\|_\infty},$$

故只需证明对任意的向量 $\mathbf{x} \in \mathbb{C}^n \backslash \{\mathbf{0}\}$,

$$\gamma\|\mathbf{x}\|_\infty \leqslant \|A\mathbf{x}\|_\infty.$$

取非零向量 $\mathbf{x} = [x_1,\cdots,x_n]^\top$, 且设 $|x_k| = \|\mathbf{x}\|_\infty > 0$, 则

$$\begin{aligned}
0 < \gamma|x_k| &\leqslant (|a_{kk}| - r_k(A))|x_k| \\
&\leqslant |a_{kk}||x_k| - \sum_{\substack{j\neq k,\\ j\in N}}|a_{kj}||x_j| \\
&\leqslant |a_{kk}||x_k| - \left|\sum_{\substack{j\neq k,\\ j\in N}}a_{kj}x_j\right| \\
&\leqslant \left|\sum_{j\in N}a_{kj}x_j\right| \\
&\leqslant \max_{k\in N}\left|\sum_{j\in N}a_{kj}x_j\right|
\end{aligned}$$

$$= ||A\mathbf{x}||_\infty. \qquad\qquad \square$$

对 $A^\top$ 做上述同样的处理, 可得如下结果:

- 若 $A^\top$ 为 (严格) 对角占优矩阵, 则称 A 为列 (严格) 对角占优矩阵, 即

$$|a_{ii}| \geqslant (>) \, c_i(A) = r_i(A^\top), \quad i \in N.$$

相应地, 称定义 2.2.1 确定的矩阵为行 (严格) 对角占优矩阵.

- 若 A 为列严格对角占优矩阵, 则 A 为非奇异矩阵;
- 若 $A^\top$ 为不可约对角占优矩阵, 则称 A 为列不可约对角占优矩阵;
- 若 A 为列不可约对角占优矩阵, 则 A 为非奇异矩阵;
- 若 A 为列严格对角占优矩阵, 则

$$||A||_1 = ||A^\top||_\infty \leqslant \frac{1}{\min\limits_{i \in N}\{|a_{ii}| - c_i(A)\}}.$$

2.3 α-严格对角占优矩阵及其对应的特征值定位集

由 Geršgorin 圆盘集包含极小 Geršgorin 圆盘集, 而严格对角占优矩阵类却为非奇异 H-矩阵的子类知: 矩阵类越 "广"(如 H-矩阵类), 其对应的矩阵特征值定位区域越小 (极小 Geršgorin 圆盘集). 反之, 矩阵特征值定位区域越大 (Geršgorin 圆盘区域), 其对应的矩阵类越 "窄"(如严格对角占优矩阵类). 本节讨论一类更广的对角占优型矩阵——α-严格对角占优矩阵及其对应的特征值定位集.

矩阵 $A = [a_{ij}]$ 的行严格对角占优性和列严格对角占优性都能保证矩阵的非奇异性, 即矩阵 A 的主对角元 a_{ii}、去心行和 $r_i(A)$、去心列和 $c_i(A)$ 之间的关系式

$$|a_{ii}| > r_i(A), \quad |a_{ii}| > c_i(A), \quad i \in N$$

都能保证矩阵 A 的非奇异性. 现在考虑它们的几何均值不等式对其奇异性的影响, 即对于给定的 $\alpha \in [0, 1]$, 讨论不等式

$$|a_{ii}| > (r_i(A))^\alpha (c_i(A))^{1-\alpha}, \quad i \in N \tag{2.9}$$

是否能保证矩阵 A 的非奇异性? 事实上, A. M. Ostrowski 于 1951 年已给出这个问题的答案, 即有如下定理.

定理 2.18 设矩阵 $A = [a_{ij}] \in \mathbb{C}^{n \times n}$, $\alpha \in [0, 1]$. 若 (2.9) 式成立, 则 A 为非奇异矩阵.

证明 情况 I：$r_i(A) > 0$，$i \in N$. 当 $\alpha = 0$ 时，A 为列严格对角占优矩阵，因此 A 为非奇异矩阵. 当 $\alpha = 1$ 时，A 为严格对角占优矩阵，故 A 也为非奇异矩阵. 下面只需证明当 $\alpha \in (0, 1)$ 时，A 为非奇异矩阵.

反证法. 假若矩阵 A 奇异，则 $0 \in \sigma(A)$，故

$$A\mathbf{x} = \mathbf{0},$$

其中 $\mathbf{x} = [x_1, \cdots, x_n]^\top$ 为非零向量. 令 $|x_k| = \max\limits_{i \in N} |x_i|$，则 $|x_k| > 0$，且对任意的 $i \in N$，

$$|a_{ii}||x_i| \leqslant \sum_{\substack{j \neq i, \\ i \in N}} |a_{ij}||x_j|.$$

再由 (2.9) 式得

$$(r_i(A))^\alpha (c_i(A))^{1-\alpha} |x_i| \leqslant \sum_{\substack{j \neq i, \\ j \in N}} |a_{ij}||x_j| = \sum_{\substack{j \neq i, \\ j \in N}} |a_{ij}|^\alpha |a_{ij}|^{1-\alpha} |x_j|$$

和

$$(r_k(A))^\alpha (c_k(A))^{1-\alpha} |x_k| < \sum_{\substack{j \neq k, \\ j \in N}} |a_{kj}||x_j| = \sum_{i \in N} |a_{kj}|^\alpha |a_{kj}|^{1-\alpha} |x_j|.$$

令 $p = \dfrac{1}{\alpha}$，$q = \dfrac{1}{1-\alpha}$. 由 Hölder 不等式得

$$(r_i(A))^\alpha (c_i(A))^{1-\alpha} |x_i| \leqslant \left(\sum_{\substack{j \neq i, \\ j \in N}} |a_{ij}|^{\alpha p} \right)^{\frac{1}{p}} \left(\sum_{\substack{j \neq i, \\ j \in N}} |a_{ij}||x_j|^q \right)^{\frac{1}{q}}.$$

注意到，$\alpha p = 1$ 且 $(r_i(A))^\alpha > 0$，$i \in N$. 上式两边同除 $(r_i(A))^\alpha$，并同取 q 次幂得

$$c_i(A)|x_i|^q \leqslant \sum_{\substack{j \neq i, \\ j \in N}} |a_{ij}||x_j|^q. \tag{2.10}$$

特别地，

$$c_k(A)|x_k|^q < \sum_{\substack{j \neq k, \\ j \in N}} |a_{kj}||x_j|^q.$$

再对 (2.10) 式中 i 取和得

$$\sum_{i \in N} c_i(A)|x_i|^q < \sum_{i \in N} \left(\sum_{\substack{j \neq i, \\ j \in N}} |a_{ij}||x_j|^q \right) = \sum_{j \in N} \left(\left(\sum_{\substack{i \neq j, \\ i \in N}} |a_{ij}| \right) |x_j|^q \right) = \sum_{j \in N} c_j(A)|x_j|^q.$$

矛盾. 因此, A 为非奇异矩阵.

情况 II: 存在 $i_0 \in N$ 使得 $r_{i_0}(A) = 0$. 令

$$\zeta^0(A) = \{i \in N : r_i(A) = 0\},$$

则 $\varnothing \neq \zeta^0(A) \subset N$ (若 $\zeta^0(A) = N$, 则对任意的 $i \in N$, $|a_{ii}| > 0$, 且 A 为对角矩阵, 显然 A 为非奇异矩阵). 令

$$\zeta^0(A) = \{i_1, i_2, \cdots, i_k\}, \quad k < n.$$

不失一般性, 设

$$\zeta^0(A) = \{1, 2, \cdots, k\}, \quad k < n$$

及 A 有如下形式

$$A = \begin{bmatrix} a_{11} & 0 & \cdots & 0 & 0 & 0 & 0 & \mathbf{0} \\ 0 & a_{22} & \ddots & \vdots & 0 & 0 & 0 & \vdots \\ \vdots & \ddots & \ddots & \ddots & \ddots & \vdots & \vdots & \vdots \\ 0 & \cdots & \cdots & a_{kk} & 0 & 0 & 0 & \vdots \\ * & \cdots & \cdots & \cdots & a_{k+1k+1} & 0 & \cdots & \mathbf{0} \\ * & \cdots & \cdots & \cdots & \cdots & \ddots & \cdots & \vdots \\ * & \cdots & \cdots & \cdots & \cdots & \cdots & a_{ll} & \mathbf{0} \\ * & \cdots & \cdots & \cdots & \cdots & \cdots & \cdots & A_{22} \end{bmatrix},$$

其中 $\zeta^0(A_{22}) = \varnothing$. 故

$$\det(A) = \prod_{j \in \{1, \cdots, l\}} a_{jj} \cdot \det(A_{22}).$$

对 A_{22} 做与情况 I 同样的论证得, $\det(A_{22}) \neq 0$. 因此, $\det(A) \neq 0$. 故 A 为非奇异矩阵. $\qquad\square$

应用广义代数-几何均值不等式:

$$\alpha a + (1 - \alpha)b \geqslant a^\alpha b^{1-\alpha},$$

其中 a, $b \geqslant 0$ 且 $0 \leqslant \alpha \leqslant 1$, 再由定理 2.18 易得判断矩阵非奇异性的如下充分条件.

定理 2.19 设矩阵 $A = [a_{ij}] \in \mathbb{C}^{n \times n}$, $\alpha \in [0,1]$. 若

$$|a_{ii}| > \alpha r_i(A) + (1 - \alpha)c_i(A), \quad i \in N, \tag{2.11}$$

则 A 为非奇异矩阵.

定理 2.18 和定理 2.19 中矩阵非奇异的充分条件可定义两类对角占优型矩阵.

定义 2.3.1 设矩阵 $A = [a_{ij}] \in \mathbb{C}^{n \times n}$, $\alpha \in [0,1]$.

● 若 A 满足 (2.11) 式, 则称 A 为和 α-严格对角占优矩阵, 简称 α-严格对角占优矩阵, 或称其为 α_1-矩阵;

● 若 A 满足 (2.9) 式, 则称 A 为积 α-严格对角占优矩阵, 或称其为 α_2-矩阵.

使用这两类矩阵的定义判断矩阵是否非奇异并不容易, 因为要在区间 $[0,1]$ 中选取或确定 α 使得 (2.9) 式或 (2.11) 式成立并不是一件容易做到的事. 为此, 2011 年 L. Cvetković, V. Kostić, R. Bru 和 F. Pedroche 给出了这两类矩阵的与 α 无关的等价条件. 下面介绍此结果. 首先给出所需符号, 对给定的矩阵 $A = [a_{ij}] \in \mathbb{C}^{n \times n}$, 记

$$\mathcal{R} = \{i \in N : r_i(A) > c_i(A)\},$$
$$\mathcal{C} = \{i \in N : c_i(A) > r_i(A)\},$$
$$\mathcal{E} = \{i \in N : r_i(A) = c_i(A)\}.$$

显然, $\mathcal{R}$, $\mathcal{C}$ 与 $\mathcal{E}$ 互不相交且 $\mathcal{R} \bigcup \mathcal{C} \bigcup \mathcal{E} = N$.

定理 2.20 设矩阵 $A = [a_{ij}] \in \mathbb{C}^{n \times n}$. 则 A 为 α-严格对角占优矩阵当且仅当下述两条成立:

(I) 对任意的 $i \in N$, $|a_{ii}| > \min\{r_i(A), c_i(A)\}$;

(II) 对任意的 $i \in \mathcal{R}$, $j \in \mathcal{C}$, $\dfrac{|a_{ii}| - c_i(A)}{R_i(A) - c_i(A)} > \dfrac{c_j(A) - |a_{jj}|}{c_j(A) - r_j(A)}$.

证明 $\Rightarrow$: 设 A 为 α-严格对角占优矩阵, 即存在 $\alpha \in [0,1]$ 使得

$$|a_{ii}| > \alpha(r_i(A) - c_i(A)) + c_i(A), \quad i \in N.$$

因此, 对每个 $i \in \mathcal{R}$, 有

$$\frac{|a_{ii}| - c_i(A)}{r_i(A) - c_i(A)} > \alpha,$$

且对每个 $j \in \mathcal{C}$, 有

$$\alpha > \frac{c_j(A) - |a_{jj}|}{c_j(A) - r_j(A)}.$$

故 (II) 成立. 再由 $\alpha \in [0,1]$ 及 (2.11) 式, (I) 成立.

⇐: 设 (I) 和 (II) 成立. 注意到, 对任意的 $i \in \mathcal{E}$, (2.11) 显然成立. 下证对任意的 $i \in \mathcal{R} \bigcup \mathcal{C}$, (2.11) 仍然成立.

因为对任意的 $i \in \mathcal{R}$, $r_i(A) > c_i(A)$, 再由 (I) 得 $|a_{ii}| - c_i(A) > 0$ 和

$$\frac{|a_{ii}| - c_i(A)}{r_i(A) - c_i(A)} > 0. \tag{2.12}$$

类似地, 对任意的 $j \in \mathcal{C}$, $|a_{jj}| > r_j(A)$ 且 $c_j(A) - |a_{jj}| < c_j(A) - r_j(A)$. 再由 $c_j(A) - r_j(A) > 0$ 得

$$\frac{c_j(A) - |a_{jj}|}{c_j(A) - r_j(A)} < 1. \tag{2.13}$$

由 (2.12) 式、(2.13) 式及 (II) 知, 存在 $\alpha \in [0, 1]$ 使得对任意的 $i \in \mathcal{R}, j \in \mathcal{C}$,

$$\max \left\{ 0, \frac{c_j(A) - |a_{jj}|}{c_j(A) - r_j(A)} \right\} < \alpha < \min \left\{ \frac{|a_{ii}| - c_i(A)}{r_i(A) - c_i(A)}, 1 \right\}.$$

从上述不等式易得对任意的 $i \in \mathcal{R} \bigcup \mathcal{C}$, (2.11) 成立, 即 A 为 α-严格对角占优矩阵. $\qquad \square$

定理 2.20 表明了若矩阵 A 满足 (I) 和 (II), 则 A 为非奇异矩阵. 结合矩阵特征值定位结果与矩阵非奇异性之间的 "一一对应" 关系, 易得如下特征值定位定理 (证明略, 感兴趣的读者可自证之).

定理 2.21　设矩阵 $A = [a_{ij}] \in \mathbb{C}^{n \times n}$, $n \geqslant 2$. 则

$$\sigma(A) \subseteq \Gamma^{(1)}(A) := \overline{\Gamma}(A) \bigcup \widehat{\Gamma}(A),$$

其中 $\overline{\Gamma}(A)$ 定义如 (2.5) 式,

$$\widehat{\Gamma}(A) := \bigcup_{\substack{i \in \mathcal{R}, \\ j \in \mathcal{C}}} \widehat{\Gamma}_{ij}(A)$$

且

$$\widehat{\Gamma}_{ij}(A) = \{ z \in \mathbb{C} : |z - a_{ii}|(c_j(A) - r_j(A)) + |z - a_{jj}|(r_i(A) - c_i(A))$$
$$\leqslant r_i(A)c_j(A) - c_i(A)r_j(A) \}.$$

类似于定理 2.20 的证明及定理 2.21, 不难得到积 α-严格对角占优矩阵的充分且必要条件及相应的特征值定位定理. 限于篇幅, 下面不加证明地介绍这两个结果.

定理 2.22 设矩阵 $A = [a_{ij}] \in \mathbb{C}^{n \times n}$. 则 A 为积 α-严格对角占优矩阵当且仅当下述两条成立:

(I) 对任意的 $i \in N$, $|a_{ii}| > \min\{r_i(A),\ c_i(A)\}$;

(II) 对任意的 $i \in \mathcal{R}$ 且 $c_i(A) \neq 0$, $j \in \mathcal{C}$ 且 $r_j(A) \neq 0$,

$$\log_{\frac{r_i(A)}{c_i(A)}} \frac{|a_{ii}|}{c_i(A)} > \log_{\frac{c_j(A)}{r_j(A)}} \frac{c_j(A)}{|a_{jj}|}.$$

由定理 2.22可得如下特征值定位结果.

定理 2.23 设矩阵 $A = [a_{ij}] \in \mathbb{C}^{n \times n}$, $n \geqslant 2$. 则

$$\sigma(A) \subseteq \Gamma^{(2)}(A) := \overline{\Gamma}(A) \bigcup \widetilde{\Gamma}(A),$$

其中 $\overline{\Gamma}(A)$ 定义如 (2.5) 式,

$$\widetilde{\Gamma}(A) := \bigcup_{\substack{i \in \mathcal{R}:c_i(A) \neq 0, \\ j \in \mathcal{C}:r_j(A) \neq 0}} \widetilde{\Gamma}_{ij}(A)$$

且对任意的 $i \in \mathcal{R}$, $c_i(A) \neq 0$, $j \in \mathcal{C}$, $r_j(A) \neq 0$,

$$\widetilde{\Gamma}_{ij}(A) = \left\{ z \in \mathbb{C} : \frac{|z - a_{ii}|}{c_i(A)} \left(\frac{|z - a_{jj}|}{c_j(A)} \right)^{\log_{\frac{c_j(A)}{r_j(A)}} \frac{r_i(A)}{c_i(A)}} \leqslant 1 \right\}.$$

2.4 块对角占优矩阵与分块矩阵 Geršgorin 圆盘定理

1962 年, D. G. Feingold 和 R. S. Varga 将严格对角占优矩阵、Geršgorin 圆盘定理等推广到分块矩阵的情景, 得到块严格对角占优矩阵、分块矩阵 Geršgorin 圆盘定理. 本节介绍该方面的结果及其最新进展.

设 $A \in \mathbb{C}^{n \times n}$ 分块如下:

$$A = [A_{ij}] = \begin{bmatrix} A_{11} & A_{12} & \cdots & A_{1q} \\ A_{21} & A_{22} & \cdots & A_{2q} \\ \vdots & \vdots & \ddots & \vdots \\ A_{q1} & A_{q2} & \cdots & A_{qq} \end{bmatrix}, \tag{2.14}$$

其中 $A_{ij} \in \mathbb{C}^{n_i \times n_j}$ 为 A 的 (i, j)-块, $n_1, n_2, \cdots, n_q$ 为正整数且 $\sum_{k=1}^{q} n_k = n$. 特别地, 称 A_{ii} 为 A 的对角块. 进一步, 将 A_{ij} 视为从 n_j 维向量空间 Ω_j 到 n_i 维向量

空间 Ω_i 的线性变换, 则可引入其范数:

$$\|A_{ij}\| := \sup_{\mathbf{x}\in\Omega_i,\ \mathbf{x}\neq\mathbf{0}} \frac{\|A_{ij}\mathbf{x}\|_{\Omega_i}}{\|\mathbf{x}\|_{\Omega_j}}, \tag{2.15}$$

其中 $\|\cdot\|_{\Omega_i}$ 和 $\|\cdot\|_{\Omega_j}$ 分别为向量空间 Ω_i 和 Ω_j 的向量范数. 在不产生混淆的情况下, 为书写方便, 任何维向量空间的向量范数都用 $\|\cdot\|$ 表示.

定义 2.4.1　设矩阵 $A\in\mathbb{C}^{n\times n}$ 分块形如 (2.14) 式. 若对任意的 $i\in\{1, 2,\cdots,q\}$, 对角块 A_{ii} 非奇异, 且

$$\|A_{ii}^{-1}\|^{-1} > \sum_{j=1,\ j\neq i}^{q} \|A_{ij}\|, \tag{2.16}$$

则称 A 为块严格对角占优矩阵.

显然, 当 $n_1 = \cdots = n_q = 1$ 时, $\|A_{ij}\| = |a_{ij}|$ 且 (2.16) 式退化为 (2.7) 式, 即块严格对角占优矩阵为严格对角占优矩阵的推广.

定理 2.24　设矩阵 $A\in\mathbb{C}^{n\times n}$ 分块形如 (2.14) 式. 若 A 为块严格对角占优矩阵, 则 A 为非奇异矩阵.

证明　反证法. 假若 A 为奇异矩阵, 则存在非零向量 $\mathbf{x}\in\mathbb{C}^n$ 使得

$$A\mathbf{x} = A\begin{bmatrix}\mathbf{x}_1 \\ \mathbf{x}_2 \\ \vdots \\ \mathbf{x}_q\end{bmatrix} = \mathbf{0}, \tag{2.17}$$

其中 $\mathbf{x}_i\in\mathbb{C}^{n_i}$, $i=1,2,\cdots,q$. 不失一般性, 设 $\|\mathbf{x}_i\|\leqslant 1$, $i=1,2,\cdots,q$, 且 $\|\mathbf{x}_r\| = 1$, 再由 (2.17) 式得

$$\sum_{j=1,\ j\neq r}^{q} A_{rj}\mathbf{x}_j = -A_{rr}\mathbf{x}_r,$$

上式两边取范数再由 (2.15) 式得

$$\|A_{rr}\mathbf{x}_r\| \leqslant \sum_{j=1,\ j\neq r}^{q} \|A_{rj}\|\|\mathbf{x}_j\| \leqslant \sum_{j=1,\ j\neq r}^{q} \|A_{rj}\|. \tag{2.18}$$

记 $A_{rr}\mathbf{x}_r = \mathbf{z}_r$. 因为 A_{rr} 非奇异, 故

$$\|A_{rr}\mathbf{x}_r\| = \frac{\|A_{rr}\mathbf{x}_r\|}{\|\mathbf{x}_r\|} = \frac{\|\mathbf{z}_r\|}{\|A_{rr}^{-1}\mathbf{z}_r\|} \geqslant \|A_{rr}^{-1}\|^{-1}. \tag{2.19}$$

由 (2.18) 式和 (2.19) 式得

$$\|A_{rr}^{-1}\|^{-1} \leqslant \sum_{j=1,\ j\neq r}^{q} \|A_{rj}\|.$$

这与 A 为块严格对角占优矩阵的定义矛盾. 因此, A 非奇异. □

由块严格对角占优矩阵的非奇异性, 可得如下矩阵特征值的定位集.

定理 2.25 设矩阵 $A \in \mathbb{C}^{n \times n}$ 分块形如 (2.14) 式. 则

$$\sigma(A) \subseteq \Gamma^{B}(A) := \left(\bigcup_{i=1}^{q} \sigma(A_{ii}) \right) \cup \left(\bigcup_{i=1}^{q} \Gamma_{i}^{B}(A) \right),$$

其中

$$\Gamma_{i}^{B}(A) := \left\{ z \in \mathbb{C} : \|(zI_i - A_{ii})^{-1}\|^{-1} \leqslant \sum_{j=1,\ j\neq i}^{q} \|A_{ij}\| \right\},$$

I_i 为 $n_i \times n_i$ 阶单位矩阵.

证明 设 $\lambda \in \sigma(A)$, 若存在 $i_0 \in \{1, 2, \cdots, q\}$ 使得 $\lambda \in \sigma(A_{i_0 i_0})$, 则

$$\lambda \in \bigcup_{i=1}^{q} \sigma(A_{ii}).$$

否则对任意的 $i \in \{1, 2, \cdots, q\}$, $\lambda I_i - A_{ii}$ 非奇异. 假若 $\lambda \notin \bigcup_{i=1}^{q} \Gamma_{i}^{B}(A)$, 则对任意的 $i \in \{1, 2, \cdots, q\}$,

$$\|(\lambda I_i - A_{ii})^{-1}\|^{-1} > \sum_{j=1,\ j\neq i}^{q} \|A_{ij}\|,$$

故 $\lambda I - A$ 为块严格对角占优矩阵. 再由定理 2.24 知 $\lambda I - A$ 非奇异, 这与 λ 为 A 的特征值矛盾. 因此, $\lambda \in \bigcup_{i=1}^{q} \Gamma_{i}^{B}(A)$. 故 $\sigma(A) \subseteq \Gamma^{B}(A)$. □

当 $n_1 = \cdots = n_q = 1$ 时, $\Gamma^{B}(A)$ 退化为 Geršgorin 圆盘集 $\Gamma(A)$. 特别地, 当取 2-范数时, 上述定理为如下形式.

推论 2.26 设矩阵 $A \in \mathbb{C}^{n \times n}$ 分块形如 (2.14) 式, $\lambda \in \sigma(A)$. 则

$$\lambda \in \bigcup_{i=1}^{q} \sigma(A_{ii}),$$

或者

$$\lambda \in \bigcup_{i=1}^{q} \left\{ z \in \mathbb{C} : \sum_{j=1,\ j\neq i}^{q} ||(zI_i - A_{ii})^{-1}||_2 ||A_{ij}||_2 \geqslant 1 \right\}.$$

应用 Cauchy-Schwarz 不等式可得如下改进结果.

定理 2.27　设矩阵 $A \in \mathbb{C}^{n\times n}$ 分块形如 (2.14) 式, $\lambda \in \sigma(A)$. 则

$$\lambda \in \bigcup_{i=1}^{q} \sigma(A_{ii}),$$

或者

$$\lambda \in \left\{ z \in \mathbb{C} : \sum_{i=1}^{q} ||(zI_i - A_{ii})^{-1}||_2^2 \omega_i^2(A) \geqslant \frac{q}{q-1} \right\}, \tag{2.20}$$

其中

$$\omega_i(A) := \left(\sum_{j=1,\ j\neq i}^{q} ||A_{ij}||_2^2 \right)^{\frac{1}{2}}, \quad i = 1, 2, \cdots, q.$$

证明　类似于定理 2.25 的证明, 仅需证明对任意的 $i \in \{1, 2, \cdots, q\}$, $\lambda I_i - A_{ii}$ 非奇异时, (2.20) 式成立.

设 $\mathbf{x} = \left[\mathbf{x}_1^\top, \mathbf{x}_2^\top, \cdots, \mathbf{x}_q^\top \right]^\top$ 使得

$$A\mathbf{x} = \lambda\mathbf{x},$$

其中 $\mathbf{x}_i \in \mathbb{C}^{n_i}$, $i = 1, 2, \cdots, q$ 且 $||\mathbf{x}||_2 = 1$. 因此,

$$(\lambda I_i - A_{ii})\mathbf{x}_i = \sum_{j=1,\ j\neq i}^{q} A_{ij}\mathbf{x}_j, \quad i = 1, 2, \cdots, q.$$

故

$$\mathbf{x}_i = (\lambda I_i - A_{ii})^{-1} \sum_{j=1,\ j\neq i}^{q} A_{ij}\mathbf{x}_j, \quad i = 1, 2, \cdots, q.$$

两边取范数得

$$||\mathbf{x}_i||_2 \leqslant ||(\lambda I_i - A_{ii})^{-1}||_2 \sum_{j=1,\ j\neq i}^{q} ||A_{ij}||_2 ||\mathbf{x}_j||_2, \quad i = 1, 2, \cdots, q. \tag{2.21}$$

应用 Cauchy-Schwarz 不等式得

$$\left(\sum_{j=1,\ j\neq i}^{q}||A_{ij}||_2||\mathbf{x}_j||_2\right)^2 \leqslant \sum_{j=1,\ j\neq i}^{q}||A_{ij}||_2^2\sum_{j=1,\ j\neq i}^{q}||\mathbf{x}_j||_2^2 = \omega_i^2(A)\sum_{j=1,\ j\neq i}^{q}||\mathbf{x}_j||_2^2.$$

结合 (2.21) 式得

$$||\mathbf{x}_i||_2^2 \leqslant ||(\lambda I_i - A_{ii})^{-1}||_2^2\omega_i^2(A)\sum_{j=1,\ j\neq i}^{q}||\mathbf{x}_j||_2^2, \quad i = 1, 2, \cdots, q. \tag{2.22}$$

记

$$b_i := \sum_{j=1,\ j\neq i}^{q}||\mathbf{x}_j||_2^2.$$

则 (2.22) 式可写为

$$||\mathbf{x}_i||_2^2 \leqslant ||(\lambda I_i - A_{ii})^{-1}||_2^2\omega_i^2(A)b_i, \quad i = 1, 2, \cdots, q. \tag{2.23}$$

注意到 $1 = ||\mathbf{x}||_2^2 = ||\mathbf{x}_1||_2^2 + ||\mathbf{x}_2||_2^2 + \cdots + ||\mathbf{x}_q||_2^2$, 故

$$b_i = 1 - ||\mathbf{x}_i||_2^2, \tag{2.24}$$

进而有

$$\sum_{i=1}^{q}b_i = \sum_{i=1}^{q}\left(1 - ||\mathbf{x}_i||_2^2\right) = q - \sum_{i=1}^{q}||\mathbf{x}_i||_2^2 = q - 1. \tag{2.25}$$

由上述假设不难证明所有的 b_i 均为正. 再由 (2.23) 式、(2.24) 式和 (2.25) 式得

$$\sum_{i=1}^{q}||(\lambda I_i - A_{ii})^{-1}||_2^2\omega_i^2(A) \geqslant \sum_{i=1}^{q}\frac{||\mathbf{x}_i||_2^2}{b_i}$$

$$= \sum_{i=1}^{q}\frac{1 - b_i}{b_i}$$

$$= \sum_{i=1}^{q}\frac{1}{b_i} - q. \tag{2.26}$$

根据 Arithmetic-Harmonic 均值不等式得

$$\sum_{i=1}^{q}\frac{1}{b_i} \geqslant \frac{q^2}{\sum_{i=1}^{q}b_i} = \frac{q^2}{q-1}.$$

于是由 (2.26) 式得 (2.20) 式. $\qquad\square$

由定理 2.27 中特征值定位集可获得判定矩阵非奇异性的如下充分条件.

定理 2.28　*设矩阵 $A \in \mathbb{C}^{n \times n}$ 分块形如 (2.14) 式. 若*

$$\sum_{i=1}^{q} \|A_{ii}^{-1}\|_2^2 \omega_i^2(A) < 1,$$

则 A 为非奇异矩阵.

证明　反证法. 假若 A 奇异, 则 0 为 A 的特征值. 由定理 2.27 得

$$\frac{q}{q-1} \leqslant \sum_{i=1}^{q} \|(0I_i - A_{ii})^{-1}\|_2^2 \omega_i^2(A) = \sum_{i=1}^{q} \|A_{ii}^{-1}\|_2^2 \omega_i^2(A) < 1.$$

矛盾. 故 A 非奇异. 　　　　　　　　　　　　　　　　　　　　　　□

特别地, 当 $n_1 = \cdots = n_q = 1$ 时, 定理 2.28 退化为如下结果.

推论 2.29　*设矩阵 $A = [a_{ij}] \in \mathbb{C}^{n \times n}$. 若*

$$\sum_{i=1}^{n} \frac{\omega_i^2(A)}{|a_{ii}|^2} < 1, \tag{2.27}$$

则 A 为非奇异矩阵, 其中

$$\omega_i(A) := \left(\sum_{\substack{j \in N, \\ j \neq i}} |a_{ij}|^2 \right)^{\frac{1}{2}}.$$

例 2.4.1　考虑非奇异矩阵

$$A_1 = \begin{bmatrix} 88 & 7 & 12 & 17 \\ 7 & 78 & 17 & 12 \\ 12 & 17 & 68 & 27 \\ 17 & 22 & 27 & 58 \end{bmatrix}, \quad A_2 = \begin{bmatrix} 14 & -6 & 4 & -1 \\ -6 & 24 & -11 & 3 \\ 4 & -11 & 20 & -3 \\ -1 & 3 & -3 & 11 \end{bmatrix}.$$

显然, A_1 不是严格对角占优矩阵, 但

$$\sum_{i=1}^{n} \frac{\omega_i^2(A_1)}{|a_{ii}|^2} \leqslant 0.85 < 1,$$

即满足 (2.27) 式. 因而 A_1 为非奇异矩阵. 另一方面,

$$\sum_{i=1}^{n} \frac{\omega_i^2(A_2)}{|a_{ii}|^2} \geqslant 1.07 > 1,$$

但 A_2 却为严格对角占优矩阵, 从而 A_2 为非奇异矩阵. 这说明了 (2.27) 式提供了不同于 (2.7) 式的判定矩阵非奇异性的新条件.

对于给定矩阵 $A = [a_{ij}] \in \mathbb{C}^{n \times n}$, 令

$$\tilde{A} = [\tilde{a}_{ij}] = A - D,$$

其中 $D = \mathrm{diag}(a_{11}, a_{22}, \cdots, a_{nn})$ 为矩阵 A 的主对角元构成的对角矩阵, 即矩阵 $\tilde{A}$ 的第 i-行向量为

$$\tilde{a}_i = [a_{i1}, \cdots, a_{i,i-1}, 0, a_{i,i+1}, \cdots, a_{in}].$$

显然,

$$r_i(A) = r_i(\tilde{A}) = \|\tilde{a}_i\|_1, \quad i \in N,$$

而

$$\omega_i(A) = \omega_i(\tilde{A}) = \|\tilde{a}_i\|_2, \quad i \in N.$$

这引出了一个有趣的问题, 即可否通过其他的向量范数, 例如 p-范数 $(1 \leqslant p)$ 给出矩阵非奇异性的新判定不等式? 在 3.6 节我们将回答这个问题.

类似于块严格对角占优矩阵, 可定义块不可约对角占优矩阵、块 (积)α-对角占优矩阵、块 H-矩阵等. 当然, 对应的特征值定位集亦可随之得到. 感兴趣的读者可参阅文献 [220, 468, 480], 在此不再一一介绍.

第 3 章　Brauer 卵形定理与双严格对角占优矩阵

正如第 2 章所述, 由矩阵特征值的 Geršgorin 圆盘区域可以得出严格对角占优矩阵的非奇异性, 反之亦然. 本章将介绍另一类重要的非奇异矩阵: 双严格对角占优矩阵及与其对应的矩阵特征值定位集: Brauer 卵形区域, 以此进一步阐释矩阵特征值定位集与非奇异矩阵类的 "一一对应" 关系.

3.1　双严格对角占优矩阵

1937 年, A. M. Ostrowski 提出了一类新矩阵——双严格对角占优矩阵, 也有文献称其为 Ostrowski 矩阵, 其定义如下:

定义 3.1.1　设矩阵 $A = [a_{ij}] \in \mathbb{C}^{n \times n}$, $n \geqslant 2$. 若对任意的 $i, j \in N$, $i \neq j$,

$$|a_{ii}||a_{jj}| \geqslant r_i(A)r_j(A), \tag{3.1}$$

则称 A 为双对角占优矩阵. 进一步, 若对任意的 $i, j \in N$, $i \neq j$,

$$|a_{ii}||a_{jj}| > r_i(A)r_j(A), \tag{3.2}$$

则称 A 为双严格对角占优矩阵, 记为 $A \in DSDD$.

显然, 严格对角占优矩阵为双严格对角占优矩阵, 即 $SDD \subseteq DSDD$.

引理 3.1　若 A 为双严格对角占优矩阵, 则集合 $N^0(A) \bigcup N^-(A)$ 的势小于等于 1, 即

$$|N^0(A) \bigcup N^-(A)| \leqslant 1,$$

其中 $N^0(A) = \{i \in N : |a_{ii}| = r_i(A)\}$, $N^-(A) = \{i \in N : |a_{ii}| < r_i(A)\}$.

证明　反证法. 假若 $|N^0(A) \bigcup N^-(A)| > 1$, 则存在 $i_0, j_0 \in N$, $i_0 \neq j_0$ 使得

$$|a_{i_0 i_0}| \leqslant r_{i_0}(A), \quad |a_{j_0 j_0}| \leqslant r_{j_0}(A).$$

因此, $|a_{i_0 i_0}||a_{j_0 j_0}| \leqslant r_{i_0}(A)r_{j_0}(A)$. 矛盾于定义 3.1.1. □

引理 3.1 提供了双严格对角占优矩阵的一个必要条件. 相对于严格对角占优矩阵, 双严格对角占优矩阵弱化了严格对角占优性, 即允许某一行不必严格对角占优. 2.3 节中我们已证明了严格对角占优矩阵为非奇异 H-矩阵, 下证双严格对角占优矩阵也为非奇异 H-矩阵.

定理 3.2 若矩阵 A 为双严格对角占优矩阵, 则 A 为非奇异 H-矩阵.

证明 若 $|N^0(A)\bigcup N^-(A)| = 0$, 则 A 为严格对角占优矩阵. 由定理 2.15 知 A 为非奇异 H-矩阵. 下证当 $|N^0(A)\bigcup N^-(A)| = 1$ 时, 结论仍然成立.

设 $i_0 \in N^0(A)\bigcup N^-(A)$, 则

$$|a_{i_0 i_0}| \leqslant r_{i_0}(A).$$

由定义 3.1.1 知对任意的 $j \in N$, $j \neq i_0$,

$$r_{i_0}(A)r_j(A) < |a_{i_0 i_0}||a_{jj}|.$$

因此,

$$1 \leqslant \frac{r_{i_0}(A)}{|a_{i_0 i_0}|} < \min_{\substack{j \in N, \\ j \neq i_0}} \frac{|a_{jj}|}{r_j(A)},$$

其中若 $r_j(A) = 0$, 则记 $\dfrac{|a_{jj}|}{r_j(A)} = \infty$. 故存在 ϵ 满足

$$1 \leqslant \frac{r_{i_0}(A)}{|a_{i_0 i_0}|} < \epsilon < \min_{\substack{j \in N, \\ j \neq i_0}} \frac{|a_{jj}|}{r_j(A)}.$$

取正对角矩阵 $X = \mathrm{diag}(x_1, x_2, \cdots, x_n)$, 其中

$$x_i = \begin{cases} \epsilon, & i = i_0, \\ 1, & i \neq i_0. \end{cases}$$

令 $\tilde{A} := AX = (\tilde{a}_{ij})$, 则

$$|\tilde{a}_{i_0 i_0}| = |a_{i_0 i_0}|\epsilon > r_{i_0}(A) = r_{i_0}(\tilde{A})$$

且对任意的 $j \neq i_0$,

$$|\tilde{a}_{jj}| = |a_{jj}| > \epsilon r_j(A) \geqslant |a_{ji_0}|\epsilon + \sum_{k \neq j, i_0} |a_{jk}| = r_j(\tilde{A}).$$

综上, $\tilde{A}$ 为严格对角占优矩阵. 再由定义 2.2.3 得 A 为非奇异 H-矩阵. □

类似地, 对 $A^\top$ 做上述处理, 可定义列双严格对角占优矩阵, 即若 $A^\top$ 为双严格对角占优矩阵, 则称 A 为列双严格对角占优矩阵, 且有如下推论.

推论 3.3 若矩阵 A 为列双严格对角占优矩阵, 则 A 为非奇异 H-矩阵.

进一步, 应用代数与几何加权可引出如下结构矩阵:

定义 3.1.2　设矩阵 $A = [a_{ij}] \in \mathbb{C}^{n \times n}$, $n \geqslant 2$, $\alpha \in [0,1]$.

(1) 若

$$|a_{ii}||a_{jj}| > \alpha r_i(A)r_j(A) + (1-\alpha)c_i(A)c_j(A), \quad i,j \in N, i \neq j,$$

则称 A 为和 α-双严格对角占优矩阵, 简称 α-双严格对角占优矩阵, 或称其为双 α_1-矩阵;

(2) 若

$$|a_{ii}||a_{jj}| > (r_i(A)r_j(A))^{\alpha} (c_i(A)c_j(A))^{1-\alpha}, \quad i,j \in N, i \neq j,$$

则称 A 为积 α-双严格对角占优矩阵, 或称其为双 α_2-矩阵.

容易证明: 双严格对角占优矩阵为双 α_2-矩阵; 双 α_2-矩阵为双 α_1-矩阵; 双 α_1- 矩阵为非奇异 H-矩阵, 参见文献 [280], 在此不再详细介绍.

下面讨论双严格对角占优矩阵逆的无穷范数的估计问题. 为此, 给出如下定义及引理.

定义 3.1.3　设矩阵 $A = [a_{ij}] \in \mathbb{C}^{n \times n}$. 若 $\mu(A) = [\mu_{ij}]$, 其中

$$\mu_{ij} = \begin{cases} |a_{ij}|, & i = j, \\ -|a_{ij}|, & i \neq j, \end{cases}$$

则称 $\mu(A)$ 为 A 的比较矩阵.

下面给出非奇异 H-矩阵的逆与其比较矩阵的逆的关系, 为后续介绍非奇异 H-矩阵的子类矩阵的相关结果提供支撑. 其证明参见文献 [14, 481], 在此不再列出.

引理 3.4　若矩阵 A 为非奇异 H-矩阵, 则 $|A^{-1}| \leqslant \mu(A)^{-1}$, 其中 $|A^{-1}|$ 为元素为 A^{-1} 的相应元素取模所成矩阵.

注　通过比较矩阵可给出非奇异 H-矩阵的另一定义, 即若矩阵 A 的比较矩阵 $\mu(A)$ 为 M-矩阵, 则称 A 为非奇异 H-矩阵. M-矩阵是矩阵理论又一重要的矩阵类, 在经济、管理、生物数学等领域具有重要的应用, 其定义为: 设 $A = [a_{ij}] \in \mathbb{Z}^{n \times n}$ ($\mathbb{Z}^{n \times n}$ 为非主对角元非正的实矩阵构成的集合), 若 $A^{-1} \geqslant 0$, 则称 A 为 M-矩阵. 事实上, 可从不同的角度给出 M-矩阵的等价表征, 感兴趣的读者可参阅文献 [14, 368].

现在, 给出双严格对角占优矩阵的逆矩阵的无穷范数估计的一个结果.

定理 3.5　设矩阵 $A = [a_{ij}] \in \mathbb{C}^{n \times n}$ 为双严格对角占优矩阵. 则

$$\|A^{-1}\|_{\infty} \leqslant \max_{\substack{i,j \in N, \\ j \neq i}} \alpha_{ji}(A), \tag{3.3}$$

其中 $\alpha_{ji}(A) := \dfrac{|a_{jj}| + r_i(A)}{|a_{ii}||a_{jj}| - r_i(A)r_j(A)}$.

证明 证法 1: 因为双严格对角占优矩阵为非奇异 H-矩阵, 由引理 3.4 知 $\mu(A)^{-1} \geqslant 0$ 且

$$\|A^{-1}\|_\infty = \||A^{-1}|\|_\infty \leqslant \|\mu(A)^{-1}\|_\infty.$$

记 $\mathbf{x} = \mu(A)^{-1}\mathbf{e} = [x_1, x_2, \cdots, x_n]^\top$, 其中 $\mathbf{e} = [1, 1, \cdots, 1]^\top$, 则 $\mathbf{x} \geqslant 0$ 且 $\mu(A)\mathbf{x} = \mathbf{e}$. 令

$$x_i = \max_{k \in N} x_k, \quad x_j = \max_{\substack{k \in N, \\ k \neq i}} x_k,$$

则 $\|A^{-1}\|_\infty = x_i$. 由 $\mu(A)\mathbf{x} = \mathbf{e}$ 的第 i 和第 j 个等式得

$$\begin{cases} |a_{ii}|x_i - \displaystyle\sum_{\substack{k \in N, \\ k \neq i}} |a_{ik}|x_j \leqslant |a_{ii}|x_i - \displaystyle\sum_{\substack{k \in N, \\ k \neq i}} |a_{ik}|x_k = 1, \\[4mm] |a_{jj}|x_j - \displaystyle\sum_{\substack{k \in N, \\ k \neq j}} |a_{jk}|x_i \leqslant |a_{jj}|x_j - \displaystyle\sum_{\substack{k \in N, \\ k \neq j}} |a_{jk}|x_k = 1, \end{cases}$$

故

$$\begin{bmatrix} |a_{ii}| & -r_i(A) \\ -r_j(A) & |a_{jj}| \end{bmatrix} \begin{bmatrix} x_i \\ x_j \end{bmatrix} \leqslant \begin{bmatrix} 1 \\ 1 \end{bmatrix}.$$

注意到

$$\begin{bmatrix} |a_{ii}| & -r_i(A) \\ -r_j(A) & |a_{jj}| \end{bmatrix}^{-1} = \frac{\begin{bmatrix} |a_{jj}| & r_i(A) \\ r_j(A) & |a_{ii}| \end{bmatrix}}{|a_{ii}||a_{jj}| - r_i(A)r_j(A)} \geqslant 0,$$

因此,

$$\begin{bmatrix} x_i \\ x_j \end{bmatrix} \leqslant \begin{bmatrix} |a_{ii}| & -r_i(A) \\ -r_j(A) & |a_{jj}| \end{bmatrix}^{-1} \begin{bmatrix} 1 \\ 1 \end{bmatrix} = \frac{\begin{bmatrix} |a_{jj}| & r_i(A) \\ r_j(A) & |a_{ii}| \end{bmatrix} \begin{bmatrix} 1 \\ 1 \end{bmatrix}}{|a_{ii}||a_{jj}| - r_i(A)r_j(A)},$$

即

$$\|A^{-1}\|_\infty = x_i \leqslant \alpha_{ji}(A) = \frac{|a_{jj}| + r_i(A)}{|a_{ii}||a_{jj}| - r_i(A)r_j(A)},$$

故 (3.3) 式成立.

证法 2: 注意到

$$\|A^{-1}\|_\infty^{-1} = \inf_{\mathbf{x}\neq 0} \frac{\|A\mathbf{x}\|_\infty}{\|\mathbf{x}\|_\infty} = \min_{\|\mathbf{x}\|_\infty=1} \|A\mathbf{x}\|_\infty = \max_{i\in N} |(A\mathbf{x}^*)_i|,$$

其中 $\mathbf{x}^* = [x_1^*, x_2^*, \cdots, x_n^*]^\top$ 且 $\|\mathbf{x}^*\|_\infty = 1$. 因此, 对任意的 $i \in N$,

$$|(A\mathbf{x}^*)_i| = \left| \sum_{j\in N} a_{ij}x_j^* \right| \geqslant |a_{ii}||x_i^*| - \sum_{\substack{j\in N,\\ j\neq i}} |a_{ij}||x_j^*|. \tag{3.4}$$

选取 k, t 使得

$$\|\mathbf{x}^*\|_\infty = |x_k^*| = 1 \geqslant |x_t^*| \geqslant |x_j^*|, \quad \forall j \neq t, k.$$

再由 (3.4) 式得

$$|(A\mathbf{x}^*)_k| \geqslant |a_{kk}| - \sum_{\substack{j\in N,\\ j\neq k}} |a_{kj}||x_t^*| = |a_{kk}| - r_k(A)|x_t^*|$$

和

$$|(A\mathbf{x}^*)_t| \geqslant |a_{tt}||x_t^*| - \sum_{\substack{j\in N,\\ j\neq t}} |a_{tj}| = |a_{tt}||x_t^*| - r_t(A).$$

于是

$$|a_{kk}| - |(A\mathbf{x}^*)_k| \leqslant r_k(A)|x_t^*|, \quad |a_{tt}||x_t^*| \leqslant |(A\mathbf{x}^*)_t| + r_t(A).$$

若 $|x_t^*| \neq 0$, 则

$$\left(|a_{kk}| - |(A\mathbf{x}^*)_k|\right) |a_{tt}||x_t^*| \leqslant \left(|(A\mathbf{x}^*)_t| + r_t(A)\right) r_k(A)|x_t^*|.$$

消去 $|x_t^*|$, 并由 $\|A^{-1}\|_\infty^{-1} \geqslant \max\{|(A\mathbf{x}^*)_k|, |(A\mathbf{x}^*)_t|\}$ 得

$$\left(|a_{kk}| - \|A^{-1}\|_\infty^{-1}\right) |a_{tt}| \leqslant \left(\|A^{-1}\|_\infty^{-1} + r_t(A)\right) r_k(A),$$

故

$$\|A^{-1}\|_\infty^{-1} \geqslant \frac{|a_{kk}||a_{tt}| - r_t(A)r_k(A)}{|a_{tt}| + r_k(A)}$$

$$\geqslant \min_{\substack{i,j\in N,\\ j\neq i}} \frac{|a_{ii}||a_{jj}| - r_i(A)r_j(A)}{|a_{jj}| + r_i(A)},$$

即 (3.3) 式成立. 另一方面, 若 $|x_t^*| = 0$, 则

$$||A^{-1}||_\infty^{-1} \geqslant |(A\mathbf{x}^*)_k| \geqslant |a_{kk}| \geqslant \frac{|a_{kk}||a_{tt}|}{|a_{tt}|} \geqslant \frac{|a_{kk}||a_{tt}| - r_t(A)r_k(A)}{|a_{tt}| + r_k(A)}.$$

故 (3.3) 式亦成立. □

因为严格对角占优矩阵为双严格对角占优矩阵, 故当 A 为严格对角占优矩阵时, (3.3) 式仍然成立. 相对于定理 2.17 中的上界, 计算 (3.3) 式中的界耗费更多计算量, 但幸运的是后者更为精确, 即有如下结果.

定理 3.6 设矩阵 $A = [a_{ij}] \in \mathbb{C}^{n \times n}$ 为严格对角占优矩阵. 则

$$\max_{\substack{i,j \in N, \\ j \neq i}} \alpha_{ji}(A) \leqslant \max_{i \in N} \frac{1}{|a_{ii}| - r_i(A)}.$$

证明 仅需证明对任意的 $i, j \in N$, $i \neq j$,

$$\alpha_{ji}(A) = \frac{|a_{jj}| + r_i(A)}{|a_{ii}||a_{jj}| - r_i(A)r_j(A)} \leqslant \max\left\{ \frac{1}{|a_{ii}| - r_i(A)}, \frac{1}{|a_{jj}| - r_j(A)} \right\}.$$

不失一般性, 设 $|a_{jj}| - r_j(A) \leqslant |a_{ii}| - r_i(A)$, 两边同乘 $|a_{jj}|(> 0)$ 得

$$|a_{jj}|^2 - |a_{jj}|r_j(A) \leqslant |a_{ii}||a_{jj}| - |a_{jj}|r_i(A).$$

进而,

$$\left(|a_{jj}| + r_i(A)\right)\left(|a_{jj}| - r_j(A)\right) \leqslant |a_{ii}||a_{jj}| - |a_{jj}|r_i(A) + r_i(A)\left(|a_{jj}| - r_j(A)\right).$$

因此,

$$\frac{|a_{jj}| + r_i(A)}{|a_{ii}||a_{jj}| - r_i(A)r_j(A)} \leqslant \frac{1}{|a_{jj}| - r_j(A)}$$

$$\leqslant \max\left\{ \frac{1}{|a_{ii}| - r_i(A)}, \frac{1}{|a_{jj}| - r_j(A)} \right\}. \qquad \square$$

上述定理证明了当 A 为严格对角占优矩阵时, 定理 3.5 中给出的其逆矩阵的无穷范数的上界不大于定理 2.17 中的界. 下面给出例子说明在某些情况下前者比后者小.

例 3.1.1 考虑由下述 MATLAB 代码随机生成的前 50 个 SDD 矩阵:

```
n=50;
for i=1:n
```

A=[3.2, −2.3, −0.5+rand, −0.05, −0.1;
−rand, 8, −0.5, −1, −rand;
−1, −(1+rand), 5, −0.7, −0.1;
−4+rand, −0.3, −0.1, 6+rand, −0.01;
−1.5, −(1+rand), −4, −3, 11];
end

定理 2.17 与定理 3.5 中的界如图 3.1 所示. 显然, 在大部分情况下后者小于前者.

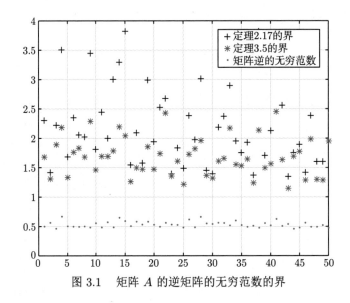

图 3.1　矩阵 A 的逆矩阵的无穷范数的界

3.2　Brauer 卵形定理

1947 年, A. Brauer 应用矩阵的任意不同两行元素的信息给出了矩阵特征值的定位集, 后人称此定位集为 Brauer 卵形区域.

定理 3.7　设矩阵 $A = [a_{ij}] \in \mathbb{C}^{n \times n}$, $n \geqslant 2$. 则

$$\sigma(A) \subseteq \mathcal{K}(A) := \bigcup_{\substack{i,j \in N, \\ i \neq j}} \mathcal{K}_{ij}(A),$$

其中 $\mathcal{K}_{ij}(A) = \{z \in \mathbb{C} : |z - a_{ii}||z - a_{jj}| \leqslant r_i(A)r_j(A)\}$.

类似于 Geršgorin 圆盘定理和严格对角占优矩阵的 "对应" 关系, 应用双严格对角矩阵的非奇异性可以证明上述定理, 在此不再赘述, 感兴趣的读者可以自行证之. 为了后续研究需要, 这里我们给出定理 3.7 的另一证明.

证明 设 $\lambda \in \sigma(A)$, 则存在非零向量 $\mathbf{x} = [x_1, \cdots, x_n]^\top \in \mathbb{C}^n$ 使得 (1.1) 式成立. 令

$$|x_k| = \max_{i \in N} |x_i| \geqslant |x_l| = \max_{\substack{i \in N, \\ i \neq k}} |x_i|,$$

则 $|x_k| > 0$. 由 (1.1) 式的第 k 和 l 个等式知

$$(\lambda - a_{kk})x_k = \sum_{j \neq k} a_{kj} x_j, \quad (\lambda - a_{ll})x_l = \sum_{j \neq l} a_{lj} x_j.$$

等式两边取模并使用三角不等式得

$$|\lambda - a_{kk}||x_k| \leqslant \sum_{j \neq k} |a_{kj}||x_j| \leqslant \left(\sum_{j \neq k} |a_{kj}| \right) |x_l| = r_k(A)|x_l| \tag{3.5}$$

和

$$|\lambda - a_{ll}||x_l| \leqslant \sum_{j \neq l} |a_{lj}||x_j| \leqslant \left(\sum_{j \neq l} |a_{lj}| \right) |x_k| = r_l(A)|x_k|. \tag{3.6}$$

若 $|x_l| \neq 0$, 则由 (3.5) 式乘以 (3.6) 式并消去 $|x_k||x_l|$ 得

$$|\lambda - a_{kk}||\lambda - a_{ll}| \leqslant r_k(A)r_l(A). \tag{3.7}$$

因此, $\lambda \in \mathcal{K}_{kl}(A) \subseteq \mathcal{K}(A)$; 若 $|x_l| = 0$, 则由 (3.5) 式知, $\lambda = a_{kk}$. 显然, $\lambda = a_{kk} \in \mathcal{K}(A)$. $\qquad\square$

定理 3.7 中的 $\mathcal{K}(A)$ 是由 $\dfrac{n(n-1)}{2}$ 个形如 "鸟卵" 的集合 $\mathcal{K}_{ij}(A)$ 构成的, 因此形象地称其为卵形区域. 类似于 Geršgorin 圆盘的边界结果定理 2.9, 可利用矩阵不可约性研究 Brauer 卵形区域的边界问题. 事实上, A. Brauer 在文献 [28] 中 "证明了" 对给定的不可约矩阵 A, 若它的一个特征值 λ 位于 $\mathcal{K}(A)$ 的边界上, 则 λ 一定也位于每一个卵形区域 $\mathcal{K}_{ij}(A)$ 的边界上. 遗憾的是, 这是一个错误的命题. X. Zhang 和 D. Gu[491] (1994 年) 以及逄明贤[369] (1996 年) 分别独立指出这一错误, 并给出了正确的形式. 下面介绍逄明贤的结果.

定理 3.8 设矩阵 $A \in \mathbb{C}^{n \times n}$ 不可约, $n \geqslant 2$. 则矩阵 A 的特征值 λ 位于每一个 $\mathcal{K}_{ij}(A)$ 的边界上当且仅当 λ 位于每一个 $\Gamma_i(A)$ 的边界上.

Geršgorin 圆盘区域 $\Gamma(A)$ 需要确定 n 个圆盘 $\Gamma_i(A)$, 而 Brauer 卵形区域 $\mathcal{K}(A)$ 需要确定 $\dfrac{n(n-1)}{2}$ 个卵形区域 $\mathcal{K}_{ij}(A)$. 后者的计算量显然大于前者, 但是 Brauer 卵形区域比 Geršgorin 圆盘区域更为精确地定位矩阵的所有特征值, 即有如下定理.

定理 3.9　设矩阵 $A = [a_{ij}] \in \mathbb{C}^{n \times n}$, $n \geqslant 2$. 则 $\mathcal{K}(A) \subseteq \Gamma(A)$.

证明　设 $z \in \mathcal{K}(A)$, 则存在 $i_0, j_0 \in N$ 且 $i_0 \neq j_0$ 使得 $z \in \mathcal{K}_{i_0 j_0}(A)$, 即

$$|z - a_{i_0 i_0}||z - a_{j_0 j_0}| \leqslant r_{i_0}(A) r_{j_0}(A). \tag{3.8}$$

若 $r_{i_0}(A) r_{j_0}(A) = 0$, 则 $z = a_{i_0 i_0}$, 或者 $z = a_{j_0 j_0}$. 由于 $a_{i_0 i_0} \in \Gamma_{i_0}(A)$ 和 $a_{j_0 j_0} \in \Gamma_{j_0}(A)$, 则 $z \in \Gamma_{i_0}(A) \bigcup \Gamma_{j_0}(A) \subseteq \Gamma(A)$; 若 $r_{i_0}(A) r_{j_0}(A) \neq 0$, 由 (3.8) 式得

$$\left(\frac{|z - a_{i_0 i_0}|}{r_{i_0}(A)} \right) \left(\frac{|z - a_{j_0 j_0}|}{r_{j_0}(A)} \right) \leqslant 1,$$

从而

$$\frac{|z - a_{i_0 i_0}|}{r_{i_0}(A)} \leqslant 1$$

或者

$$\frac{|z - a_{j_0 j_0}|}{r_{j_0}(A)} \leqslant 1,$$

即 $z \in \Gamma_{i_0}(A)$ 或者 $z \in \Gamma_{j_0}(A)$, 故 $z \in \Gamma_{i_0}(A) \bigcup \Gamma_{j_0}(A) \subseteq \Gamma(A)$. 由 z 的任意性得 $\mathcal{K}(A) \subseteq \Gamma(A)$.　　　　　　　　　　　　　□

定理 3.9 从理论上证明了 Brauer 卵形区域不比 Geršgorin 圆盘区域 "大". 下面, 通过例子说明在某些情况下 Brauer 卵形区域比 Geršgorin 圆盘区域 "小".

例 3.2.1　考虑矩阵

$$A = \begin{bmatrix} 1 & i & -0.1 & 0 \\ 0 & 2 & 1 & -0.1 \\ -0.1 & -3 & 3 & 0 \\ -2i & 2 & 0 & -1 \end{bmatrix}.$$

Geršgorin 圆盘区域 $\Gamma(A)$ 与 Brauer 卵形区域 $\mathcal{K}(A)$ 如图 3.2 所示, 其中 $*$ 表示矩阵 A 的特征值, 内部蓝色区域为 Brauer 卵形区域 $\mathcal{K}(A)$, 外部绿线为所围区域 Geršgorin 圆盘区域 $\Gamma(A)$ 的边. 显然, $\mathcal{K}(A) \subset \Gamma(A)$.

观察严格对角占优矩阵和双严格对角占优矩阵、它们的逆矩阵的无穷范数的上界估计式和它们各自 "对应" 的矩阵特征值定位的 Geršgorin 圆盘区域和 Brauer 卵形区域的关系, 发现双严格对角占优矩阵对应的相关结果均 "优于" 严格对角占优矩阵. 这是偶然的吗? 不是的, 其实这也符合事物的基本规律, 即某个方面耗费更多的成本 (判定双严格对角占优矩阵的不等式计算量多于严格对角

占优矩阵), 往往在其他方面就要得到 "补偿" (双严格对角占优矩阵 "对应" 的 Brauer 卵形区域包含于严格对角占优矩阵 "对应" 的 Geršgorin 圆盘区域). 这启发我们一个研究思路, 即寻求比严格对角占优矩阵、双严格对角占优矩阵更一般的非奇异矩阵类, 并由此构造逆矩阵范数的新的更精确的上界估计式和更精确的矩阵特征值定位区域.

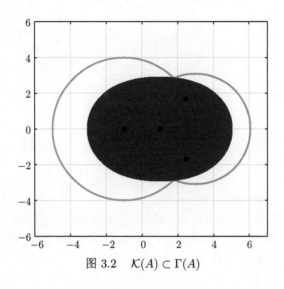

图 3.2 $\mathcal{K}(A) \subset \Gamma(A)$

3.3   基于矩阵稀疏性的 Brauer 卵形定理

在计算流体力学、统计物理、电路模拟、图像处理、管理和金融等大型科学工程领域中涉及的矩阵常常具有稀疏性, 即零元素的个数远远多于非零元素的个数, 且非零元素的分布没有明显的规律, 通常当矩阵中非零元素的总数与矩阵所有元素总数的比值小于等于 0.05 时, 称该矩阵为稀疏矩阵 (sparse matrix), 该比值称为这个矩阵的稠密度. 在处理稀疏矩阵问题时, 可利用的矩阵的稀疏性 (大部分元素为零) 节约计算和处理工作量. 下面以特征值定位问题为例讨论该问题.

定理 3.10   设矩阵 $A = [a_{ij}] \in \mathbb{C}^{n \times n}$, $n \geqslant 2$ 且对任意的 $i \in N$, $r_i(A) \neq 0$. 则

$$\sigma(A) \subseteq \mathcal{SK}(A) := \bigcup_{\substack{i,j \in N, i \neq j \\ a_{ij} \neq 0}} \mathcal{K}_{ij}(A),$$

且 $\mathcal{SK}(A) \subseteq \mathcal{K}(A)$, 其中 $\mathcal{K}_{ij}(A)$ 定义见定理 3.7.

证明 $\mathcal{SK}(A) \subseteq \mathcal{K}(A)$ 显然成立. 下仅证 $\sigma(A) \subseteq \mathcal{SK}(A)$. 设 $\lambda \in \sigma(A)$, 则存在非零向量 $\mathbf{x} = [x_1, \cdots, x_n]^\top \in \mathbb{C}^n$ 使得 (1.1) 式成立. 令

$$|x_{i_0}||x_{j_0}| = \max_{\substack{i,j \in N, j \neq i, \\ a_{ij} \neq 0}} |x_i||x_j|.$$

由 (1.1) 式知对任意的 $i \in N$,

$$|(\lambda - a_{ii})x_i x_i| = \left| \sum_{j \neq i} a_{ij} x_j x_i \right|$$

$$= \left| \sum_{j \neq i, \ a_{ij} \neq 0} a_{ij} x_j x_i \right|$$

$$\leqslant \sum_{j \neq i, \ a_{ij} \neq 0} |a_{ij}| |x_j||x_i|$$

$$\leqslant \sum_{j \neq i, \ a_{ij} \neq 0} |a_{ij}| |x_{i_0}||x_{j_0}|$$

$$= r_i(A)|x_{i_0}||x_{j_0}|. \tag{3.9}$$

若 $|x_{i_0}||x_{j_0}| = 0$, 则由 (3.9) 式和 $\mathbf{x} \neq 0$ 知, 至少存在一个指标 $k \in N$ 使得 $x_k \neq 0$, $|\lambda - a_{kk}| = 0$, 即 $\lambda = a_{kk}$. 再由 $r_k(A) \neq 0$ 得 $\lambda \in \mathcal{SK}(A)$; 若 $|x_{i_0}||x_{j_0}| \neq 0$, 则 $|x_{i_0}| \neq 0$ 且 $|x_{j_0}| \neq 0$. 于是由 (3.9) 式得

$$|\lambda - a_{i_0 i_0}||x_{i_0}|^2 \leqslant r_{i_0}(A)|x_{i_0}||x_{j_0}|$$

和

$$|\lambda - a_{j_0 j_0}||x_{j_0}|^2 \leqslant r_{j_0}(A)|x_{i_0}||x_{j_0}|.$$

上述两不等式相乘, 并消去 $|x_{i_0}|^2|x_{j_0}|^2$ 得

$$|\lambda - a_{i_0 i_0}||\lambda - a_{j_0 j_0}| \leqslant r_{i_0}(A)r_{j_0}(A).$$

因此, $\lambda \in \mathcal{K}_{i_0 j_0}(A) \subseteq \mathcal{SK}(A)$.   □

特征值定位集 $\mathcal{SK}(A)$ 仅考虑使得 $a_{ij} \neq 0$ 的指标 i, j 的卵形区域 $\mathcal{K}_{ij}(A)$, 即在 Brauer 卵形区域 $\mathcal{K}(A)$ 剔除使得 $a_{ij} = 0$ 对应的 (i, j)-卵形区域 $\mathcal{K}_{ij}(A)$. 注意到 $\mathcal{K}_{ij}(A) = \mathcal{K}_{ji}(A)$, 意味着尽管 $a_{ij} = 0$, 但可能 $a_{ji} \neq 0$, 故从 $\mathcal{K}(A)$ 中 "剔除" $\mathcal{K}_{ij}(A)$ 失效. 因此, 往往使用区域

$$\mathcal{SK}(A) := \bigcup_{\substack{i,j \in N, i \neq j \\ |a_{ij}| + |a_{ji}| \neq 0}} \mathcal{K}_{ij}(A)$$

来定位矩阵的特征值.

例 3.3.1　考虑例 3.2.1 中的矩阵 A. 注意到 $r_i(A) \neq 0$, $i = 1, 2, 3, 4$, 且 $a_{34} = a_{43} = 0$, 故由定理 3.10 知

$$\sigma(A) \subseteq \mathcal{SK}(A) \subset \mathcal{K}(A),$$

见图 3.3, 其中 $*$ 表示矩阵 A 的特征值.

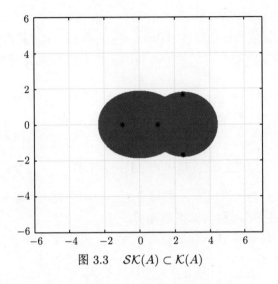

图 3.3　$\mathcal{SK}(A) \subset \mathcal{K}(A)$

当矩阵的零元素越多时, 定理 3.10 中的特征值定位集 $\mathcal{SK}(A)$ 计算量越少. 例如, 考虑多项式

$$p(z) = z^n + \alpha_{n-1} z^{n-1} + \cdots + \alpha_1 z + \alpha_0$$

的零点在复平面的分布问题, 其中 $\alpha_0 \neq 0$. 由于多项式函数 $p(z)$ 的零点是其友矩阵 (companion matrix) $C(p)$ 的特征值, 其中

$$C(p) = \begin{bmatrix} 0 & 0 & \cdots & 0 & -\alpha_0 \\ 1 & 0 & \cdots & 0 & -\alpha_1 \\ 0 & 1 & \cdots & 0 & -\alpha_2 \\ \vdots & \vdots & & \vdots & \vdots \\ 0 & 0 & \cdots & 1 & -\alpha_{n-1} \end{bmatrix},$$

因此 $p(z)$ 的零点的分布问题可转化为矩阵 $C(p)$ 的特征值定位问题. 当使用 Brauer 卵形定理, 即定理 3.7 时, 需要计算 $n(n-1)/2$ 个卵形区域 $\mathcal{K}_{ij}(A)$, 而利用 $C(p)$ 的稀疏结构 (零元素的位置), 使用定理 3.10 时, 仅需计算 $2n - 3$ 个卵形区域. 当 n 较大时, 后者的计算量大大小于前者.

上面阐述了通过考虑矩阵的稀疏性改进经典的 Brauer 卵形定理. 自然地, 可以考虑应用矩阵的稀疏性改进矩阵逆的无穷范数上界的估计等结果, 限于篇幅, 不再一一讨论.

3.4　S-严格对角占优矩阵及其对应的特征值定位集

前面应用矩阵任意不同两行元素的信息讨论了双严格对角占优矩阵的非奇异性, 构造了矩阵特征值的定位集——Brauer 卵形区域. 本节将指标集 N 划分成两部分, 再考虑其局部的对角占优性引入新的非奇异矩阵类及其对应的特征值定位区域.

设 S 为 N 的非空子集, $\bar{S} := N \backslash S$ 为 S 在 N 中的补集. 对于给定的矩阵 $A = [a_{ij}] \in \mathbb{C}^{n \times n}$, 记 $r_i^S(A) := \sum\limits_{j \in S \backslash \{i\}} |a_{ij}|$ 和 $r_i^{\bar{S}}(A) := \sum\limits_{j \in \bar{S} \backslash \{i\}} |a_{ij}|$, 则

$$r_i(A) = r_i^S(A) + r_i^{\bar{S}}(A),$$

即应用集合 N 的子集 S 将矩阵 A 的每个去心行和分裂成两部分 $r_i^S(A)$ 与 $r_i^{\bar{S}}(A)$. 通过上述二部分划技术可引入如下矩阵类.

定义 3.4.1　设矩阵 $A = [a_{ij}] \in \mathbb{C}^{n \times n}$, $n \geqslant 2$, 非空集合 $S \subseteq N$. 若

$$|a_{ii}| > r_i^S(A), \quad \forall i \in S \tag{3.10}$$

且

$$\left(|a_{ii}| - r_i^S(A) \right) \left(|a_{jj}| - r_j^{\bar{S}}(A) \right) > r_i^{\bar{S}}(A) r_j^S(A), \quad \forall i \in S,\ \forall j \in \bar{S}, \tag{3.11}$$

则称 A 为 S-严格对角占优矩阵, 简称为 S-SDD 矩阵, 记为 $A \in S$-SDD.

若 $S = N$, 则 $\bar{S} = \varnothing$, 此时 (3.10) 式退化为 $|a_{ii}| > r_i^S(A) = r_i(A)$, $i \in N$, 即 A 为严格对角占优矩阵. 这意味着 S-严格对角占优矩阵是严格对角占优矩阵的推广, 即 $SDD \subseteq S\text{-}SDD$, 但这种推广能否保证 S-SDD 类矩阵仍具有非奇异性? 下面的定理给出了肯定的答案.

定理 3.11　设非空集合 $S \subseteq N$. 若 A 为 S-SDD 矩阵, 则 A 为非奇异 H-矩阵.

证明　若 $S = N$, 则 A 为严格对角占优矩阵. 由定理 2.15 知 A 为非奇异 H-矩阵. 下证 $S \subset N$ 且 $S \neq \varnothing$ 时, 结论仍然成立.

由定义 3.4.1 知对任意的 $i \in S$, $j \in \bar{S}$,

$$\frac{r_i^{\bar{S}}(A)}{|a_{ii}| - r_i^S(A)} < \frac{|a_{jj}| - r_j^{\bar{S}}(A)}{r_j^S(A)}.$$

因此存在 $\epsilon > 0$ 使得

$$\max_{i \in S} \frac{r_i^{\bar{S}}(A)}{|a_{ii}| - r_i^S(A)} < \epsilon < \min_{j \in \bar{S}} \frac{|a_{jj}| - r_j^{\bar{S}}(A)}{r_j^S(A)}.$$

取正对角矩阵 $X = \mathrm{diag}(x_i)$, 其中

$$x_i = \begin{cases} \epsilon > 0, & i \in S, \\ 1, & i \in \bar{S}, \end{cases}$$

令 $\tilde{A} := AX = (\tilde{a}_{ij})$, 则对任意的 $i \in S$,

$$|\tilde{a}_{ii}| = |a_{ii}|\epsilon > \epsilon r_i^S(A) + r_i^{\bar{S}}(A) = r_i(\tilde{A}),$$

对任意的 $j \in \bar{S}$,

$$|\tilde{a}_{jj}| = |a_{jj}| > r_j^{\bar{S}}(A) + \epsilon r_j^S(A) = r_j(\tilde{A}).$$

综上, $\tilde{A}$ 为严格对角占优矩阵. 再由定义 2.2.3 知 A 为非奇异 H-矩阵. □

同样, 通过 S-SDD 矩阵的非奇异性, 类似于定理 3.7 的证明容易证明如下特征值定位定理.

定理 3.12 设矩阵 $A = [a_{ij}] \in \mathbb{C}^{n \times n}$, $n \geqslant 2$, S 为 N 的非空子集. 则

$$\sigma(A) \subseteq \mathcal{C}^S(A) := \left(\bigcup_{i \in S} \Gamma_i^S(A) \right) \bigcup \left(\bigcup_{i \in S, j \in \bar{S}} V_{i,j}^S(A) \right),$$

其中

$$\Gamma_i^S(A) := \left\{ z \in \mathbb{C} : |z - a_{ii}| \leqslant r_i^S(A) \right\}$$

和

$$V_{i,j}^S(A) := \left\{ z \in \mathbb{C} : \left(|z - a_{ii}| - r_i^S(A) \right) \left(|z - a_{jj}| - r_j^{\bar{S}}(A) \right) \leqslant r_i^{\bar{S}}(A) r_j^S(A) \right\}.$$

显然, 特征值定位集 $\mathcal{C}^S(A)$ 由 $|S|$ 个圆盘 $\Gamma_i^S(A)$ 与 $|S| \cdot |\bar{S}|$ 个卵形区域 $V_{i,j}^S(A)$ 构成. 特别地, 当取 $S = S_i := \{i\}$ 时, $r_i^{S_i}(A) = 0$, $\Gamma_i^{S_i}(A) = \{a_{ii}\}$, 而 $a_{ii} \in V_{i,j}^{S_i}(A)$, 故

$$\mathcal{C}^{\{i\}}(A) = \bigcup_{j \in N \setminus \{i\}} \left(V_{i,j}^{S_i}(A) := \{z \in \mathbb{C} : |z - a_{ii}| \left(|z - a_{jj}| - r_j^i(A) \right) \leqslant |a_{ji}| r_i(A) \} \right),$$

其中 $r_j^i(A) = r_j(A) - |a_{ji}|$. 集合 $\mathcal{C}^{\{i\}}(A)$ 与 Geršgorin 圆盘区域的包含关系如下.

定理 3.13　设矩阵 $A = [a_{ij}] \in \mathbb{C}^{n \times n}$, $n \geqslant 2$. 则对任意的 $i \in N$,

$$\mathcal{C}^{\{i\}}(A) \subseteq \Gamma(A).$$

证明　设 $z \in \mathcal{C}^{\{i\}}(A)$, 则存在 $j \in N$ 且 $j \neq i$ 使得

$$|z - a_{ii}| \left(|z - a_{jj}| - r_j^i(A)\right) \leqslant |a_{ji}| r_i(A). \tag{3.12}$$

假若 $z \notin \Gamma(A)$, 则对任意的 $k \in N$, $|z - a_{kk}| > r_k(A)$. 特别地, $|z - a_{ii}| > r_i(A) \geqslant 0$, $|z - a_{jj}| > r_j(A) \geqslant 0$ 且

$$|z - a_{jj}| - r_j^i(A) > |a_{ji}| \geqslant 0,$$

从而

$$|z - a_{ii}| \left(|z - a_{jj}| - r_j^i(A)\right) > |a_{ji}| r_i(A).$$

这矛盾于 (3.12) 式. 因此 $z \in \Gamma(A)$, 故 $\mathcal{C}^{\{i\}}(A) \subseteq \Gamma(A)$. 　　□

例 3.4.1　考虑矩阵

$$A = \begin{bmatrix} 1 & 0.5 & 0.5 \\ 0 & i & 1 \\ 0 & 1 & -1 \end{bmatrix}.$$

集合

$$\mathcal{C}^{\{1\}}(A) = \{1\} \bigcup \{z \in \mathbb{C} : |z - i| \leqslant 1\} \bigcup \{z \in \mathbb{C} : |z + 1| \leqslant 1\},$$

显然, $\mathcal{C}^{\{1\}}(A) \subseteq \Gamma(A)$. 另一方面, Brauer 卵形区域

$$\mathcal{K}(A) = \{z \in \mathbb{C} : |z - 1||z - i| \leqslant 1\}$$
$$\bigcup \{z \in \mathbb{C} : |z - 1||z + 1| \leqslant 1\}$$
$$\bigcup \{z \in \mathbb{C} : |z - i||z + 1| \leqslant 1\}.$$

因为

$$2i \in \mathcal{C}^{\{1\}}(A), \quad 2i \notin \mathcal{K}(A)$$

且

$$1.5 \in \mathcal{K}(A), \quad 1.5 \notin \mathcal{C}^{\{1\}}(A),$$

故

$$\mathcal{C}^{\{1\}}(A) \nsubseteq \mathcal{K}(A), \quad \mathcal{K}(A) \nsubseteq \mathcal{C}^{\{1\}}(A),$$

即 $\mathcal{C}^{\{1\}}(A)$ 与 Brauer 卵形区域 $\mathcal{K}(A)$ 互不包含.

注意到, 对任意的 $i \in N$, $\sigma(A) \subseteq \mathcal{C}^{\{i\}}(A)$. 因此

$$\sigma(A) \subseteq \mathcal{C}(A) := \bigcap_{i \in N} \mathcal{C}^{\{i\}}(A). \tag{3.13}$$

进一步, 特征值定位集 $\mathcal{C}(A)$ 与 Geršgorin 圆盘区域及 Brauer 卵形区域的关系如下.

定理 3.14 设矩阵 $A = [a_{ij}] \in \mathbb{C}^{n \times n}$, $n \geqslant 2$. 则

$$\mathcal{C}(A) \subseteq \mathcal{K}(A) \subseteq \Gamma(A).$$

证明 仅需证明 $\mathcal{C}(A) \subseteq \mathcal{K}(A)$. 设 $z \in \mathcal{C}(A)$, 则对每一个 $i \in N$, 存在 $j \in N$ 且 $j \neq i$ 使得 (3.12) 式成立. 再由定理 3.13 知 $\mathcal{C}(A) \subseteq \Gamma(A)$, 则存在 $k \in N$ 使得

$$|z - a_{kk}| \leqslant r_k(A).$$

对此 k, 存在 $t \in N$ 且 $t \neq k$ 使得 $z \in V_{kt}^{\{k\}}$, 即

$$|z - a_{kk}| \left(|z - a_{tt}| - r_t^k(A) \right) \leqslant |a_{tk}| r_k(A).$$

于是有

$$|z - a_{kk}||z - a_{tt}| \leqslant |z - a_{kk}| r_t^k(A) + |a_{tk}| r_k(A) \leqslant \left(r_t^k(A) + |a_{tk}| \right) r_k(A) = r_t(A) r_k(A).$$

即 $z \in \mathcal{K}_{tk}(A) \subseteq \mathcal{K}(A)$, 故 $\mathcal{C}(A) \subseteq \mathcal{K}(A)$. $\qquad \square$

例 3.4.2 考虑矩阵

$$A = \begin{bmatrix} 1 & 1 & 0 & 0 \\ 0.5 & i & 0.5 & 0 \\ 0 & 0 & -1 & 1 \\ 1 & 0 & 0 & -i \end{bmatrix}.$$

Geršgorin 圆盘区域 $\Gamma(A)$、Brauer 卵形区域 $\mathcal{K}(A)$ 与特征值定位集 $\mathcal{C}(A)$ 如图 3.4 所示, 其中 $*$ 表示矩阵 A 的特征值, 内部红色区域为定位集 $\mathcal{C}(A)$, 中间蓝色区

域为 Brauer 卵形区域 $\mathcal{K}(A)$, 外部实线为 Geršgorin 圆盘区域 $\Gamma(A)$ 的边. 显然, $\mathcal{C}(A) \subset \mathcal{K}(A) \subset \Gamma(A)$.

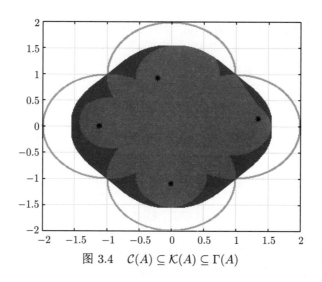

图 3.4　$\mathcal{C}(A) \subseteq \mathcal{K}(A) \subseteq \Gamma(A)$

3.5　Dashnic-Zusmanovich 矩阵与 Dashnic-Zusmanovich 型矩阵

像矩阵特征值的 Geršgorin 圆盘区域和 Brauer 卵形区域一样, (3.13) 式所给的矩阵特征值定位集 $\mathcal{C}(A)$ 也对应一类非奇异 H-矩阵. 该矩阵类就是由 L. S. Dashnic 和 M. S. Zusmanovich 于 1970 年引入的, 现在称之为 Dashnic-Zusmanovich 矩阵的矩阵类, 简称 DZ 矩阵.

定义 3.5.1　设矩阵 $A = [a_{ij}] \in \mathbb{C}^{n \times n}$, $n \geqslant 2$. 若存在 $j \in N$ 使得对于任意的 $i \in N$, $i \neq j$,

$$\left(|a_{ii}| - r_i^j(A)\right)|a_{jj}| > |a_{ij}|r_j(A), \tag{3.14}$$

则称 A 为 Dashnic-Zusmanovich 矩阵, 记为 $A \in DZ$.

通过选取特殊的集合 S, S-SDD 矩阵可退化为 DZ 矩阵. 因此, 由定理 3.11 知 DZ 矩阵亦为非奇异 H-矩阵. 再次观察定义 3.5.1, 选取其关键点, 即 "存在"、"任意" 和不等式 (3.14). 若改变定义 3.5.1 中 "存在" 和 "任意" 的顺序, 但不等式 (3.14) 仍成立, 可定义新的矩阵类, 那么这样定义的矩阵类还具有非奇异性吗? 表 3.1 罗列出通过该操作可产生的各种矩阵类, 其中 $*$ 表示不考虑此情况的矩阵类. 那么现在的问题是表中的哪些矩阵类, 即 "?" 代表的矩阵类中哪些具有非奇异性呢? 事实上, 通过奇异矩阵

$$A = \begin{bmatrix} 31 & 7 & 4 & 2 \\ 4 & 6 & 2 & 1 \\ 8 & 6 & 10 & 6 \\ 8 & 9 & 7 & 4 \end{bmatrix}$$

易知表 3.1 中红色 "?" 代表的矩阵类不一定非奇异. 另一方面, 绿色 "?" 代表的矩阵类为 DZ 矩阵的子类, 因此一定为非奇异 H-矩阵. 故下仅需讨论蓝色 "?" 情况. 为此, 引入如下矩阵类.

表 3.1 改变 "存在" 与 "任意" 及其顺序产生的矩阵类

(3.14) 式成立, $i \neq j$	$\forall i$	$\forall j$	$\exists i$	$\exists j$
$\forall i$	*	?	*	?
$\forall j$	?	*	?	*
$\exists i$	*	?	*	?
$\exists j$	DZ	*	?	*

定义 3.5.2 设矩阵 $A = [a_{ij}] \in \mathbb{C}^{n \times n}$, $n \geqslant 2$. 若对任意的 $i \in N$ 存在 $j \in N$, $j \neq i$ 使得 (3.14) 式成立, 则称 A 为 Dashnic-Zusmanovich 型矩阵, 简称 DZT 矩阵, 记为 $A \in DZT$.

下面讨论 DZT 矩阵的非奇异性.

定理 3.15 若 A 为 DZT 矩阵, 则 A 为非奇异 H-矩阵.

证明 反证法. 假若 A 奇异, 即 0 为其特征值, 则存在非零向量 $\mathbf{x} = [x_1, \cdots, x_n]^\top \in \mathbb{C}^n$ 使得

$$A\mathbf{x} = \mathbf{0}. \tag{3.15}$$

令 $|x_p| = \max_{i \in N} |x_i|$, 则 $|x_p| > 0$. 由于 A 为 DZT 矩阵, 根据定义 3.5.2 知存在 $j_0 \in N$ 且 $j_0 \neq p$ 使得

$$\left(|a_{pp}| - r_p^{j_0}(A) \right) |a_{j_0 j_0}| > |a_{p j_0}| r_{j_0}(A), \tag{3.16}$$

这意味着

$$|a_{pp}| > r_p^{j_0}(A). \tag{3.17}$$

另一方面, 由 (3.15) 式中第 p 个等式得

$$a_{pp} x_p = -\sum_{k \neq p, j_0} a_{pk} x_k - a_{p j_0} x_{j_0}.$$

上述等式两边取模并应用三角不等式得

$$|a_{pp}||x_p| \leqslant \sum_{k \neq p, j_0} |a_{pk}||x_k| + |a_{pj_0}||x_{j_0}|$$

$$\leqslant \sum_{k \neq p, j_0} |a_{pk}||x_p| + |a_{pj_0}||x_{j_0}|$$

$$= r_p^{j_0}(A)|x_p| + |a_{pj_0}||x_{j_0}|,$$

即

$$(|a_{pp}| - r_p^{j_0}(A))|x_p| \leqslant |a_{pj_0}||x_{j_0}|. \tag{3.18}$$

若 $|x_{j_0}| = 0$, 则 $|a_{pp}| \leqslant r_p^{j_0}(A)$, 矛盾于 (3.17) 式; 若 $|x_{j_0}| > 0$, 则由 (3.15) 式中第 j_0 个等式得

$$a_{j_0 j_0} x_{j_0} = -\sum_{k \neq j_0} a_{j_0 k} x_k$$

且

$$|a_{j_0 j_0}||x_{j_0}| \leqslant \sum_{k \neq j_0} |a_{j_0 k}||x_k| \leqslant \sum_{k \neq j_0} |a_{j_0 k}||x_p| = r_{j_0}(A)|x_p|. \tag{3.19}$$

(3.18) 式与 (3.19) 式相乘并消去 $|x_{j_0}||x_p|$ 得

$$(|a_{pp}| - r_p^{j_0}(A))|a_{j_0 j_0}| \leqslant |a_{pj_0}|r_{j_0}(A).$$

这与 (3.16) 式矛盾. 因此, 0 不能为 A 的特征值, 故 A 非奇异.

下证 A 为非奇异 H-矩阵. 对于任意的 $\varepsilon \geqslant 0$, 令

$$B_\varepsilon = \mu(A) + \varepsilon I = [b_{ij}],$$

其中 $\mu(A)$ 为 A 的比较矩阵. 显然, $b_{ii} = |a_{ii}| + \varepsilon$ 且 $b_{ij} = -|a_{ij}|$. 于是由 A 为 DZT 矩阵知对任意的 $i \in N$, 存在 $j \in N$, $j \neq i$ 使得

$$(|b_{ii}| - r_i^j(B_\varepsilon))|b_{jj}| = (|a_{ii}| + \varepsilon - r_i^j(A))(|a_{jj}| + \varepsilon)$$

$$\geqslant (|a_{ii}| - r_i^j(A))|a_{jj}|$$

$$> |a_{ij}|r_j(A)$$

$$= |b_{ij}|r_j(B_\varepsilon).$$

因此, B_ε 亦为 DZT 矩阵. 故对任意的 $\varepsilon \geqslant 0$, B_ε 均非奇异. 由于 B_ε 为 Z 矩阵 (非主对角元非正的矩阵), 且根据文献 [14] 中第 6 章定理 2.3 得 $\mu(A)$ 为非奇异 M-矩阵, 即 A 为非奇异 H-矩阵. $\qquad \square$

现在可给出表 3.1 中所有 "?" 表示矩阵类的非奇异性情况, 见表 3.2, 其中 Y 表示该矩阵类具有非奇异性, N 表示该矩阵类中的某些矩阵不一定具有非奇异性.

表 3.2　　非奇异性情况

(3.14) 式成立, $i \neq j$	$\forall i$	$\forall j$	$\exists i$	$\exists j$
$\forall i$	*	Y	*	Y
$\forall j$	Y	*	N	*
$\exists i$	*	N	*	N
$\exists j$	Y	*	N	*

下面, 我们讨论 DZT 矩阵与已有的非奇异 H-矩阵的子类, 例如 SDD, $DSDD$, S-SDD 之间的关系.

定理 3.16　若 A 为 SDD 矩阵, 则 A 为 DZT 矩阵, 即 $SDD \subseteq DZT$.

证明　因为 A 为 SDD, 所以对任意的 $i \in N$ 和任何 $j \in N, j \neq i$ 都有

$$|a_{ii}| > r_i(A) = r_i^j(A) + |a_{ij}| \Rightarrow |a_{ii}| - r_i^j(A) > |a_{ij}|$$

且 $|a_{jj}| > r_j(A)$. 因此 (3.14) 式恒成立, 故 A 为 DZT 矩阵.　　□

进一步, 考虑

$$A_1 = \begin{bmatrix} 36 & -6 & 2 & 3 \\ 3 & 16 & 9 & -8 \\ 9 & -9 & 19 & 4 \\ -1 & 6 & 2 & 21 \end{bmatrix}$$

和

$$A_2 = \begin{bmatrix} 10 & -6 & 6 \\ 6 & 12 & 1 \\ 9 & -9 & 24 \end{bmatrix}.$$

容易验证 A_1 为 DZT 矩阵, 但不为 $DSDD$ 矩阵; A_2 为 $DSDD$ 矩阵, 但不为 DZT 矩阵. 因此 DZT 矩阵类与 $DSDD$ 矩阵类互不包含, 即

定理 3.17　$DSDD \nsubseteq DZT$ 且 $DZT \nsubseteq DSDD$.

由于 $DSDD \subseteq DZ$, 易得 DZ 矩阵与 DZT 矩阵的关系, 即

定理 3.18　$DZ \nsubseteq DZT$ 且 $DZT \nsubseteq DZ$.

对于 DZT 矩阵可以进一步研究其逆的无穷范数估计问题、特征值定位问题等相关问题. 下面仅介绍特征值定位结果. 事实上, 类似于前文, 应用 DZT 矩阵的非奇异性易得矩阵特征值的新定位集.

定理 3.19　设 $A = [a_{ij}] \in \mathbb{C}^{n \times n}$, $n \geqslant 2$. 则

$$\sigma(A) \subseteq \Omega(A),$$

其中

$$\Omega(A) = \bigcup_{i \in N} \bigcap_{\substack{j \in N, \\ j \neq i}} \left\{ z \in \mathbb{C} : \left(|z - a_{ii}| - r_i^j(A) \right) |z - a_{jj}| \leqslant |a_{ij}| r_j(A) \right\}.$$

结合矩阵非奇异性的条件与特征值定位的 "对应" 关系及 SDD, $DSDD$, DZ 与 DZT 矩阵的关系, 可得 Geršgorin 圆盘区域 $\Gamma(A)$, Brauer 卵形区域 $\mathcal{K}(A)$, $\mathcal{C}(A)$ 与 $\Omega(A)$ 之间具有如下关系.

定理 3.20　设 $A = [a_{ij}] \in \mathbb{C}^{n \times n}$, $n \geqslant 2$. 则

(1) $\Omega(A) \subseteq \Gamma(A)$;

(2) $\mathcal{K}(A) \nsubseteq \Omega(A)$ 且 $\Omega(A) \nsubseteq \mathcal{K}(A)$;

(3) $\mathcal{C}(A) \nsubseteq \Omega(A)$ 且 $\Omega(A) \nsubseteq \mathcal{C}(A)$.

再次考虑 DZ 矩阵和 S-SDD 矩阵的关系, 即 DZ 矩阵为 S-SDD 矩阵的子类. 自然地, 能否将 "存在" 与 "任意" 重排的思想从 DZ 矩阵推广到 S-SDD 矩阵? 或者说, 基于 S-SDD 矩阵的定义将 "存在" 与 "任意" 重排能否构造出新的非奇异 H-矩阵类? 答案是肯定的, 即有如下非奇异矩阵类.

定义 3.5.3　设矩阵 $A = [a_{ij}] \in \mathbb{C}^{n \times n}$, $n \geqslant 2$. 若存在非空子集 $S \subset N$ 使得对任意的 $i \in S, j \in \bar{S}$, (3.10) 和 (3.11) 式成立, 则称 A 为 Cvetković-Kostić-Varga 矩阵, 简称为 CKV 矩阵, 记为 $A \in CKV$.

显然, S-SDD 矩阵一定为 CKV 矩阵. 为了使用重排技术, 给出 CKV 矩阵的如下等价表征, 即 A 为 CKV 矩阵当且仅当

（**存在非空子集** $S \subset N$）（**任意的** $i \in S$）

$|a_{ii}| > r_i^S(A)$ 且 （**任意的** $j \in \bar{S}$）$\left(|a_{ii}| - r_i^S(A) \right) \left(|a_{jj}| - r_j^{\bar{S}}(A) \right) > r_i^{\bar{S}}(A) r_j^S(A)$.

重排后得到一类新的矩阵类: CKV 型矩阵, 其定义如下.

定义 3.5.4　设矩阵 $A = [a_{ij}] \in \mathbb{C}^{n \times n}$, $n \geqslant 2$. 若

对任意的 $i \in N$, **存在子集** $S \subset N$ **且** $i \in S$ **使得**

$|a_{ii}| > r_i^S(A)$ 且任意的 $j \in \bar{S}$ $\left(|a_{ii}| - r_i^S(A) \right) \left(|a_{jj}| - r_j^{\bar{S}}(A) \right) > r_i^{\bar{S}}(A) r_j^S(A)$,

则称 A 为 CKV 型矩阵, 记为 $A \in CKVT$.

类似于 DZT 矩阵, 可以证明 $CKVT$ 矩阵亦为非奇异 H-矩阵, 且 $DZT \subseteq CKVT$. 同样, 应用 $CKVT$ 矩阵的非奇异性可给出矩阵特征值的定位集等结果, 感兴趣的读者可阅读文献 [81].

3.6 其他类型的非奇异矩阵类

除上述介绍的严格对角占优矩阵、α-对角占优矩阵、双严格对角占优矩阵、DZ 矩阵、$S\text{-}SDD$ 矩阵、CKV 矩阵及 $CKVT$ 矩阵外, 还有非奇异 H-矩阵的一些子类. 下面介绍常见的几个.

- **弱链对角占优矩阵** 1974 年, P. N. Shivakumar 和 K. H. Chew 为了判定矩阵的非奇异性提出了弱链对角占优矩阵, 其定义如下:

定义 3.6.1 设矩阵 $A = [a_{ij}] \in \mathbb{C}^{n \times n}$, $n \geqslant 2$ 且 $N^+(A) \neq \varnothing$. 若对任意的 $i \in N$, $|a_{ii}| \geqslant r_i(A)$, 且对任意的 $i \notin N^+(A)$, 存在非零元素链 $a_{ii_1}, a_{i_1 i_2}, \cdots, a_{i_r j}$, 其中 $j \in N^+(A)$, 则称 A 为弱链对角占优矩阵, 记为 $A \in WCDD$.

- **Nekrasov 矩阵** 1965 年, V. V. Gudkov 证明了如下定义的 Nekrasov 矩阵的非奇异性. 1969 年, F. Robert 证明了 Nekrasov 矩阵为非奇异 H-矩阵.

定义 3.6.2 设矩阵 $A = [a_{ij}] \in \mathbb{C}^{n \times n}$, $n \geqslant 2$. 若对任意的 $i \in N$,

$$|a_{ii}| > h_i(A),$$

则称 A 为 Nekrasov 矩阵, 其中

$$h_1(A) = r_1(A), \quad h_i(A) = \sum_{j=1}^{i-1} \frac{|a_{ij}|}{|a_{jj}|} h_j(A) + \sum_{j=i+1}^{n} |a_{ij}|, \quad i = 2, \cdots, n.$$

- **S-Nekrasov 矩阵** 2009 年, L. Cvetkovic, V. Kostić 和 S. Rauški 应用二部分划技术推广了 Nekrasov 矩阵, 得到了一类新的非奇异 H-矩阵: S-Nekrasov 矩阵, 其定义如下:

定义 3.6.3 设矩阵 $A = [a_{ij}] \in \mathbb{C}^{n \times n}$, $n \geqslant 2$, 非空子集 $S \subset N$. 若对任意的 $i \in S$,

$$|a_{ii}| > h_i^S(A),$$

对任意的 $j \in \overline{S}$,

$$|a_{jj}| > h_j^{\overline{S}}(A),$$

且对任意的 $i \in S, j \in \overline{S}$

$$\left(|a_{ii}| - h_i^S(A) \right) \left(|a_{jj}| - h_j^{\overline{S}}(A) \right) > h_i^{\overline{S}}(A) h_j^S(A),$$

则称 A 为 S-Nekrasov 矩阵, 其中

$$h_1(A) = r_1^S(A), \quad h_i^S(A) = \sum_{j=1}^{i-1} \frac{|a_{ij}|}{|a_{jj}|} h_j^S(A) + \sum_{j=i+1, j \in S}^{n} |a_{ij}|.$$

● **Quasi-Nekrasov(QN) 矩阵**　2015 年, L. Y. Kolotilina 推广了 Nekrasov 矩阵, 提出了一类新的非奇异 H-矩阵: QN 矩阵, 其定义如下:

定义 3.6.4　设矩阵 $A = D + L + U \in \mathbb{C}^{n \times n}$, $n \geqslant 2$, 其中 $D = \mathrm{diag}(a_{11}, \cdots, a_{nn})$ 为 A 的对角部分, L 为 A 的严格下三角部分, U 为 A 的严格上三角部分. 若

$$G = M \cdot \mu(A) = I - M^{-1}|L||D|^{-1}|U|$$

为严格对角占优矩阵, 则称 A 为 QN 矩阵, 其中

$$M := (|D| - |L|)|D|^{-1}(|D| - |U|) = \mu(A) + L||D|^{-1}|U|.$$

● **Brualdi 矩阵**　1982 年, R. A. Brualdi 提出了著名的特征值纽形定位区域. 2006 年, L. Cvetković 根据特征值定位定理与非奇异矩阵的对应关系提出了一类新的非奇异 H-矩阵: Brualdi 矩阵, 其定义如下:

定义 3.6.5　设矩阵 $A = [a_{ij}] \in \mathbb{C}^{n \times n}$, $n \geqslant 2$. 若对任意的强圈 $\gamma \in G(A)$,

$$\prod_{i \in \gamma} |a_{ii}| > \prod_{i \in \gamma} r_i(A)$$

且对任意的弱圈 $\gamma \in G(A)$, $|a_{ii}| > 0$, 则称 A 为 Brualdi 矩阵.

● **广义 α-矩阵**　2006 年, L. Cvetković 应用几何加权与二部分划技术提出了广义 α- 矩阵, 并证明了广义 α-矩阵为非奇异 H-矩阵, 其定义如下:

定义 3.6.6　设矩阵 $A = [a_{ij}] \in \mathbb{C}^{n \times n}$, $n \geqslant 2$. 若存在 $\alpha \in [0, 1]$ 及 $k \in N$ 使得对任意的势为 k 的子集 $S \subset N$,

$$|a_{ii}| > \left(r_i^S(A)\right)^\alpha \left(c_i^S(A)\right)^{1-\alpha} + r_i^{\overline{S}}(A), \quad i \in S,$$

则称 A 为广义 α-矩阵.

● **$SDD_{(P)}$ 矩阵**　2015 年, V. R. Kostić 通过向量 p-范数引入了一类非奇异矩阵: $SDD_{(p)}$ 矩阵, 其定义如下.

定义 3.6.7　设矩阵 $A = [a_{ij}] \in \mathbb{C}^{n \times n}$, $n \geqslant 2$ 及给定的 $p \in [1, \infty)$. 若

$$\|\delta_p(A)\|_q < 1,$$

则称 A 为 $SDD_{(P)}$ 矩阵, 其中 $\delta_p(A) = [\delta_1, \cdots, \delta_n]^\top$, $\delta_i = \dfrac{r_i^p(A)}{|a_{ii}|}$,

$$r_i^p(A) := \left(\sum_{\substack{j \in N, \\ j \neq i}} |a_{ij}|^p \right)^{\frac{1}{p}},$$

且 $\dfrac{1}{p} + \dfrac{1}{q} = 1$.

● **Ostrowski-Brauer Sparse (OBS) 矩阵** 2018 年, L. Y. Kolotilina 考虑矩阵的稀疏性推广了双严格对角占优矩阵, 提出了一类新的非奇异 H-矩阵: OBS 矩阵, 亦称为稀疏双严格对角占优矩阵, 其定义如下:

定义 3.6.8 设矩阵 $A = [a_{ij}] \in \mathbb{C}^{n \times n}$, $n \geqslant 2$ 且对任意的 $i \in N$, $r_i(A) \neq 0$. 若对任意的 $a_{ij} \neq 0$ $(i \neq j)$, (3.2) 式成立, 则称 A 为 OBS 矩阵.

类似地, 结合矩阵的稀疏性, 仍可引入其他稀疏对角占优型矩阵, 例如稀疏 S-SDD 矩阵等. 鉴于篇幅有限, 不再介绍, 感兴趣的读者可参阅文献 [144, 221, 230–232].

非奇异矩阵类 "品类" 众多, 很难逐一介绍, 建议读者阅览文献 [86, 481].

第 4 章 几类结构矩阵的特征值定位与估计

本章介绍非负矩阵、随机矩阵、Toeplitz 矩阵特征值的定位与估计的相关结果. 这三类结构矩阵特征值的定位与估计结果众多. 我们不能详尽逐一介绍, 仅介绍其定位与估计的 Geršgorin 型结果.

4.1 非负矩阵谱半径的估计

非负矩阵是指元素均为非负实数的矩阵, 对其专门研究始于 20 世纪初期, 并在 20 世纪中叶蓬勃发展, 到目前已形成较为完整的非负矩阵理论体系. 它与计算数学、经济数学、概率论、物理学、化学等学科有着密切关系, 同时在模式识别、人工智能和数据科学等新兴学科中发挥着重要作用. 例如经济数学中经典的 Leontief 投入产出模型中的投入产出系数矩阵、马尔可夫模型中的转移概率矩阵都为非负矩阵, 而在模式识别、人工智能和数据科学的理论研究和应用中则常常使用非负矩阵分解等方法.

1907 年, Perron 发现正矩阵 (元素全为正数的矩阵) 的一个重要性质, 即正矩阵的谱半径是它的一个特征值. 1912 年, Frobenius 把它推广到一般的非负矩阵上, 因此, 形成了关于非负矩阵的著名的 Perron-Frobenius 理论. 需指出的是, 它不是一个结果, 而是一系列的结果. 下面从不可约非负矩阵出发介绍著名的 Perron-Frobenius 理论.

定义 4.1.1 设矩阵 $A = [a_{ij}] \in \mathbb{R}^{n \times n}$. 若对任意的 $i, j \in N$,

(1) $a_{ij} \geqslant 0$, 则称 A 为非负矩阵, 记为 $A \geqslant \mathbf{0}$;

(2) $a_{ij} \geqslant 0$, 且 A 为不可约矩阵, 则称 A 为不可约非负矩阵;

(3) $a_{ij} > 0$, 则称 A 为正矩阵, 记为 $A > \mathbf{0}$.

显然, 正矩阵为不可约非负矩阵, 不可约非负矩阵为非负矩阵. 对于非负矩阵, 下面提供一个判断矩阵是否为不可约的有效方法.

引理 4.1 设矩阵 $A \in \mathbb{R}^{n \times n}$ 且 $A \geqslant \mathbf{0}$. 则 A 为不可约矩阵当且仅当 $(I + A)^{n-1} > \mathbf{0}$.

证明 必要性: 设 A 为非负不可约矩阵. 现在我们证明对于任意非零非负向量 $\mathbf{x} \in \mathbb{R}^n$ 都有 $(I + A)^{n-1} \mathbf{x} > \mathbf{0}$. 令 $\mathbf{y} = (I + A)\mathbf{x} \geqslant \mathbf{0}$. 若 $\mathbf{y} > \mathbf{0}$, 则

$$(I + A)\mathbf{y} = (I + A)^2 \mathbf{x} > \mathbf{0}, \quad \cdots, \quad (I + A)^{n-1}\mathbf{x} > \mathbf{0}.$$

下考虑向量 $\mathbf{y}$ 有零分量的情况. 因为 $\mathbf{y} = (I+A)\mathbf{x} = \mathbf{x} + A\mathbf{x}$, 而 $A\mathbf{x} \geqslant \mathbf{0}$, 所以 $\mathbf{x} \leqslant y$. 这意味着 $\mathbf{y}$ 的某个分量为零, 则 $\mathbf{x}$ 对应的分量也为零. 若 $\mathbf{y}$ 有 m 个分量为 0, 且 $1 \leqslant m \leqslant n$, 则存在置换矩阵 P 使得

$$P\mathbf{y} = \left[\begin{array}{c} \mathbf{y}^{(1)} \\ \mathbf{0} \end{array}\right], \quad P\mathbf{x} = \left[\begin{array}{c} \mathbf{x}^{(1)} \\ \mathbf{0} \end{array}\right],$$

其中 $\mathbf{y}^{(1)} \in \mathbb{R}^{n-m} > \mathbf{0}$ 且 $\mathbf{x}^{(1)} \in \mathbb{R}^{n-m} \geqslant \mathbf{0}$. 设

$$PAP^{\top} = \left[\begin{array}{cc} A_{11} & A_{12} \\ A_{21} & A_{22} \end{array}\right],$$

其中 $A_{11} \in \mathbb{R}^{(n-m)\times(n-m)} \geqslant \mathbf{0}$. 由于 $\mathbf{y} = (I+A)\mathbf{x}$, 所以 $P\mathbf{y} = P\mathbf{x} + PAP^{\top}P\mathbf{x}$, 故

$$\left[\begin{array}{c} \mathbf{y}^{(1)} \\ \mathbf{0} \end{array}\right] = \left[\begin{array}{c} \mathbf{x}^{(1)} \\ \mathbf{0} \end{array}\right] + \left[\begin{array}{cc} A_{11} & A_{12} \\ A_{21} & A_{22} \end{array}\right] \left[\begin{array}{c} \mathbf{x}^{(1)} \\ \mathbf{0} \end{array}\right].$$

由此可知 $A_{21}\mathbf{x}^{(1)} = \mathbf{0}$. 再由 A 的不可约性知 $A_{21} \neq \mathbf{0}$, 故 $\mathbf{x}^{(1)}$ 至少有一个分量为 0. 因此 $\mathbf{x}$ 的正分量的个数少于 $\mathbf{y} = (I+A)\mathbf{x}$ 的正分量的个数. 换言之, $(I+A)\mathbf{x}$ 的正分量的个数多于 $\mathbf{x}$ 的正分量的个数; $(I+A)^2\mathbf{x}$ 的正分量的个数多于 $(I+A)\mathbf{x}$ 的正分量的个数, 进而 $(I+A)^2\mathbf{x}$ 至少比 $\mathbf{x}$ 多两个正分量, $(I+A)^{(n-1)}\mathbf{x}$ 至少比 $\mathbf{x}$ 多 $n-1$ 个正分量. 而 $\mathbf{x} \neq \mathbf{0}$, 故至少有一个正分量, 所以 $(I+A)^{n-1}\mathbf{x} > \mathbf{0}$.

充分性: 反证法. 假若 A 为可约矩阵, 则由定义 1.4.1 知存在置换矩阵 P 使得

$$P^{\top}AP = \left[\begin{array}{cc} A_{11} & A_{12} \\ \mathbf{0} & A_{22} \end{array}\right].$$

进而, $P^{\top}(I+A)^{n-1}P = (I+P^{\top}AP)^{n-1}$. 这意味着 $P^{\top}(I+A)^{n-1}P$ 有零元素, 这矛盾于 $(I+A)^{n-1} > \mathbf{0}$. 故 A 为不可约矩阵. $\qquad\square$

定义 4.1.2 设矩阵 $A = [a_{ij}] \in \mathbb{R}^{n\times n}$ 为不可约非负矩阵, $\mathbf{x} \in \mathbb{R}^n \backslash \{0\}$ 为非负向量. 称函数

$$r_A(\mathbf{x}) = \min_{x_i \neq 0} \frac{(A\mathbf{x})_i}{x_i} \tag{4.1}$$

为 A 的 Collatz-Wielandt 函数, 简称为 A 的 C-W 函数.

通过不可约非负矩阵的 C-W 函数, 可以得到关于不可约非负矩阵著名的 Perron-Frobenius 定理, 但仍需 C-W 函数如下性质, 其证明可参阅文献 [14], 在此不再介绍.

定理 4.2　设矩阵 $A = [a_{ij}] \in \mathbb{R}^{n \times n}$ 为不可约非负矩阵, $r_A(\mathbf{x})$ 为 A 的 C-W 函数. 则

(1) $r_A(\mathbf{x})$ 是零次齐次的有界函数;

(2) 若 $\mathbf{x} > 0$, ρ 是满足 $A\mathbf{x} - \rho\mathbf{x} \geqslant 0$ 的实数, 则 $\rho \leqslant r_A(\mathbf{x})$;

(3) 若 $\mathbf{x} > 0$, $\mathbf{y} = (I + A)^{n-1}\mathbf{x}$, 则 $r_A(\mathbf{y}) \geqslant r_A(\mathbf{x})$;

(4) 存在正向量 $\tilde{\mathbf{x}} \in E^n$ 使得 $r_A(\tilde{\mathbf{x}}) = \max\limits_{\mathbf{x} \in E^n} r_A(\mathbf{x})$, 其中

$$E^n = \left\{ \mathbf{x} = [x_1, \cdots, x_n]^\top \in \mathbb{R}^n : \sum_{i \in N} x_i = 1, \ \mathbf{x} \geqslant 0 \right\}.$$

下面介绍著名的 Perron-Frobenius 定理.

定理 4.3　设矩阵 $A = [a_{ij}] \in \mathbb{R}^{n \times n}$ 为不可约非负矩阵. 则

(1) A 的谱半径

$$\rho(A) = \max_{\lambda \in \sigma(A)} |\lambda|$$

为 A 的特征值;

(2) 存在 A 的与 $\rho(A)$ 对应的正特征向量.

证明　(1) 由定理 4.2 中 (1) 和 (4) 知, 存在正向量 $\tilde{\mathbf{x}} \in E^n$ 使得对任意的 $\mathbf{x} > \mathbf{0}$, $r_A(\mathbf{x}) \leqslant r_A(\tilde{\mathbf{x}})$. 取

$$\rho = r_A(\tilde{\mathbf{x}}). \tag{4.2}$$

则 $\rho > 0$. 由定义 4.1.2 得, $A\tilde{\mathbf{x}} - \rho\tilde{\mathbf{x}} \geqslant 0$. 假若 $A\tilde{\mathbf{x}} - \rho\tilde{\mathbf{x}} \neq \mathbf{0}$. 由引理 4.1 知,

$$(I + A)^{n-1}(A\tilde{\mathbf{x}} - \rho\tilde{\mathbf{x}}) > \mathbf{0}.$$

进一步, 设 $\tilde{y} = (I + A)^{n-1}\tilde{\mathbf{x}}$, 则 $A\tilde{y} - \rho\tilde{y} > \mathbf{0}$. 因此, 存在充分小的正数 ϵ 有 $A\tilde{y} - (\rho + \epsilon)\tilde{y} > \mathbf{0}$. 由定理 4.2 中 (2) 知 $\rho + \epsilon \leqslant r_A(\tilde{y})$, 即 $\rho < r_A(\tilde{y})$. 矛盾于 (4.2) 式. 因此

$$A\tilde{\mathbf{x}} = \rho\tilde{\mathbf{x}},$$

即 ρ 为 A 的特征值. 下证 ρ 是 A 的谱半径. 事实上, 设 λ 是 A 的任一特征值, 则存在 $\mathbf{x} \neq 0$ 使得 $A\mathbf{x} = \lambda\mathbf{x}$, 所以对于任意的 $i \in N$,

$$|\lambda||x_i| \leqslant \sum_{j \in N} a_{ij}|x_j|.$$

令 $|\mathbf{x}| = [|x_1|, \cdots, |x_n|]^\top$, 则 $|\lambda||\mathbf{x}| \leqslant A|\mathbf{x}|$. 由定理 4.2 中 (2) 知, $|\lambda| \leqslant r_A(|\mathbf{x}|) \leqslant r_A(\tilde{\mathbf{x}}) = \rho$, 从而 $\rho = \rho(A)$.

(2) 由 (1) 证明知, $\tilde{\mathbf{x}}$ 是 A 的对应于谱半径 $\rho(A)$ 的正特征向量.　　　　□

非负矩阵 Perron-Frobenius 理论还有关于 $\rho(A)$ 的重数的结果, 即不可约非负矩阵 A 的谱半径 $\rho(A)$ 的代数重数等于 1, 也就是 $\rho(A)$ 是 A 的特征多项式的单根等, 具体见文献 [187]. 由于正矩阵是不可约非负矩阵, 所以由定理 4.3 易得正矩阵的 Perron-Frobenius 定理.

推论 4.4 设矩阵 $A \in \mathbb{R}^{n \times n}$ 为正矩阵. 则 $\rho(A)$ 为 A 的单特征值且大于其他特征值的模; 存在 A 的对应于 $\rho(A)$ 的正特征向量.

应用 Frobenius 标准形, 可得定理 4.3 对于一般非负矩阵的推广形式. 其证明参见文献 [14], 在此不再给出.

定义 4.1.3 若 A 为 (非负) 矩阵, 则存在置换矩阵 P 使得

$$
P^{\top}AP = \begin{bmatrix} A_{11} & A_{12} & \cdots & A_{ik} \\ \mathbf{0} & A_{22} & \cdots & A_{2k} \\ \vdots & \vdots & \ddots & \vdots \\ \mathbf{0} & \mathbf{0} & \cdots & A_{kk} \end{bmatrix},
\tag{4.3}
$$

其中 $A_{ii}, i = 1, \cdots, k$ 为不可约方阵 (或一阶矩阵). 称 (4.3) 式为 A 的 Frobenius 标准形, 简称 A 的标准形. 特别地, 当 A 为不可约矩阵时, $k = 1$.

定理 4.5 设矩阵 $A = [a_{ij}] \in \mathbb{R}^{n \times n}$ 为非负矩阵. 则

(1) A 的谱半径 $\rho(A)$ 是 A 的特征值;

(2) A 有一个对应于 $\rho(A)$ 的非负特征向量.

下面介绍非负矩阵谱半径估计的结果.

定理 4.6 设矩阵 $A = [a_{ij}] \in \mathbb{R}^{n \times n}$ 为非负矩阵. 则

$$
\min_{i \in N} R_i(A) \leqslant \rho(A) \leqslant \max_{i \in N} R_i(A),
\tag{4.4}
$$

其中 $R_i(A) = \sum\limits_{j \in N} a_{ij}$.

证明 证得 (4.4) 式中的上界有如下三种方法:

证法 1: 应用 Geršgorin 圆盘定理到非负矩阵 A 及 $\rho(A)$ 上知, 存在 $i_0 \in N$ 使得

$$
|\rho(A) - a_{i_0 i_0}| \leqslant r_{i_0}(A) = \sum_{j \neq i_0} a_{i_0 j}.
$$

故

$$
\rho(A) \leqslant R_{i_0}(A) := a_{i_0 i_0} + r_{i_0}(A).
$$

因此,

$$
\rho(A) \leqslant \max_{i \in N} R_i(A).
\tag{4.5}
$$

证法 2: 在特征方程 $A\mathbf{x} = \rho(A)\mathbf{x}$ 两边取 ∞-范数得

$$\rho(A)||\mathbf{x}||_\infty = ||\rho(A)\mathbf{x}||_\infty = ||A\mathbf{x}||_\infty \leqslant ||A||_\infty ||\mathbf{x}||_\infty.$$

因此, $\rho(A) \leqslant ||A||_\infty = \max\limits_{i \in N} R_i(A)$.

证法 3: 考虑特征方程 $A\mathbf{x} = \rho(A)\mathbf{x}$, 其中 $\mathbf{x} = [x_1, \cdots, x_n]^\top$ 为 A 的对应于 $\rho(A)$ 的非负特征向量. 令

$$x_k = \max_{i \in N} x_i,$$

则 $x_k > 0$. 因此,

$$\rho(A)x_k = \sum_{j \in N} a_{kj} x_j \leqslant \sum_{j \in N} a_{kj} x_k = R_k(A)x_k.$$

故 $\rho(A) \leqslant R_k(A) \leqslant \max\limits_{i \in N} R_i(A)$.

现证明下界. 令 $A(t) = [a_{ij}(t)] \in \mathbb{R}^{n \times n}$, 其中

$$a_{ij}(t) = \begin{cases} a_{ij}, & a_{ij} > 0, \\ t, & a_{ij} = 0, \end{cases}$$

则对 $t > 0$ 有 $A(t) > 0$ 且 $\lim\limits_{t \to 0} A(t) = A$. 由定理 4.3 知 $\rho(A(t))$ 是 $A(t)$ 的特征值, 故存在正向量 $\mathbf{x}(t) \in E^n$ 使

$$A(t)\mathbf{x}(t) = \rho(A(t))\mathbf{x}(t),$$

其中 $\mathbf{x}(t) = [x_1(t), \cdots, x_n(t)]^\top$ 为 $A(t)$ 的对应于 $\rho(A(t))$ 的正特征向量. 令

$$x_p(t) = \min_{i \in N} x_i(t),$$

则 $x_p(t) > 0$. 因此,

$$\rho(A(t))x_p(t) = \sum_{j \in N} a_{pj}(t)x_j(t) \geqslant \sum_{j \in N} a_{pj}(t)x_p(t) = R_p(A(t))x_p(t).$$

故 $\rho(A(t)) \geqslant R_p(A(t)) \geqslant \max\limits_{i \in N} R_i(A(t))$. 由 $\rho(A(t))$ 和 $R_i(A(t))$ 都为矩阵 $A(t)$ 的元素的连续函数, 因此也是关于 t 的连续函数, 故 $\rho(A) \geqslant \max\limits_{i \in N} R_i(A)$.　　　□

下面考虑增加矩阵不可约性得到的谱半径的界的结果.

定理 4.7 设矩阵 $A = [a_{ij}] \in \mathbb{R}^{n \times n}$ 为非负不可约矩阵. 则

$$\min_{i \in N} R_i(A) < \rho(A) < \max_{i \in N} R_i(A),$$

或

$$\rho(A) = \min_{i \in N} R_i(A) = \max_{i \in N} R_i(A).$$

定理 4.7 的证明类似于 Geršgorin 圆盘边界结果定理 2.9 的证明, 感兴趣的读者可尝试自证, 在此不再赘述. 同样, 类似 Geršgorin 圆盘定理的研究思路, 由非负矩阵 A 的转置 A^{T} 及对角相似矩阵 $X^{-1}AX$ 也可获得 A 的谱半径 $\rho(A)$ 的如下估计结果.

定理 4.8 设矩阵 $A = [a_{ij}] \in \mathbb{R}^{n \times n}$ 为非负矩阵. 则

$$\min_{i \in N} C_i(A) \leqslant \rho(A) \leqslant \max_{i \in N} C_i(A),$$

其中 $C_i(A) = \sum\limits_{j \in N} a_{ji}$.

定理 4.9 设矩阵 $A = [a_{ij}] \in \mathbb{R}^{n \times n}$ 为非负矩阵, $X = \mathrm{diag}(x_1, \cdots, x_n) > 0$. 则

$$\min_{i \in N} R_i^X(A) \leqslant \rho(A) \leqslant \max_{i \in N} R_i^X(A),$$

其中 $R_i^X(A) = \sum\limits_{j \in N} \dfrac{a_{ij} x_j}{x_i}$.

由于定理 4.9 对任意的正对角矩阵 $X = \mathrm{diag}(x_1, \cdots, x_n)$ 都成立, 因此

$$\max_{\substack{X, \\ x_i > 0}} \min_{i \in N} R_i^X(A) \leqslant \rho(A) \leqslant \min_{\substack{X, \\ x_i > 0}} \max_{i \in N} R_i^X(A).$$

在计算数学、经济数学等中往往更关心的是非负矩阵谱半径的上界. 对行和 $R_i(A)$ 与列和 $C_i(A)$ 做加权可得如下谱半径的上界. 其证明类似于定理 2.18, 或参见文献 [257], 故略之.

定理 4.10 设矩阵 $A = [a_{ij}] \in \mathbb{R}^{n \times n}$ 为非负矩阵. 则对任意的 $\alpha \in [0, 1]$,

$$\rho(A) \leqslant \max_{i \in N} R_i^\alpha(A) C_i^{1-\alpha}(A).$$

进一步,

$$\rho(A) \leqslant \min_{\alpha \in [0,1]} \max_{i \in N} R_i^\alpha(A) C_i^{1-\alpha}(A). \tag{4.6}$$

使用广义代数-几何均值不等式即得如下定理.

定理 4.11　设矩阵 $A = [a_{ij}] \in \mathbb{R}^{n \times n}$ 为非负矩阵. 则对任意的 $\alpha \in [0, 1]$,

$$\rho(A) \leqslant \max_{i \in N}\{\alpha R_i(A) + (1 - \alpha)C_i(A)\}.$$

进一步,

$$\rho(A) \leqslant \min_{\alpha \in [0,1]} \max_{i \in N}\{\alpha R_i(A) + (1 - \alpha)C_i(A)\}. \tag{4.7}$$

显然, 当 $\alpha = 0$ 时,

$$\max_{i \in N} R_i^\alpha(A)C_i^{1-\alpha}(A) = \max_{i \in N}\{\alpha R_i(A) + (1 - \alpha)C_i(A)\} = \max_{i \in N} C_i(A);$$

当 $\alpha = 1$ 时,

$$\max_{i \in N} R_i^\alpha(A)C_i^{1-\alpha}(A) = \max_{i \in N}\{\alpha R_i(A) + (1 - \alpha)C_i(A)\} = \max_{i \in N} R_i(A).$$

因此,

$$\min_{\alpha \in [0,1]} \max_{i \in N} R_i^\alpha(A)C_i^{1-\alpha}(A) \leqslant \min_{\alpha \in [0,1]} \max_{i \in N}\{\alpha R_i(A) + (1 - \alpha)C_i(A)\}$$

$$\leqslant \min\left\{\max_{i \in N} R_i(A), \max_{i \in N} C_i(A)\right\}.$$

尽管 (4.6) 式和 (4.7) 式中的上界小于等于 $\min\left\{\max\limits_{i \in N} R_i(A), \max\limits_{i \in N} C_i(A)\right\}$, 但它们较难计算. 因为在区间 $[0, 1]$ 寻求 α 使其最小并不容易. 因此如何摆脱 α 的限制, 寻找其等价形式是非常重要的. 事实上, 类似于定理 2.20 和定理 2.22 的证明, 易得 (4.6) 式和 (4.7) 式中界的如下等价形式.

定理 4.12　设矩阵 $A = [a_{ij}] \in \mathbb{R}^{n \times n}$ 为非负矩阵. 则

$$\min_{\alpha \in [0,1]} \max_{i \in N}\{\alpha R_i(A) + (1 - \alpha)C_i(A)\}$$

$$= \max\left\{\max_{i \in N}\{\min\{R_i(A), C_i(A)\}\}, \; \max_{\substack{i \in \Lambda, \\ j \in \Delta}} \frac{R_i(A)C_j(A) - C_i(A)R_j(A)}{R_i(A) + C_j(A) - C_i(A) - R_j(A)}\right\},$$

其中 $\Lambda = \{i \in N : R_i(A) > C_i(A)\}$, $\Delta = \{j \in N : C_j(A) > R_i(A)\}$;

$$\min_{\alpha \in [0,1]} \max_{i \in N} R_i^\alpha(A)C_i^{1-\alpha}(A) = \max\left\{\max_{i \in N}\{\min\{R_i(A), C_i(A)\}\}, \; \rho_1\right\},$$

其中

$$\rho_1 = \max_{\substack{i \in \Lambda, C_i(A) \neq 0, \\ j \in \Delta, R_j(A) \neq 0}} \left(C_j(A) \cdot \left(\frac{C_j(A)}{R_j(A)} \right)^{\log_{\frac{R_i(A)}{C_i(A)}} C_i(A)} \right)^{\left(1 + \log_{\frac{R_i(A)}{C_i(A)}} \frac{C_j(A)}{R_j(A)} \right)^{-1}}.$$

关于非负矩阵谱半径的估计式还有许多, 感兴趣的读者可参阅文献 [3,32,121, 211,219,304,306,325,424,433,476].

4.2 随机矩阵非 1 特征值的定位与估计

随机矩阵作为一类特殊的非负矩阵, 即每行行和都为 1 的非负矩阵, 是描述和研究离散时间马尔可夫链 (discrete time Markov chain) 的数学工具, 即马尔可夫链的状态行向量序列 $\mathbf{x}_k^\top$, $k = 1, 2, \cdots$ 满足如下关系

$$\mathbf{x}_k^\top = \mathbf{x}_{k-1}^\top A, \quad k = 1, 2, \cdots, \tag{4.8}$$

其中 $\mathbf{x}_0^\top$ 是元素和为 1 的非负向量, 状态转移概率矩阵 A 为行随机矩阵. 进一步, 离散时间马尔可夫链 (以下简称之为马尔可夫链) 的 k 时刻的状态与初始状态 $\mathbf{x}_0^\top$ 的关系为

$$\mathbf{x}_k^\top = \mathbf{x}_0^\top A^k, \quad k = 1, 2, \cdots. \tag{4.9}$$

这表明给定初始状态 $\mathbf{x}_0^\top$, 马尔可夫链 k 时刻的状态完全是由随机矩阵 A 的幂决定的, 马尔可夫链是否存在平稳分布取决于 A^k 是否收敛. 这引出了随机矩阵问题研究的核心问题——随机矩阵的极限行为.

定义 4.2.1 设矩阵 $A = [a_{ij}] \in \mathbb{R}^{n \times n}$ 为非负矩阵. 若对任意的 $i \in N$,

(1) $R_i(A) = 1$, 则称 A 为行随机矩阵, 简称为随机矩阵;

(2) $C_i(A) = 1$, 则称 A 为列随机矩阵;

(3) $R_i(A) = C_i(A) = 1$, 则称 A 为双随机矩阵.

由 Perron-Frobenius 定理容易得出, 1 为随机矩阵的按模最大特征值, 且存在与其对应的非负特征向量. 因而对 n 阶随机矩阵的任意特征值 λ, 有 $|\lambda| \leqslant 1$. 将其所有特征值按模大小进行排序:

$$1 = \lambda_1 \geqslant |\lambda_2| \geqslant \cdots \geqslant |\lambda_n|,$$

称 λ_2 为 A 的次占优特征值. 若 $1 > |\lambda_2|$, 则称 $1 - |\lambda_2|$ 为随机矩阵 A 的谱隙.

随机矩阵的极限行为完全由它的次占优特征值决定, 即马尔可夫链的收敛性、收敛速度及平稳分布的敏感性等问题都与其状态转移概率矩阵 A (A 为随机矩阵) 的次占优特征值有密切联系, 主要体现在如下 3 个方面.

(1) 通过随机矩阵的次占优特征值的模是否等于 1 可判断该随机矩阵对应的马尔可夫链是否收敛. 若 (4.8) 式中随机矩阵 A 的次占优特征值的模 $|\lambda_2| < 1$(谱隙大于 0), 则 $\lim\limits_{k \to \infty} A^k$ 极限存在, 故对任意的初始状态 $\mathbf{x}_0^\top$, (4.9) 式中状态序列 $\mathbf{x}_k^\top$ 的极限存在, 即该马尔可夫链收敛. 对应于状态序列 $\mathbf{x}_k^\top$ 的极限 $\mathbf{y}^\top$ 称为马尔可夫链的稳态分布向量, 其满足 $\mathbf{y}^\top = \mathbf{y}^\top A$. 反之, 若 $|\lambda_2| = 1$, 则该马尔可夫链不一定收敛.

(2) 通过随机矩阵的次占优特征值的模的大小可判断该随机矩阵对应的马尔可夫链收敛的快慢. (4.8) 式中随机矩阵 A 的次占优特征值的模 $|\lambda_2|(< 1)$ 越小 (谱隙越大), 则当 $k \to \infty$ 时, A^k 收敛的速度越快, 故状态向量序列 $\mathbf{x}_k^\top$ 收敛的速度越快, 即次占优特征值的模 $|\lambda_2|$ 决定状态向量序列 $\mathbf{x}_k^\top$ 的收敛速度.

(3) 通过随机矩阵的次占优特征值与特征值 1 的分离程度可判定马尔可夫链收敛的敏感程度. 具体为, 若不可约马尔可夫链是好条件的, 则次占优特征值与 1 有较好的分离; 若次占优特征值的模远小于 1, 则对应的马尔可夫链不会过于敏感.

应用马尔可夫链解决实际问题时, 往往由于数据规模过大, 导致其概率转移矩阵的阶数很大, 因此求非负矩阵特征值的常用方法, 如幂法计算概率转移矩阵 (随机矩阵) 的次占优特征值并不总是有效. 幸运的是, 马尔可夫链的收敛性、收敛速度及平稳分布等问题的研究往往并不需要精确计算其概率转移矩阵的特征值, 正如上述 (1)、(2)、(3) 所述, 只需对次占优特征值的模进行估计或次占优特征值 (非 1 特征值) 的位置进行定位即可.

当直接应用 Geršgorin 圆盘定理定位随机矩阵的特征值时, 特征值 1 也落在圆盘区域上. 这导致我们关心的次占优特征值 (非 1 特征值) 的位置难以精确定位. 因此, 需要修正 Geršgorin 圆盘区域, 以期得到随机矩阵的次占优特征值 (非 1 特征值) 的较精确的定位区域. 下面, 介绍 2011 年 L. Cvetković, V. Kostić 和 J. M. Peña 给出的结果. 为此, 先给出如下引理.

引理 4.13　(I) 设矩阵 $A = [a_{ij}] \in \mathbb{R}^{n \times n}$ 满足 $A^\top \mathbf{e} = \lambda \mathbf{e}$, 其中 $\mathbf{e} = [1, \cdots, 1]^\top, \lambda \in \mathbb{R}$. 若 $\mu \in \sigma(A) \backslash \{\lambda\}$, 则 $\mu \in \sigma(C)$, 其中

$$C := A - \mathrm{diag}(d_1, \cdots, d_n)(\mathbf{e}\mathbf{e}^\top)$$

和 $\mathbf{d} = [d_1, d_2, \cdots, d_n]^\top \in \mathbb{R}^n$.

(II) 设矩阵 $A = [a_{ij}] \in \mathbb{R}^{n \times n}$ 满足 $A\mathbf{e} = \lambda \mathbf{e}, \lambda \in \mathbb{R}$. 若 $\mu \in \sigma(A) \backslash \{\lambda\}$, 则 $\mu \in \sigma(B)$, 其中

$$B := A^\top - \mathrm{diag}(d_1, \cdots, d_n)(\mathbf{e}\mathbf{e}^\top)$$

和 $\mathbf{d} = [d_1, d_2, \cdots, d_n]^\top \in \mathbb{R}^n$.

证明 只需证明 (I), (II) 可类似证得. 设 μ 为 A 的特征值, 且 $\mu \neq \lambda$, $\mathbf{x}$ 为 A 的对应于 μ 的特征向量. 则

$$\mu(\mathbf{x}^\top \mathbf{e}) = (A\mathbf{x})^\top \mathbf{e} = \mathbf{x}^\top A^\top \mathbf{e} = \lambda(\mathbf{x}^\top \mathbf{e}),$$

这意味着 $\mathbf{x}^\top \mathbf{e} = \mathbf{0} = \mathbf{e}^\top \mathbf{x}$. 因此 $C\mathbf{x} = \mu\mathbf{x}$. □

在引理 4.13 中, 分别通过对矩阵 A 减去修正矩阵 $\mathrm{diag}(d_1, \cdots, d_n)(\mathbf{e}\mathbf{e}^\top)$ 使得矩阵 B 和 C 满足

$$\sigma(A) \backslash \{\lambda\} \subseteq \sigma(B), \quad \sigma(A) \backslash \{\lambda\} \subseteq \sigma(C).$$

因此称矩阵 B 和 C 为 A 的修正矩阵, d_i 为修正因子. 显然, 当 A 为随机矩阵时, 取引理 4.13 中 $\lambda = 1$, 再应用 Geršgorin 圆盘定理于矩阵 B 或 C 可得如下结果.

引理 4.14 设矩阵 $A = [a_{ij}] \in \mathbb{R}^{n \times n}$ 为随机矩阵,

$$s_i := \min_{\substack{j \neq i \\ j \in N}} a_{ji},$$

且对任意的 $i \in N$, $a_{ii} \geqslant s_i$. 则对任意的 $\lambda \in \sigma(A) \backslash \{1\}$,

$$|\lambda - \gamma(A)| \leqslant 1 - \mathrm{trace}(A) + (n-1)\gamma(A), \tag{4.10}$$

其中 $\gamma(A) = \max_{i \in N} \{a_{ii} - s_i\}$, $\mathrm{trace}(A) = \sum_{i \in N} a_{ii}$ 为 A 的迹.

证明 取修正因子

$$d_i = a_{ii} - \gamma(A), \quad i \in N.$$

考虑引理 4.13 中的矩阵 B, 通过计算得

$$c_i(B) = r_i(A) - \sum_{\substack{k \neq i \\ k \in N}} d_k.$$

注意到, 对任意的 $i, j \in N$, $j \neq i$,

$$b_{ij} = a_{ji} - d_i = a_{ji} - a_{ii} + \gamma(A) \geqslant s_i - a_{ii} + \gamma(A) = \gamma(A) - (a_{ii} - s_i) \geqslant 0,$$

且对任意的 $i \in N$,

$$c_i(B) = r_i(A) - \sum_{\substack{k \neq i \\ k \in N}} d_k$$

$$= 1 - a_{ii} - \sum_{k \in N} d_k + d_i$$

$$= 1 - \gamma(A) - \sum_{k \in N} (a_{kk} - \gamma(A))$$

$$= 1 - \text{trace}(A) + (n-1)\gamma(A).$$

进一步, 对任意的 $i \in N$,

$$b_{ii} = a_{ii} - d_i = \gamma(A).$$

因此, 应用 Geršgorin 圆盘于矩阵 $B^\top$ 得, 其所有特征值都落在以 $\gamma(A)$ 为圆心, 以 $1 - \text{trace}(A) + (n-1)\gamma(A)$ 为半径的圆盘上. □

去掉引理 4.14 中的条件 "对任意的 $i \in N$, $a_{ii} \geqslant s_i$", 对一般的随机矩阵, 上述结果仍然成立, 即有如下定理.

定理 4.15　设矩阵 $A = [a_{ij}] \in \mathbb{R}^{n \times n}$ 为随机矩阵. 则对任意的 $\lambda \in \sigma(A) \backslash \{1\}$, (4.10) 式成立.

证明　只需证明在存在 $i \in N$ 使得 $a_{ii} < s_i$ 的情况下, (4.10) 式成立即可. 令

$$\delta = -\min_{i \in N}(a_{ii} - s_i),$$

则 $\delta > 0$. 再令

$$F = \frac{1}{1+\delta}(A + \delta I) = [f_{ij}], \quad s_i(F) = \min_{\substack{j \neq i, \\ j \in N}} f_{ji}$$

显然, F 仍为随机矩阵. 因为对任意的 $i \in N$,

$$f_{ii} = \frac{a_{ii} + \delta}{1 + \delta} \geqslant \frac{a_{ii} - (a_{ii} - s_i)}{1 + \delta} = \frac{s_i}{1 + \delta} = s_i(F),$$

故矩阵 F 满足引理 4.14 中的条件. 进一步, 若 $\lambda \in \sigma(A)$, 则

$$\lambda(F) := \frac{\lambda + \delta}{1 + \delta} \in \sigma(F).$$

因此,

$$|\lambda(F) - \gamma(F)| \leqslant 1 - \text{trace}(F) + (n-1)\gamma(F), \tag{4.11}$$

而

$$\gamma(F) := \max_{i \in N}(f_{ii} - s_i(F)) = \max_{i \in N}\left(\frac{a_{ii} + \delta}{1 + \delta} - \frac{s_i}{1 + \delta}\right)$$

$$= \frac{\delta}{1+\delta} + \frac{1}{1+\delta} \max_{i \in N}(a_{ii} - s_i)$$

$$= \frac{\delta + \gamma(A)}{1+\delta}.$$

故 (4.11) 式可写为

$$\left| \frac{\lambda+\delta}{1+\delta} - \frac{\delta+\gamma(A)}{1+\delta} \right| \leqslant 1 - \frac{\text{trace}(A) + n\delta}{1+\delta} + (n-1)\frac{\delta+\gamma(A)}{1+\delta},$$

等价地,

$$|\lambda - \gamma(A)| \leqslant 1 - \text{trace}(A) + (n-1)\gamma(A). \qquad \square$$

例 4.2.1 考虑随机矩阵

$$A = \begin{bmatrix} \dfrac{1}{n} & \cdots & \dfrac{1}{n} \\ \vdots & & \vdots \\ \dfrac{1}{n} & \cdots & \dfrac{1}{n} \end{bmatrix} \in \mathbb{R}^{n \times n}. \tag{4.12}$$

显然, $\gamma(A) = 0$. 由 Geršgorin 圆盘定理得

$$\sigma(A) = \{0,\ 1\} \subseteq \Gamma(A) = \left\{ z \in \mathbb{C} : \left| z - \frac{1}{n} \right| \leqslant \frac{n-1}{n} \right\}.$$

而由定理 4.15 得非 1 特征值 λ 满足 $|\lambda| \leqslant 0$, 从而 $|\lambda| = 0$. 定理 4.15 精确定位了 A 的非 1 特征值 0.

例 4.2.2 考虑随机矩阵

$$A = \begin{bmatrix} 0.27 & 0.18 & 0.18 & 0.10 & 0.27 \\ 0.20 & 0.40 & 0.20 & 0 & 0.20 \\ 0.11 & 0.22 & 0.22 & 0.34 & 0.11 \\ 0.06 & 0.25 & 0.31 & 0.19 & 0.19 \\ 0.08 & 0.17 & 0 & 0.42 & 0.33 \end{bmatrix} \in \mathbb{R}^{5 \times 5}. \tag{4.13}$$

经过计算, $\gamma(A) = 0.23$ 且

$$1 - \text{trace}(A) + (n-1)\gamma(A) = 0.51.$$

于是, 由定理 4.15 得随机矩阵 A 的所有非 1 特征值均位于以 0.23 为圆心、0.51 为半径的圆盘上, 见图 4.1, 其中 * 表示矩阵 A 的特征值.

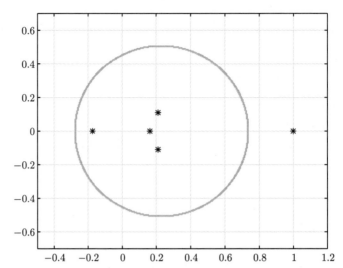

图 4.1　随机矩阵 A 的特征值和定理 4.15 确定的非 1 特征值的定位集

然而, 使用定理 4.15 定位非 1 特征值并不总是有效的. 考虑如下矩阵类:

$$SM_0 = \{A \in \mathbb{R}^{n \times n} : \ A \ \text{为随机矩阵} \ a_{ii} = s_i = 0, \ i \in N\}.$$

对任意的矩阵 $A \in SM_0$ 有 $\text{trace}(A) = 0$ 且 $\gamma(A) = 0$. 此时, 应用定理 4.15 得 A 的非 1 特征值 $|\lambda| < 1$, 而这是显然的. 因此, 如何克服此不足是我们需要思考的问题. 观察引理 4.13 中矩阵 B 和 C 及修正因子 d_i 的选择, 其主要原因是 s_i 过小 (特别是等于 0) 导致 "修正" 的作用变弱. 为此, 考虑取其他修正因子, 例如, 将修正因子中的 s_i 换为

$$S_i := \max_{\substack{j \neq i, \\ j \in N}} a_{ji}.$$

类似于引理 4.13, 容易证明如下引理.

引理 4.16　(I) 设矩阵 $A = [a_{ij}] \in \mathbb{R}^{n \times n}$, $A^\top \mathbf{e} = \lambda \mathbf{e}, \lambda \in \mathbb{R}$. 若 $\mu \in \sigma(A) \backslash \{\lambda\}$, 则 $-\mu \in \sigma(C)$, 其中

$$C := \text{diag}(d_1, \cdots, d_n)(\mathbf{e}\mathbf{e}^\top) - A$$

和 $\mathbf{d} = [d_1, d_2, \cdots, d_n]^\top \in \mathbb{R}^n$.

(II) 设矩阵 $A = [a_{ij}] \in \mathbb{R}^{n \times n}$, $A\mathbf{e} = \lambda \mathbf{e}, \lambda \in \mathbb{R}$. 若 $\mu \in \sigma(A) \backslash \{\lambda\}$, 则 $-\mu \in \sigma(B)$, 其中

$$B := \text{diag}(d_1, \cdots, d_n)(\mathbf{e}\mathbf{e}^\top - A^\top)$$

和 $\mathbf{d} = [d_1, d_2, \cdots, d_n]^\top \in \mathbb{R}^n$.

由引理 4.16 得随机矩阵的非 1 特征值的如下定位区域.

定理 4.17 设矩阵 $A = [a_{ij}] \in \mathbb{R}^{n \times n}$ 为随机矩阵, 且

$$\tilde{\gamma}(A) := \max_{i \in N}(S_i - a_{ii}).$$

则对任意的 $\lambda \in \sigma(A) \backslash \{1\}$,

$$|\lambda + \tilde{\gamma}(A)| \leqslant \mathrm{trace}(A) + (n-1)\tilde{\gamma}(A) - 1. \tag{4.14}$$

定理 4.17 的证明类似于定理 4.15, 感兴趣的读者可自证之, 或参阅文献 [259].

例 4.2.3 考虑随机矩阵

$$A = \begin{bmatrix} 0.0781 & 0.1563 & 0.1406 & 0.5156 & 0.1094 \\ 0.0833 & 0.1302 & 0.1250 & 0.5208 & 0.1407 \\ 0.0730 & 0.2187 & 0.1146 & 0.4062 & 0.1875 \\ 0 & 0 & 0 & 1 & 0 \\ 0.0625 & 0.1458 & 0.1458 & 0.5625 & 0.0834 \end{bmatrix}. \tag{4.15}$$

由定理 4.15 得, 对任意的 $\lambda \in \sigma(A) \backslash \{1\}$,

$$|\lambda - 0.5938| \leqslant 1.9689. \tag{4.16}$$

由定理 4.17 得, 对任意的 $\lambda \in \sigma(A) \backslash \{1\}$,

$$|\lambda + 0.1041| \leqslant 0.8227. \tag{4.17}$$

由 (4.16) 式与 (4.17) 式容易看出定理 4.17 比定理 4.15 更有效地定位了 A 的非 1 特征值, 见图 4.2, 其中 $*$ 表示矩阵 A 的特征值, 外部绿色实线为 (4.16) 式确定的圆盘的边, 内部蓝色区域为 (4.17) 式确定的圆盘.

通过定理 4.15 和定理 4.17 还可得到非 1 特征值的其他结果.

推论 4.18 设矩阵 $A = [a_{ij}] \in \mathbb{R}^{n \times n}$ 为随机矩阵, $\lambda_i \in \sigma(A)$, $i \in N$ 且 $\lambda_1 = 1$. 则

(1) $-\max\limits_{i \in N}(S_i - a_{ii}) \leqslant \dfrac{\lambda_2 + \cdots + \lambda_n}{n-1} \leqslant \max\limits_{i \in N}(a_{ii} - s_i);$

(2) 若对任意的 $i \in N$, $a_{ii} = s_i$, 则 $\dfrac{\lambda_2 + \cdots + \lambda_n}{n-1} \leqslant 0;$

(3) 若对任意的 $i \in N$, $a_{ii} = S_i$, 则 $\dfrac{\lambda_2 + \cdots + \lambda_n}{n-1} \geqslant 0.$

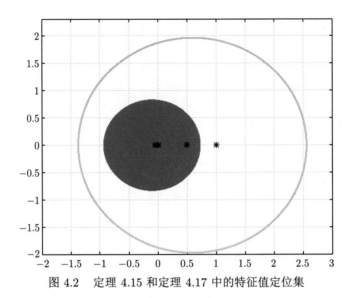

图 4.2　定理 4.15 和定理 4.17 中的特征值定位集

证明　(1) 由定理 4.15 知,

$$0 \leqslant 1 - \text{trace}(A) + (n-1)\gamma(A) = 1 - \text{trace}(A) + (n-1)\max_{i \in N}(a_{ii} - s_i).$$

因此, 有

$$\max_{i \in N}(a_{ii} - s_i) \geqslant \frac{\text{trace}(A) - 1}{n-1} = \frac{\lambda_2 + \cdots + \lambda_n}{n-1}.$$

相似地, 由定理 4.17 得

$$-\max_{i \in N}(S_i - a_{ii}) \leqslant \frac{\lambda_2 + \cdots + \lambda_n}{n-1}.$$

(2) 因为对任意的 $i \in N$, $a_{ii} - s_i = 0$, 再由 (1) 得 $\dfrac{\lambda_2 + \cdots + \lambda_n}{n-1} \leqslant 0$.

(3) 因为对任意的 $i \in N$, $a_{ii} - S_i = 0$, 再由 (1) 得 $\dfrac{\lambda_2 + \cdots + \lambda_n}{n-1} \geqslant 0$.　　□

随机矩阵还有一个重要的性质, 即随机矩阵的任意幂仍为随机矩阵. 应用这一性质及上述两个非 1 特征值定位区域可以得到随机矩阵非 1 特征值的更好的定位区域.

定理 4.19　设矩阵 $A = [a_{ij}] \in \mathbb{R}^{n \times n}$ 为正随机矩阵, 记

$$\gamma_m := \gamma(A^m), \quad \tilde{\gamma}_m := \tilde{\gamma}(A^m)$$

和

$$r_m(A) := 1 - \text{trace}(A^m) + (n-1)\gamma_m, \quad \tilde{r}_m(A) := \text{trace}(A^m) + (n-1)\tilde{\gamma}_m - 1,$$

其中 m 为正整数. 则

(1) $\lim\limits_{m\to\infty} \gamma_m = 0$, 且 $\lim\limits_{m\to\infty} r_m(A) = 0$;

(2) $\lim\limits_{m\to\infty} \tilde{\gamma}_m = 0$, 且 $\lim\limits_{m\to\infty} \tilde{r}_m(A) = 0$.

证明 只需证明 (1), (2) 可类似证得. 由正矩阵的 Perron-Frobenius 性质知, 1 为 A 的单的、代数重数为 1 的特征值, 因此 $\{A^m\}_{m=1}^{\infty}$ 收敛. 应用定理 4.15 到随机矩阵 A^m 得

$$|\lambda^m - \gamma_m| \leqslant 1 - \text{trace}(A^m) + (n-1)\gamma_m.$$

记 $A^{\infty} = \lim\limits_{m\to\infty} A^m = [\alpha_{ij}]$, 则其特征值为 1 和 0 ($n-1$ 重), 故 A^{∞} 的秩为 1. 因此, 存在 $c_i \in \mathbb{R}$ 使得

$$\alpha_{ik} = c_i\alpha_{1k}, \quad i = 2, 3, \cdots, n, \ k = 1, 2, \cdots, n.$$

注意到 A^m 仍为随机矩阵, 故

$$\sum_{k\in N} \alpha_{1k} = 1, \quad c_i = 1, i = 2, 3, \cdots, n.$$

因此, A^{∞} 的每一列的元素都是相同的, 从而 $\lim\limits_{m\to\infty} \tilde{\gamma}_m = 0$. 进一步, 因为 A^{∞} 的迹 $\text{trace}(A^{\infty}) = 1 = \sum\limits_{k\in N} \alpha_{1k}$, 所以

$$\lim_{m\to\infty} (1 - \text{trace}(A^m) + (n-1)\gamma_m) = 1 - 1 + (n-1)\cdot 0 = 0. \qquad \square$$

注 由定理 4.19 的证明知, 定理 4.19 中的 A 不必一定为正随机矩阵, 只要随机矩阵 A 的特征值 1 为单的、代数重数为 1, 则定理 4.19 结论仍然成立.

应用定理 4.19, 可估计随机矩阵次占优特征值或谱隙. 令

$$v_m(A) := 1 - (r_m(A) + |\gamma_m|)^{\frac{1}{m}}, \quad \tilde{v}_m(A) := 1 - (\tilde{r}_m(A) + |\tilde{\gamma}_m|)^{\frac{1}{m}}.$$

由定理 4.15、定理 4.17 及定理 4.19 得

$$|\lambda_2(A)| \leqslant v_m(A), \quad |\lambda_2(A)| \leqslant \tilde{v}_m(A).$$

因此,

$$|\lambda_2(A)| \leqslant \min\{v_m(A), \tilde{v}_m(A)\}. \tag{4.18}$$

进一步, 令

$$d_m(A) = 1 - \min\{v_m(A), \tilde{v}_m(A)\}.$$

则 $d_m(A)$ 可作为随机矩阵 A 的次占优特征值到特征值 1 的距离, 即谱隙的近似. 考虑例 4.2.2 中随机矩阵 A, 其值 $r_m(A)$, γ_m, $\tilde{r}_m(A)$, $\tilde{\gamma}_m$ 及 $d_m(A)$ 如表 4.1 所示. 显然, 对于此随机矩阵 A, m 越大, 谱隙的近似 $d_m(A)$ 越大.

表 4.1　当 $m = 2^t$, $t = 0, 1, 2$ 时, $d_m(A)$ 的值

m	$\gamma_m(A)$	$\tilde{\gamma}_m(A)$	$r_m(A)$	$\tilde{r}_m(A)$	$d_m(A)$
1	0.2300	0.2300	0.5100	1.3300	0.2600
2	0.0624	0.0157	0.1301	0.1823	0.5613
4	0.0038	0.0027	0.0159	0.0100	0.6642

注意到引理 4.13 和引理 4.16 中的修正因子 d_i, $i \in N$ 可以选择任意的实数, 再结合 s_i 与 S_i 及加权的思想, 可取修正因子

$$d_i = \alpha_i S_i + (1 - \alpha_i) s_i, \quad i \in N, \ \alpha_i \in [0, 1], \tag{4.19}$$

进一步修正随机矩阵 A 的次占优特征值的定位.

定理 4.20　设矩阵 $A = [a_{ij}] \in \mathbb{R}^{n \times n}$ 为随机矩阵, $\alpha = [\alpha_1, \cdots, \alpha_n]^\top$, 其中 $\alpha_i \in [0, 1]$, $i \in N$. 则对任意的 $\lambda \in \sigma(A) \backslash \{1\}$,

$$\lambda \in \Gamma^\alpha(A) := \bigcup_{i \in N} \Gamma_i^{\alpha_i}(A), \tag{4.20}$$

其中

$$\Gamma_i^{\alpha_i}(A) = \left\{ z \in \mathbb{C} : |\alpha_i S_i + (1 - \alpha_i) s_i - a_{ii} + z| \right.$$

$$\left. \leqslant C_i^{\alpha_i}(A) := \sum_{\substack{j \neq i, \\ j \in N}} |\alpha_i S_i + (1 - \alpha_i) s_i - a_{ji}| \right\}.$$

进一步,

$$\lambda \in \bigcap_{\substack{\alpha_i \in [0,1], \\ i \in N}} \Gamma^\alpha(A). \tag{4.21}$$

证明　取修正因子 $d_i = \alpha_i S_i + (1 - \alpha_i) s_i$, $i \in N$, 记

$$B^\alpha = \mathrm{diag}(d_1, \cdots, d_n) \mathbf{e} \mathbf{e}^\top - A^\top = [b_{ij}^\alpha].$$

应用 Geršgorin 圆盘定理于矩阵 B^α 得, 对任意的 $\tilde{\lambda} \in \sigma(B^\alpha)$,

$$\tilde{\lambda} \in \bigcup_{i \in N} \{ z \in \mathbb{C} : |b_{ii}^\alpha - z| \leqslant C_i(B^\alpha) \}.$$

由引理 4.16 知,

$$-\lambda \in \bigcup_{i \in N} \left\{ z \in \mathbb{C} : |b_{ii}^{\alpha} - z| \leqslant C_i(B^{\alpha}) \right\}.$$

注意到, 对任意的 $i \in N$,

$$b_{ii}^{\alpha} = \alpha_i S_i + (1 - \alpha_i) s_i - a_{ii}$$

且

$$C_i(B^{\alpha}) = C_i^{\alpha_i}(A).$$

因此,

$$\lambda \in \Gamma_i^{\alpha_i}(A) \subseteq \Gamma^{\alpha}(A).$$

进一步, 因为对任意的 $\alpha_i \in [0,1]$, $i \in N$, (4.20) 式都成立, 故 (4.21) 式成立. $\qquad \square$

注 由于 α_i 的任意性, 导致定理 4.20 中的 $\Gamma^{\alpha}(A)$ 难以求得. 在使用时, 往往选 α_i 的一些特殊的值, 得到一些易求的 $\Gamma^{\alpha}(A)$. 例如,

• 取 $\alpha_i = 0$, $i \in N$ 时, 定理 4.20 的非 1 特征值定位集 $\Gamma^{\alpha}(A)$ 退化为定理 4.15 所给集合

$$\Gamma^0(A) := \bigcup_{i \in N} \Gamma_i^0(A);$$

• 取 $\alpha_i = 1$, $i \in N$ 时, 定理 4.20 的非 1 特征值定位集 $\Gamma^{\alpha}(A)$ 退化为定理 4.17 所给集合

$$\Gamma^1(A) := \bigcup_{i \in N} \Gamma_i^1(A).$$

例 4.2.4 考虑由 MATLAB 代码

$$k = 10; \quad A = \text{rand}(k, k); \quad A = \text{inv}(\text{diag}(\text{sum}(A'))) * A$$

生成的前 50 个随机矩阵及由 MATLAB 代码

$$\text{alpha} = \text{rand}(1, k)$$

生成的 $\alpha_i \in [0,1], i = 1, 2, \cdots, 10.$ 令

$$\Gamma = \Gamma^0(A) \bigcap \Gamma^1(A).$$

由表 4.2 知, 选取适当的 α 可使随机矩阵的非 1 特征值定位集 $\Gamma^\alpha(A)$ 含于集合 Γ 之内. 进一步, 观察到第三个随机矩阵的特征值 1 仍然落在区域 $\Gamma^\alpha(A)$, 即修正作用失效, 见图 4.3, 其中 $*$ 表示矩阵 A 的特征值, 偏右绿色区域为定位集 Γ, 偏左红色区域为定位集 $\Gamma^\alpha(A)$. 针对此, 只需多选几个 α 再取交就可以达到修正的目的. 例如选取由代码 alpha $=$ rand$(1,k)$ 生成的前三个 α,

$$\alpha^{(1)} = [0.8147, 0.9058, 0.1270, 0.9134, 0.6324, 0.0975, 0.2785, 0.5469, 0.9575, 0.9649],$$

$$\alpha^{(2)} = [0.1576, 0.9706, 0.9572, 0.4854, 0.8003, 0.1419, 0.4218, 0.9157, 0.7922, 0.9595]$$

及

$$\alpha^{(3)} = [0.6557, 0.0357, 0.8491, 0.9340, 0.6787, 0.7577, 0.7431, 0.3922, 0.6555, 0.1712],$$

则对任意的 $\lambda \in \sigma(A) \backslash \{1\}$,

$$\lambda \in \Gamma^{\alpha^{(1)}}(A) \bigcap \Gamma^{\alpha^{(2)}}(A) \bigcap \Gamma^{\alpha^{(3)}}(A),$$

如图 4.4 所示, 其中 $*$ 表示矩阵 A 的特征值, 外部区域为定位集 Γ, 内部区域为定位集 $\Gamma^{\alpha^{(1)}}(A) \bigcap \Gamma^{\alpha^{(2)}}(A) \bigcap \Gamma^{\alpha^{(3)}}(A)$.

表 4.2　不同 α_i 对应的非 1 特征值定位集 $\Gamma^\alpha(A)$ 与 Γ 的关系

	$1 \in \Gamma^\alpha(A)$	$1 \notin \Gamma$	$\Gamma^\alpha(A) \nsubseteq \Gamma, \Gamma \nsubseteq \Gamma^\alpha(A)$	$\Gamma^\alpha(A) \subset \Gamma$
个数	8	2	4	46
第 i 发生	3, 4, 7, 14, 38, 39, 40, 42	25, 31	3, 7, 11, 35	其他

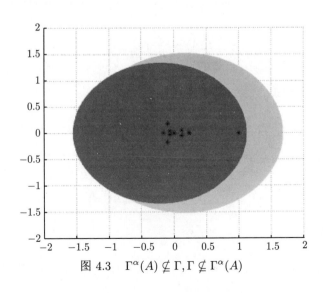

图 4.3　$\Gamma^\alpha(A) \nsubseteq \Gamma, \Gamma \nsubseteq \Gamma^\alpha(A)$

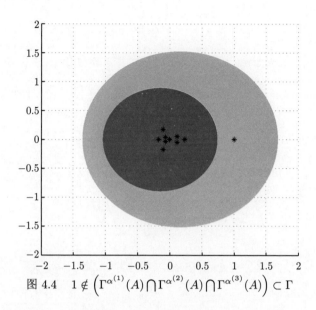

图 4.4 $1 \notin \left(\Gamma^{\alpha^{(1)}}(A) \bigcap \Gamma^{\alpha^{(2)}}(A) \bigcap \Gamma^{\alpha^{(3)}}(A) \right) \subset \Gamma$

同样地, 由定理 4.20 可直接获得判断随机矩阵非奇异的充分条件.

推论 4.21 设矩阵 $A = [a_{ij}] \in \mathbb{R}^{n \times n}$ 为随机矩阵. 若存在 $\alpha_i \in [0,1]$, $i \in N$ 使得

$$|\alpha_i S_i + (1 - \alpha_i)s_i - a_{ii}| > C_i^{\alpha_i}(A), \quad i \in N,$$

则 A 为非奇异矩阵.

定理 4.20 中的区域

$$\bigcap_{\substack{\alpha_i \in [0,1], \\ i \in N}} \Gamma^{\alpha}(A)$$

难以应用, 因此可考虑其不含 α_i 的等价形式, 但这似乎是很难的.

下面, 转换思路, 估计随机矩阵特征值的模. 由定理 4.20 所获区域可给出如下随机矩阵次占优特征值的模估计.

定理 4.22 设矩阵 $A = [a_{ij}] \in \mathbb{R}^{n \times n}$ 为随机矩阵. 则对任意的 $\lambda \in \sigma(A) \backslash \{1\}$,

$$|\lambda| \leqslant \rho^{[0,1]}, \tag{4.22}$$

其中 $\rho^{[0,1]} = \max\limits_{i \in N} \min\limits_{\alpha_i \in [0,1]} \left\{ \sum\limits_{j \in N} |\alpha_i S_i + (1 - \alpha_i)s_i - a_{ji}| \right\}$.

证明 设

$$f_i(\alpha_i) = \sum_{j \in N} |\alpha_i S_i + (1 - \alpha_i)s_i - a_{ji}|$$

$$= C_i^{\alpha_i}(A) + |\alpha_i S_i + (1-\alpha_i)s_i - a_{ii}|, \quad \alpha_i \in [0,1], \ i \in N.$$

因此, 每个 $f_i(\alpha_i)$ 是关于 $\alpha_i \in [0,1]$ 的连续函数, 故存在 $\tilde{\alpha}_i \in [0,1]$, $i \in N$ 使得

$$f_i(\tilde{\alpha}_i) = \min_{\alpha_i \in [0,1]} \left\{ C_i^{\alpha_i}(A) + |\alpha_i S_i + (1-\alpha_i)s_i - a_{ii}| \right\}, \quad i \in N. \tag{4.23}$$

再由定理 4.20 得

$$\lambda \in \bigcup_{i \in N} \Gamma_i^{\tilde{\alpha}_i}(A),$$

故存在 $i_0 \in N$ 使得

$$|\tilde{\alpha}_{i_0} S_{i_0} + (1-\tilde{\alpha}_{i_0})s_{i_0} - a_{i_0 i_0} + \lambda| \leqslant C_{i_0}^{\tilde{\alpha}_{i_0}}(A),$$

于是

$$|\lambda| \leqslant C_{i_0}^{\tilde{\alpha}_{i_0}}(A) + |\tilde{\alpha}_{i_0} S_{i_0} + (1-\tilde{\alpha}_{i_0})s_{i_0} - a_{i_0 i_0}|.$$

再由 (4.23) 得

$$|\lambda| \leqslant \min_{\alpha_{i_0} \in [0,1]} \left\{ C_{i_0}^{\alpha_{i_0}}(A) + |\alpha_{i_0} S_{i_0} + (1-\alpha_{i_0})s_{i_0} - a_{i_0 i_0}| \right\}.$$

因此,

$$|\lambda| \leqslant \max_{i \in N} \min_{\alpha_i \in [0,1]} \left\{ C_i^{\alpha_i}(A) + |\alpha_i S_i + (1-\alpha_i)s_i - a_{ii}| \right\}$$

$$= \max_{i \in N} \min_{\alpha_i \in [0,1]} \left\{ \sum_{j=1}^{n} |\alpha_i S_i + (1-\alpha_i)s_i - a_{ji}| \right\}$$

$$= \rho^{[0,1]}. \qquad \qquad \square$$

特别地, 分别取

(1) $\alpha_i = 0$, $i \in N$;

(2) $\alpha_i = 1$, $i \in N$;

(3) $\alpha_i = 0$, $i \in S_N^+(A)$, $\alpha_j = 1$, $j \in S_N^-(A)$,

其中

$$S_N^+(A) := \{i \in N : \eta_i(A) \geqslant 0\}, S_N^-(A) := \{i \in N : \eta_i(A) < 0\}$$

和 $\eta_i(A) = nS_i + (n-2)s_i - 2c_i(A)$, 可得如下随机矩阵次占优特征值的模估计结果.

推论 4.23　设矩阵 $A = [a_{ij}] \in \mathbb{R}^{n \times n}$ 为随机矩阵. 则对任意的 $\lambda \in \sigma(A) \backslash \{1\}$,

(1) $|\lambda| \leqslant \rho^{(0)} := \max_{i \in N} \{a_{ii} - (n-2)s_i + c_i(A)\}$;

(2) $|\lambda| \leqslant \rho^{(1)} := \max_{i \in N} \{a_{ii} + nS_i(A) - c_i(A)\}$;

(3) $|\lambda| \leqslant \rho^{\{0,1\}}$, 其中

$$\rho^{\{0,1\}} := \max\left\{ \max_{i \in S_N^+(A)} \{a_{ii} - (n-2)s_i + c_i(A)\}, \ \max_{i \in S_N^-(A)} \{a_{ii} + nS_i - c_i(A)\} \right\}.$$

证明 只需证明 (3), (1) 和 (2) 可类似证得. 注意到

$$
\begin{aligned}
&C_i^{\alpha_i}(A) + |\alpha_i S_i + (1-\alpha_i)s_i - a_{ii}| \\
&= \sum_{j \neq i} |\alpha_i S_i + (1-\alpha_i)s_i - (\alpha_i a_{ji} + (1-\alpha_i)a_{ji})| + |\alpha_i S_i + (1-\alpha_i)s_i - a_{ii}| \\
&\leqslant \alpha_i \sum_{j \neq i} |S_i - a_{ji}| + (1-\alpha_i) \sum_{j \neq i} |s_i - a_{ji}| + \alpha_i S_i + (1-\alpha_i)s_i + a_{ii} \\
&= (n-1)(\alpha_i S_i - (1-\alpha_i)s_i) + (1-2\alpha_i)c_i(A) + \alpha_i S_i + (1-\alpha_i)s_i + a_{ii} \\
&= a_{ii} - (n-2)s_i + c_i(A) + \alpha_i(nS_i + (n-2)s_i - 2c_i(A)) \\
&= a_{ii} - (n-2)s_i + c_i(A) + \alpha_i \eta_i(A).
\end{aligned}
$$

因此, 由定理 4.22 得

$$
\begin{aligned}
|\lambda| &\leqslant \max_{i \in N} \min_{\alpha_i \in [0,1]} \left\{ \sum_{j=1}^{n} |\alpha_i S_i + (1-\alpha_i)s_i - a_{ji}| \right\} \\
&= \max_{i \in N} \min_{\alpha_i \in [0,1]} \left\{ C_i^{\alpha_i}(A) + |\alpha_i S_i + (1-\alpha_i)s_i - a_{ii}| \right\} \\
&\leqslant \max_{i \in N} \min_{\alpha_i \in [0,1]} \left\{ a_{ii} - (n-2)s_i + c_i(A) + \alpha_i \eta_i(A) \right\} \\
&= \max\left\{ \max_{i \in S_N^+(A)} \min_{\alpha_i \in [0,1]} \{a_{ii} - (n-2)s_i + c_i(A) + \alpha_i \eta_i(A)\}, \right. \\
&\qquad\qquad \left. \max_{i \in S_N^-(A)} \min_{\alpha_i \in [0,1]} \{a_{ii} - (n-2)s_i + c_i(A) + \alpha_i \eta_i(A)\} \right\}. \quad (4.24)
\end{aligned}
$$

设

$$f(\alpha) = a_{ii} - (n-2)s_i + c_i(A) + \alpha \eta_i(A), \quad \alpha \in [0,1],$$

则当 $\eta_i(A) \geqslant 0$ 时, $f(\alpha)$ 在 $\alpha = 0$ 处取得最小值 $a_{ii} - (n-2)s_i + c_i(A)$; 当 $\eta_i(A) < 0$ 时, $f(\alpha)$ 在 $\alpha = 1$ 处取得最小值

$$a_{ii} - (n-2)s_i + c_i(A) + \eta_i(A) = a_{ii} + nS_i - c_i(A).$$

因此, (4.24) 式等价于

$$|\lambda| \leqslant \max \left\{ \max_{i \in S_N^+(A)} \{a_{ii} - (n-2)s_i + c_i(A)\}, \max_{i \in S_N^-(A)} \{a_{ii} + nS_i - c_i(A)\} \right\}. \quad \square$$

推论 4.23 中的界 $\rho^{(0)}$, $\rho^{(1)}$ 及 $\rho^{\{0,1\}}$ 有如下关系.

定理 4.24　设矩阵 $A = [a_{ij}] \in \mathbb{R}^{n \times n}$ 为随机矩阵. 则对任意的 $\lambda \in \sigma(A) \backslash \{1\}$,

$$|\lambda| \leqslant \rho^{\{0,1\}} \leqslant \min\{\rho^{(0)}, \ \rho^{(1)}\}.$$

证明　由 (4.24) 式知

$$\rho^{\{0,1\}} = \max \left\{ \max_{i \in S_N^+(A)} \min_{\alpha_i \in [0,1]} \{a_{ii} - (n-2)s_i + c_i(A) + \alpha_i \eta_i(A)\}, \right.$$

$$\left. \max_{i \in S_N^-(A)} \min_{\alpha_i \in [0,1]} \{a_{ii} - (n-2)s_i + c_i(A) + \alpha_i \eta_i(A)\} \right\}.$$

设

$$f(\alpha) = a_{ii} - (n-2)s_i + c_i(A) + \alpha \eta_i(A), \quad \alpha \in [0,1].$$

当 $\eta_i(A) \geqslant 0$ 时, $f(\alpha)$ 为关于 α 的递增函数; 当 $\eta_i(A) < 0$ 时, $f(\alpha)$ 为关于 α 的单调递减函数.

情况 (I): $S_i = \max\limits_{\substack{j \neq i, \\ j \in N}} a_{ji} > s_i = \min\limits_{\substack{j \neq i, \\ j \in N}} a_{ji}$, $i \in N$. 注意到

$$f(0) = a_{ii} - (n-2)s_i + c_i(A), \quad f(1) = a_{ii} + nS_i - c_i(A).$$

因为 $f(\alpha)$ 为递增函数, 故

$$\max_{i \in S_N^+(A)} \{a_{ii} - (n-2)s_i + c_i(A)\}$$

$$= \max_{i \in S_N^+(A)} \min_{\alpha_i \in [0,1]} \{a_{ii} - (n-2)s_i + c_i(A) + \alpha_i \eta_i(A)\}$$

$$\leqslant \max_{i \in S_N^+(A)} \{a_{ii} - (n-2)s_i + c_i(A) + \eta_i(A)\}$$

$$= \max_{i \in S_N^+(A)} \{a_{ii} + nS_i - c_i(A)\},$$

即

$$\rho^{\{0,1\}} \leqslant \max_{i \in N} \{a_{ii} + nS_i - c_i\} = \rho^{(1)}.$$

类似可得, $\rho^{\{0,1\}} \leqslant \max_{i \in N} \{a_{ii} - (n-2)s_i + c_i(A)\} = \rho^{(0)}$.

情况 (II): 至少某个 $i \in N$ 使得 $s_i = S_i$. 因此, $\eta_i(A) = 0$ 且

$$a_{ii} + nS_i - c_i(A) = a_{ii} - (n-2)s_i + c_i(A).$$

类似情况 (I) 的证明, 易得

$$\rho^{\{0,1\}} \leqslant \rho^{(0)}, \quad \rho^{\{0,1\}} \leqslant \rho^{(1)}. \qquad \square$$

定理 4.24 启示我们应用推论 4.23 和定理 4.24 估计次占优特征值的模时, 选择 α_i 全为 0, 或全为 1, 没有选择

$$\alpha_i = 0, \quad i \in S_N^+(A), \quad \alpha_j = 1, \quad j \in S_N^-(A)$$

好. 这为定理 4.20 中特征值包含区域 $\Gamma^\alpha(A)$ 中参数 α 的选取提供一定的参考. 参数 α 的如此选取易得下面的随机矩阵非 1 特征值定位集.

定理 4.25 设矩阵 $A = [a_{ij}] \in \mathbb{R}^{n \times n}$ 为随机矩阵. 则对任意的 $\lambda \in \sigma(A) \backslash \{1\}$,

$$\lambda \in \Gamma^{\{0,1\}}(A) = \left(\bigcup_{i \in S_N^+(A)} \Gamma_i^s(A) \right) \bigcup \left(\bigcup_{i \in S_N^-(A)} \Gamma_i^S(A) \right),$$

其中

$$\Gamma_i^s(A) = \{z \in \mathbb{C} : |a_{ii} - z - s_i| \leqslant c_i(A) - (n-1)s_i\}$$

和

$$\Gamma_i^S(A) = \{z \in \mathbb{C} : |S_i - a_{ii} + z| \leqslant (n-1)S_i - c_i(A)\}.$$

例 4.2.5 考虑随机矩阵

$$A = \begin{bmatrix} 0.2656 & 0.0471 & 0.1452 & 0.0758 & 0.2199 & 0.2464 \\ 0.2634 & 0.3368 & 0.0475 & 0.1143 & 0.1354 & 0.1026 \\ 0.0591 & 0.2002 & 0.1831 & 0.1916 & 0.1814 & 0.1846 \\ 0.2699 & 0.2753 & 0.1655 & 0.1941 & 0.0788 & 0.0164 \\ 0.1443 & 0.0598 & 0.1205 & 0.2582 & 0.2840 & 0.1332 \\ 0.2355 & 0.1027 & 0.1399 & 0.2358 & 0.2111 & 0.0750 \end{bmatrix},$$

其中 $S_N^+(A) = \{2, 4, 6\}$, $S_N^-(A) = \{1, 3, 5\}$. $\Gamma^0(A)$, $\Gamma^1(A)$ 与 $\Gamma^{\{0,1\}}(A)$ 见图 4.5, 显然,

$$\Gamma^0(A) \nsubseteq \Gamma^1(A), \quad \Gamma^1(A) \nsubseteq \Gamma^0(A)$$

且

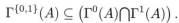

$$\Gamma^{\{0,1\}}(A) \subseteq \left(\Gamma^0(A) \bigcap \Gamma^1(A)\right).$$

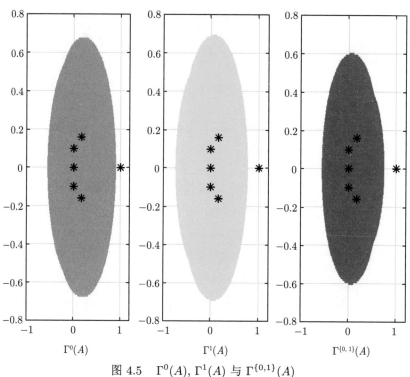

图 4.5　$\Gamma^0(A)$, $\Gamma^1(A)$ 与 $\Gamma^{\{0,1\}}(A)$

定理 4.25 启示我们以估计随机矩阵次占优特征值模的好坏为标准, 可选取适当的参数 α_i 对随机矩阵 A 进行修正. 因此, 在这个标准下能否找到最优的 α_i 是一个有意义的问题. 此外, (4.19) 式中的 $d_i \in [s_i,\ S_i]$, 但对区间 $[s_i,\ S_i]$ 外的 d_i 选取也是可以的. 因此, 探讨如何选取其他的 d_i 以得到随机矩阵非 1 特征值的更精确的定位集也是有意义的.

本小节基于 Geršgorin 圆盘定理, 结合修正、加权、求最优等方法与技巧给出了随机矩阵非 1 特征值的定位集及次占优特征值模的上界. 此外, 还有随机矩阵非 1 特征值的定位及次占优特征值模估计的许多结果, 可参阅文献 [10, 212–214, 263, 314, 444].

4.3　Toeplitz 矩阵特征值的定位

20 世纪初, 德国数学家特普利茨 (Otto Toeplitz) 提出了一类结构矩阵, 即主对角线上的各元素彼此相等, 平行于主对角线的各对角线上的元素也彼此相等的矩阵. 后人称其为 Toeplitz 矩阵. Toeplitz 矩阵在时间序列分析、图像恢复、自动控制、数字信号处理、系统辨识等方面有着广泛应用.

定义 4.3.1 设 $T = [t_{ij}] \in \mathbb{C}^{n \times n}$ 满足 $t_{ij} = t_{j-i}$, $i, j \in N$, 即 T 具有如下形式:

$$T = \begin{bmatrix} t_0 & t_1 & t_2 & \cdots & t_{n-1} \\ t_{-1} & t_0 & t_1 & \cdots & t_{n-2} \\ \vdots & \ddots & \ddots & \ddots & \vdots \\ t_{2-n} & \cdots & t_{-1} & t_0 & t_1 \\ t_{1-n} & \cdots & t_{-2} & t_{-1} & t_0 \end{bmatrix}, \tag{4.25}$$

则称 A 为 Toeplitz 矩阵.

由定义 4.3.1 直接可得 Toeplitz 矩阵 T 有如下三个性质:

(1) 具有不变的主对角线元素, 即 $t_{ii} = t_0$, $i \in N$;

(2) T 为次对称矩阵, 即 T 关于其次对角线对称, 其元素满足

$$t_{ij} = t_{n-j+1, n-i+1}, \quad i, j \in N;$$

(3) T^2 仍为次对称矩阵.

下面分别将 Geršgorin 圆盘定理与 Toeplitz 矩阵的性质 (1)、(2) 和 (3) 相结合, 讨论 3 类特殊矩阵的特征值定位问题:

(I) 具有不变的主对角线元素矩阵的 Geršgorin 圆盘定理. 设矩阵 $A = [a_{ij}] \in \mathbb{C}^{n \times n}$ 且 $a_{ii} = a$, $i \in N$. 直接应用 Geršgorin 圆盘定理得

$$\sigma(A) \subseteq \Gamma(A) = \{z \in \mathbb{C} : |z - a| \leqslant \max_{i \in N} r_i(A)\}, \tag{4.26}$$

即矩阵 A 所有特征值落在以 a 为圆心, 以 $\max_{i \in N} r_i(A)$ 为半径的圆盘内.

(II) 次对称矩阵的 Geršgorin 圆盘定理. 设矩阵 $A = [a_{ij}] \in \mathbb{C}^{n \times n}$ 且 $a_{ij} = a_{n-j+1, n-i+1}$, $i, j \in N$. 则

$$a_{ii} = a_{n-i+1, n-i+1}, \quad i \in N.$$

这意味着, 矩阵 A 至多有 $\left\lceil \dfrac{n}{2} \right\rceil$ 个不同的主对角元素, 其中 $\lceil \cdot \rceil$ 表示向上取整. 应用 Geršgorin 圆盘定理得

$$\sigma(A) \subseteq \Gamma(A) = \bigcup_{i=1}^{\lceil \frac{n}{2} \rceil} \{z \in \mathbb{C} : |z - a_{ii}| \leqslant \max_{i \in N} \{r_i(A), r_{n-i+1}(A)\}\},$$

即矩阵 A 所有特征值落在 $\left\lceil \dfrac{n}{2} \right\rceil$ 个圆盘的并集内.

注意到, 将 Geršgorin 圆盘定理与性质 (1) 和性质 (2) 相结合得到的同样为 (4.26) 式. 但这是不 "经济的", 因为多用了信息 "性质 (2)" 但却没有得到更好的结果.

(III) 具有不变的主对角线元素的次对称矩阵幂的 Geršgorin 圆盘定理. 首先考虑具有不变的主对角线元素矩阵幂的 Geršgorin 圆盘定理. 设矩阵 $A = [a_{ij}] \in \mathbb{C}^{n \times n}$ 且 $a_{ii} = a, i \in N$. 设 $\lambda \in \sigma(A)$ 且 $\mathbf{x}$ 为 A 的对应于 λ 的特征向量. 由 $A\mathbf{x} = \lambda\mathbf{x}$ 知, $A^2\mathbf{x} = \lambda^2\mathbf{x}$, 即 $\lambda^2 \in \sigma(A^2)$. 因此,

$$\lambda \in \Gamma^{\mathrm{Pow}}(A) := \bigcup_{i \in N} \left\{ z \in \mathbb{C} : \left| z^2 - (A^2)_{ii} \right| \leqslant r_i(A^2) \right\},$$

等价地,

$$\lambda \in \Gamma^{\mathrm{Pow}}(A) = \bigcup_{i \in N} \left\{ z \in \mathbb{C} : \left| z - \sqrt{(A^2)_{ii}} \right| \left| z + \sqrt{(A^2)_{ii}} \right| \leqslant r_i(A^2) \right\}. \quad (4.27)$$

$\Gamma^{\mathrm{Pow}}(A)$ 是以原点为中心的卵形区域. 然而, 这个区域忽视了主对角线元素相等的信息, 导致上述区域不能很好地定位矩阵 A 的特征值. 考虑矩阵

$$A = \begin{bmatrix} 4 & 0 & 1 & 2i \\ -i & 4 & 0 & 0 \\ 2 & -1 & 4 & i \\ 1 & 0 & 0 & 4 \end{bmatrix}, \quad (4.28)$$

其中 Geršgorin 区域 $\Gamma(A)$ 与 $\Gamma^{\mathrm{Pow}}(A)$ 如图 4.6 所示, 其中 $*$ 表示矩阵 A 的特征值, 蓝色区域为定位集 $\Gamma^{\mathrm{Pow}}(A)$, 绿色实线为 Geršgorin 区域 $\Gamma(A)$ 的边. 尽管 $\Gamma^{\mathrm{Pow}}(A)$ 用到了 A^2 的信息 (更多的信息), 但却没有 "好" 的效果. 究其原因是 $\Gamma^{\mathrm{Pow}}(A)$ "丢失" 了特征值在主对角元 4 附近的特点, 而使其往 -4 这一 "错误" 的方向延伸. 为了避免这个缺点, 分裂矩阵 $A = aI + A_0$, 其中 A_0 仍为具有不变主对角元的矩阵, 且

$$A_0 = A - aI.$$

由 $A\mathbf{x} = \lambda\mathbf{x}$ 知, $A_0\mathbf{x} = (\lambda - a)\mathbf{x}$ 且 $A_0^2\mathbf{x} = (\lambda - a)^2\mathbf{x}$. 类似于 (III) 可得

$$\lambda \in \Gamma^{\mathrm{ConD}}(A) = \bigcup_{i \in N} \left\{ z \in \mathbb{C} : \left| z - a - \sqrt{(A_0^2)_{ii}} \right| \left| z - a + \sqrt{(A_0^2)_{ii}} \right| \leqslant r_i(A_0^2) \right\}.$$

$$(4.29)$$

尽管 $\Gamma^{\mathrm{ConD}}(A)$ 的计算量多于 $\Gamma(A)$, 但却能更为精确地定位矩阵 A 的特征值.

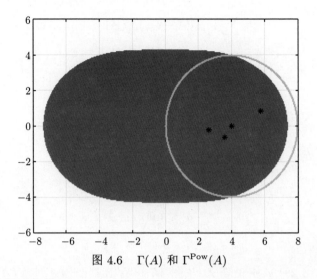

图 4.6 $\Gamma(A)$ 和 $\Gamma^{\mathrm{Pow}}(A)$

定理 4.26 设矩阵 $A = [a_{ij}] \in \mathbb{C}^{n \times n}$ 具有不变主对角元素 a, 即 $a_{ii} = a$, $i \in N$. 则

$$\sigma(A) \subseteq \Gamma^{\mathrm{ConD}}(A) \subseteq \Gamma(A),$$

其中 $\Gamma^{\mathrm{ConD}}(A)$ 定义如 (4.29) 式.

证明 令 $A_0 = A - \alpha I$, 其中 $I = [\delta_{ij}]$ 为单位矩阵. 由上述分析, 只需证明 $\Gamma^{\mathrm{ConD}}(A) \subseteq \Gamma(A)$.

设 $z \in \Gamma^{\mathrm{ConD}}(A)$, 则存在 $p \in N$ 使得

$$\left| (z-a)^2 - (A_0^2)_{pp} \right| \leqslant r_p(A_0^2).$$

于是

$$
\begin{aligned}
|z-a|^2 &\leqslant |(A_0^2)_{pp}| + r_p(A_0^2) \\
&= \sum_{j \in N} |(A_0^2)_{pj}| \\
&= \sum_{j \in N} \left| \sum_{k \in N} a_{pk}(1-\delta_{pk}) a_{kj}(1-\delta_{kj}) \right| \\
&\leqslant \sum_{j \in N} \sum_{k \in N} |a_{pk}|(1-\delta_{pk})|a_{kj}|(1-\delta_{kj}) \\
&= \sum_{k \in N} \left(|a_{pk}|(1-\delta_{pk}) \sum_{j \in N} a_{kj}(1-\delta_{kj}) \right)
\end{aligned}
$$

$$= \sum_{k \in N} |a_{pk}|(1 - \delta_{pk}) r_k(A)$$

$$\leqslant \sum_{k \in N} |a_{pk}|(1 - \delta_{pk}) \max_{\substack{k \in N, \\ k \neq p}} r_k(A)$$

$$= r_p(A) \max_{\substack{k \in N, \\ k \neq p}} r_k(A)$$

$$\leqslant \left(\max_{k \in N} r_k(A) \right)^2.$$

因此,

$$|z - a| \leqslant \max_{k \in N} r_k(A),$$

故 $z \in \Gamma(A)$. □

再次考虑 (4.28) 式中矩阵 A, 从图 4.7 可看出 $\Gamma^{\mathrm{ConD}}(A) \subseteq \Gamma(A)$, 其中内部红色区域为 $\Gamma^{\mathrm{ConD}}(A)$. 进一步, 由 $\Gamma^{\mathrm{ConD}}(A)$ 易得判断非奇异矩阵的如下充分条件.

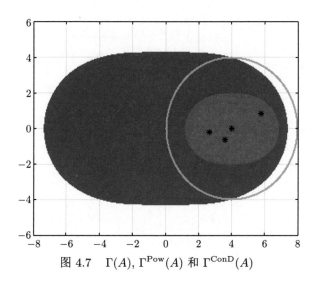

图 4.7　$\Gamma(A)$, $\Gamma^{\mathrm{Pow}}(A)$ 和 $\Gamma^{\mathrm{ConD}}(A)$

定理 4.27　设矩阵 $A = [a_{ij}] \in \mathbb{C}^{n \times n}$ 具有不变主对角元素 a, 即 $a_{ii} = a$, $i \in N$. 若对任意的 $i \in N$,

$$\left| a^2 - (A_0^2)_{ii} \right| > r_i(A_0^2),$$

其中 $A_0 = A - aI$, 则 A 为非奇异矩阵.

现在, 考虑一类具有不变的主对角线元素的次对称矩阵: Toeplitz 矩阵的幂矩阵的 Geršgorin 圆盘定理. 注意到, Toeplitz 矩阵 T 的幂 T^2 不一定是 Toeplitz

矩阵, 例如

$$T = \begin{bmatrix} 6 & 1 & -1 & 2i \\ 0 & 6 & 1 & -1 \\ -1 & 0 & 6 & 1 \\ 4 & -1 & 0 & 6 \end{bmatrix} \tag{4.30}$$

为 Toeplitz 矩阵, 然而

$$T^2 = \begin{bmatrix} 37+8i & 12-2i & -11 & -2+24i \\ -5 & 37 & 12 & -11 \\ -8 & -2 & 37 & 12-2i \\ 48 & -8 & -5 & 37+8i \end{bmatrix}$$

不是 Toeplitz 矩阵, 但 T^2 却是次对称矩阵. 由上述分析易得如下 Toeplitz 矩阵特征值定位定理.

定理 4.28 设 T 为形如 (4.25) 的 Toeplitz 矩阵, 且 $T_0 = T - t_0 I$. 则

$$\sigma(T) \subseteq \Gamma^{\mathrm{Toep}}(T) = \bigcup_{i=1}^{\lceil \frac{n}{2} \rceil} \Gamma_i^{\mathrm{Toep}}(T),$$

其中

$$\Gamma_i^{\mathrm{Toep}}(T) = \left\{ z \in \mathbb{C} : \left| z - t_0 - \sqrt{(T_0^2)_{ii}} \right| \left| z - t_0 + \sqrt{(T_0^2)_{ii}} \right| \right.$$

$$\left. \leqslant \max \left\{ r_i(T_0^2), r_{n-i+1}(T_0^2) \right\} \right\}.$$

进一步, $\Gamma^{\mathrm{Toep}}(T) \subseteq \Gamma(T)$.

例 4.3.1 考虑 (4.30) 式中的 Toeplitz 矩阵 T. 则

$$T_0^2 = (T - 6I)^2 = \begin{bmatrix} 1+8i & -2i & 1 & -2 \\ -5 & 1 & 0 & 1 \\ 4 & -2 & 1 & -2i \\ 0 & 4 & -5 & 1+8i \end{bmatrix}$$

为次对称的. $\Gamma^{\mathrm{Toep}}(T)$ 与 $\Gamma(T)$ 如图 4.8 所示, 其中 $*$ 表示矩阵 T 的特征值, 内部区域为定位集 $\Gamma^{\mathrm{Toep}}(T)$, 外部实线为定位集 $\Gamma(T)$ 的边. 显然, $\Gamma^{\mathrm{Toep}}(T) \subset \Gamma(T)$.

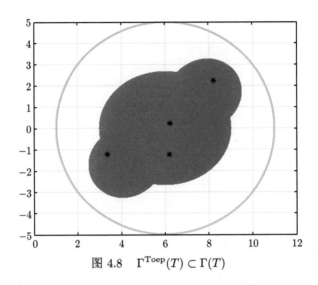

图 4.8　$\Gamma^{\text{Toep}}(T) \subset \Gamma(T)$

本小节基于 Geršgorin 圆盘定理, 结合修正、矩阵幂等方法与技巧给出了具有不变主对角元素的矩阵的特征值的定位集. 再结合 Toeplitz 矩阵的结构给出 Toeplitz 矩阵特征值的定位区域. 类似地, 还可考虑加权等技术进一步改进上述结果, 感兴趣的读者可阅读文献 [258].

本章介绍了非负矩阵、随机矩阵、Toeplitz 矩阵这三类结构矩阵特征值的定位与估计等相关结果. 除此之外, 还有其他结构矩阵, 例如 M-矩阵、友矩阵等的特征值定位或估计结果. 限于篇幅, 不再介绍, 可参阅文献 [72, 110, 130, 136, 256, 275, 331, 332, 334, 418, 436].

第 5 章　其他相关问题

矩阵特征值定位区域和结构矩阵在计算数学、控制论、生物数学等领域具有重要的应用, 因此与之相关的问题有许多, 这里仅就我们在研究工作中接触到的几个重要问题给予介绍. 本章以矩阵特征值定位的 Geršgorin 圆盘区域和严格对角占优矩阵为例, 介绍与其相关的 Schur 补问题、实矩阵实特征值定位问题、线性互补问题解的误差估计问题、矩阵伪谱定位问题、区间矩阵特征值定位问题、非线性特征值定位问题、高阶张量特征值定位问题等.

5.1　严格对角占优矩阵的 Schur 补

1917 年, Issai Schur (1875—1941) 在期刊 (*Journal Für Die Reine Und Angewandte Mathematik*) 上发表了一个关于行列式的重要结果, 后人称其为 *Schur 行列式引理* (Schur determinant lemma), 其叙述及证明如下.

引理 5.1　设 P, Q, R, S 为 $n \times n$ 阶矩阵, 且 P 与 R 可交换, 即 $PR = RP$. 令

$$M = \begin{bmatrix} P & Q \\ R & S \end{bmatrix}.$$

则 $\det(M) = \det(PS - RQ)$.

证明　若矩阵 P 非奇异, 即 $\det(P) \neq 0$, 则

$$\begin{bmatrix} P^{-1} & \mathbf{0} \\ -RP^{-1} & I \end{bmatrix} \begin{bmatrix} P & Q \\ R & S \end{bmatrix} = \begin{bmatrix} I & P^{-1}Q \\ \mathbf{0} & S - RP^{-1}Q \end{bmatrix}.$$

上式两边取行列式得

$$\det(P^{-1})\det(M) = \det(S - RP^{-1}Q).$$

因此,

$$\begin{aligned} \det(M) &= \det(P)\det(S - RP^{-1}Q) \\ &= \det(PS - PRP^{-1}Q) \\ &= \det(PS - RQ). \end{aligned} \tag{5.1}$$

若 $\det(P) = 0$, 则考虑矩阵

$$M_1 = \begin{bmatrix} P + \varepsilon I & Q \\ R & S \end{bmatrix},$$

其中矩阵 $P + \varepsilon I$ 与 R 仍可交换. 注意到, 当 $|\varepsilon|$ 充分小但不等于 0 时, $\det(P + \varepsilon I) \neq 0$, 故 $\det(M_1) = \det((P + \varepsilon I)S - RQ)$, 在此式两端令 $\varepsilon \to 0$, 即得 $\det(M) = \det(PS - RQ)$. □

1968 年, E. Haynsworth 首次称

$$S - RP^{-1}Q$$

为矩阵 P 在分块矩阵 M 中的 Schur 补, 并引入符号

$$M/P := S - RP^{-1}Q.$$

随后, 这一名称及符号被数学工作者接受并广泛使用. (5.1) 式亦可写为

$$\det(M) = \det(P)\det(M/P) = \det(P)\det(S - RP^{-1}Q).$$

矩阵 Schur 补的主要作用是将高阶矩阵问题化为低阶问题、将病态问题化为良态问题等以提高矩阵的非奇异性和对角占优性, 因此在矩阵分析、统计学、数值分析以及许多其他领域中起着重要的作用, 感兴趣的读者可参阅 F. Z. Zhang 主编的 *The Schur Complement and its Applications* 一书. 下面以 Schur 补在线性方程组求解中的应用来说明 Schur 补在将高阶问题化为低阶问题中的作用. 考虑线性方程组

$$A\mathbf{x} = 0,$$

其中

$$A = \begin{bmatrix} A_{11} & A_{12} \\ A_{21} & A_{22} \end{bmatrix},$$

A_{11} 非奇异, 且 $\mathbf{x} = \begin{bmatrix} \mathbf{x}_1 \\ \mathbf{x}_2 \end{bmatrix}$. 因此, 上述线性方程组可写成

$$\begin{cases} A_{11}\mathbf{x}_1 + A_{12}\mathbf{x}_2 = \mathbf{0}, \\ A_{21}\mathbf{x}_1 + A_{22}\mathbf{x}_2 = \mathbf{0}. \end{cases}$$

应用块高斯消元法得

$$\begin{cases} A_{11}\mathbf{x}_1 + A_{12}\mathbf{x}_2 = \mathbf{0}, \\ (A_{22} - A_{21}A_{11}^{-1}A_{12})\mathbf{x}_2 = \mathbf{0}, \end{cases}$$

即将线性方程组 $A\mathbf{x} = \mathbf{0}$ 求解问题转化为两个低阶的线性方程组求解问题, 其中 $A_{22} - A_{21}A_{11}^{-1}A_{12}$ 为 A_{11} 在矩阵 A 中的 Schur 补. 而对于一般的非齐次线性方程组 $A\mathbf{x} = \mathbf{b}$, 通过 Schur 补可以写出其解 $\mathbf{x} = [\mathbf{x}_1^\top, \mathbf{x}_2^\top]^\top$ 的表达式, 即

$$\mathbf{x}_1 = (A/A_{22})^{-1}(\mathbf{b}_1 - A_{12}A_{22}^{-1}\mathbf{b}_2), \quad \mathbf{x}_2 = (A/A_{11})^{-1}(\mathbf{b}_2 - A_{21}A_{11}^{-1}\mathbf{b}_1).$$

从 Schur 补在求解线性方程组中的应用可以体会到, 作为工具或者技巧 (方法), 其最重要的功能之一为: 降阶. 因此, 关于原始矩阵 A 的问题, 例如特征值、奇异值、行列式、逆的范数估计等相关问题都可尝试借助 Schur 补进行研究. 本节介绍严格对角占优矩阵的 Schur 补及其行列式、逆的无穷范数估计等问题的相关结果.

再次考虑 Schur 补在线性方程组求解中的应用. 众所周知, 若线性方程组 $A\mathbf{x} = \mathbf{b}$ 中系数矩阵 A 为严格对角占优矩阵, 则 Jacobi 迭代法和 Gauss-Seidel 迭代法收敛. 因此, 降阶后的方程组 $(A_{22} - A_{21}A_{11}^{-1}A_{12})\mathbf{x}_2 = \mathbf{b}_2 - A_{21}A_{11}^{-1}\mathbf{b}_1$ 的系数矩阵 A/A_{11} 是否仍为严格对角占优矩阵 (保留了原始矩阵 A 的性质) 尤为重要. 这就是本节要讨论的内容之一.

为了叙述方便, 先介绍如下符号及引理. 对于给定的矩阵 $A \in \mathbb{C}^{n \times n}$ 及非空指标集 $\alpha, \beta \subseteq N$, $|\alpha|$ 表示集合 α 中元素的个数, 即集合 α 的势; $A(\alpha, \beta)$ 表示行指标取自 α, 列指标取自 β 的 A 的子矩阵, 且简记 $A(\alpha, \alpha)$ 为 $A(\alpha)$. 本节均假设

$$\alpha = \{i_1, i_2, \cdots, i_k\} \subset N, \quad \overline{\alpha} = \{j_1, j_2, \cdots, j_l\},$$

其中 $i_1 \leqslant i_2 \leqslant \cdots \leqslant i_k$, $j_1 \leqslant j_2 \leqslant \cdots \leqslant j_l$ 且 $l + k = n$. 不失一般性, 设矩阵 A 具有如下分块形式:

$$A = \begin{bmatrix} A_{11} & A_{12} \\ A_{21} & A_{22} \end{bmatrix} \in \mathbb{C}^{n \times n}, \tag{5.2}$$

其中 $A_{11} := A(\alpha) \in \mathbb{C}^{k \times k}$ 且 $A_{22} := A(\overline{\alpha}) \in \mathbb{C}^{l \times l}$.

下面定理是 D. Crabtree 和 E. Haynsworth 于 1969 年给出的著名的 Schur 补商公式.

定理 5.2 设 M, A, E 为非奇异矩阵且

$$M = \begin{bmatrix} A & B \\ C & D \end{bmatrix}, \quad A = \begin{bmatrix} E & F \\ G & H \end{bmatrix}.$$

则 A/E 为 M/E 的非奇异主子阵且

$$M/A = (M/E)/(A/E).$$

应用商公式可以得严格对角占优矩阵的 Schur 补仍为严格对角占优矩阵, 即有如下定理.

定理 5.3 设 $A = [a_{ij}] \in \mathbb{C}^{n \times n}$ 为严格对角占优矩阵, $\varnothing \neq \alpha \subset N$. 则 $A(\alpha)$ 为严格对角占优矩阵, 且

$$A/\alpha := A/A(\alpha)$$

也为严格对角占优矩阵.

证明 显然, $A(\alpha)$ 为严格对角占优矩阵, 因此非奇异. 现证明 A/α 为严格对角占优矩阵. 不失一般性, 设 $\alpha = \{1, 2, \cdots, k\}$, 其中 $k < n$.

下面使用数学归纳法证明. 当 $k = 1$ 时, $A(\alpha) = a_{11}$. 注意到 A 的比较矩阵 $\mu(A) = [m_{ij}]$ 仍为严格对角占优矩阵且

$$\sum_{j \in N} m_{ij} > 0, \quad \forall i \in N.$$

令 $B = A/a_{11} = [b_{ij}]_{i,j=2}^{n}$, 其中 $b_{ij} = a_{ij} - a_{i1}a_{11}^{-1}a_{1j}$, $i, j \in N \backslash \{1\}$. 则对任意的 $i \in N \backslash \{1\}$,

$$|b_{ii}| - \sum_{\substack{j=2 \\ j \neq i}}^{n} |b_{ij}| \geqslant |a_{ii}| - |a_{11}|^{-1}(-|a_{i1}|)(-|a_{1i}|)$$

$$+ \sum_{\substack{j=2, \\ j \neq i}}^{n} \left(-|a_{ij}| - |a_{11}|^{-1}(-|a_{i1}|)(-|a_{1j}|) \right)$$

$$= \sum_{j=1}^{n} m_{ij} - m_{11}^{-1} m_{i1} \sum_{j=1}^{n} m_{1j}$$

$$> 0,$$

故 B 为严格对角占优矩阵.

当 $n = 2$, 则由 $k = 1$ 知结论成立; 当 $n > 2$ 且 $1 < k < n$, 则由 A, $A(\alpha)$ 和 $[a_{11}]$ 非奇异, 再根据商公式及数学归纳法易知

$$A/\alpha = (A/[a_{11}])/(A(\alpha)/[a_{11}])$$

亦为严格对角占优矩阵. $\square$

推论 5.4 设 $A \in \mathbb{C}^{n \times n}$ 为非奇异 H-矩阵, 且 $\varnothing \neq \alpha \subset N$. 则 $A(\alpha)$ 为非奇异 H-矩阵, 且 A/α 也为非奇异 H-矩阵.

证明 显然, $A(\alpha)$ 为非奇异 H-矩阵. 进一步, 因为 A 为非奇异 H-矩阵, 则存在正对角矩阵 D 使得 AD 为严格对角占优矩阵. 注意到 D/α 也为严格对角占优矩阵. 通过计算易得

$$(A/\alpha)(D/\alpha) = (AD)/\alpha \in SDD.$$

因此, A/α 为非奇异 H-矩阵. $\qquad\square$

需要指出的是定理 5.3 和推论 5.4 仅说明严格对角占优矩阵和 H-矩阵在 Schur 补下是封闭的, 但并非代表其他矩阵类在 Schur 补下是封闭的. 因此, 研究其他类型的矩阵的 Schur 补的封闭性也是必要且重要的, 相关结果可参阅文献 [299–303].

严格对角占优矩阵关于 Schur 补的封闭性保证了使用 Jacobi 迭代法或 Gauss-Seidel 迭代法求解应用 Schur 补降阶后的方程组仍是收敛的. 除此之外, 基于 Schur 补也可研究矩阵理论中的其他问题, 例如非奇异性等. 正如前文 Geršgorin 圆盘定理所示, 若 0 不在 Geršgorin 圆盘区域上, 即 $0 \notin \Gamma(A)$, 则 A 非奇异. 进一步, 对任意的特征值 $\lambda \in \sigma(A)$, 存在 i_0 使得

$$|\lambda - a_{i_0 i_0}| \leqslant r_{i_0}(A),$$

从而

$$|a_{i_0 i_0}| + r_{i_0}(A) \geqslant |\lambda| \geqslant |a_{i_0 i_0}| - r_{i_0}(A) \geqslant \min_{i \in N}\{|a_{ii}| - r_i(A)\} > 0. \tag{5.3}$$

这意味着 $|a_{ii}| + r_i(A)$ 和 $|a_{ii}| - r_i(A)$ 不仅分别为某个特征值 λ 的模的上下界, 而且 $|a_{ii}| - r_i(A)$ 可作为特征值 λ 与原点的距离 $|\lambda - 0|$ 的估计值. $\min_{i \in N}\{|a_{ii}| - r_i(A)\}$ 越大说明特征值距离原点越远, 矩阵 A 的非奇异程度 "越强", 反之 "越弱". 因此, $\min_{i \in N}\{|a_{ii}| - r_i(A)\}$ 可以衡量矩阵的非奇异程度. 事实上, 称 $|a_{ii}| - r_i(A)$ 为矩阵 A 的第 i 行的严格对角占优度, 而称

$$\min_{i \in N}\{|a_{ii}| - r_i(A)\}$$

为 A 的严格对角占优度. 下面定理表明矩阵的 Schur 补可改进严格对角占优矩阵的对角占优度.

定理5.5 设 $A = [a_{ij}] \in \mathbb{C}^{n \times n}$ 为严格对角占优矩阵, $\varnothing \neq \alpha = \{i_1, i_2, \cdots, i_k\} \subset N$ 且 $\overline{\alpha} = \{j_1, j_2, \cdots, j_l\}$. 记

$$w_{j_t} = \min_{1 \leqslant v \leqslant k} \frac{|a_{i_v i_v}| - r_{i_v}(A)}{|a_{i_v i_v}|} \sum_{u=1}^{k} |a_{j_t i_u}|$$

和 $A/\alpha = [a'_{ts}]$. 则

$$|a'_{tt}| - r_t(A/\alpha) \geqslant |a_{j_t j_t}| - r_{j_t}(A) + w_{j_t} \geqslant |a_{j_t j_t}| - r_{j_t}(A) > 0 \tag{5.4}$$

及

$$|a'_{tt}| + r_t(A/\alpha) \leqslant |a_{j_t j_t}| + r_{j_t}(A) - w_{j_t} \leqslant |a_{j_t j_t}| + r_{j_t}(A). \tag{5.5}$$

证明　由定理 2.15 和引理 3.4 知,

$$(\mu(A(\alpha)))^{-1} \geqslant (A(\alpha))^{-1}.$$

由 Schur 补的定义知, 对任意的 $t = 1, 2, \cdots, l$,

$$|a'_{tt}| - r_t(A/\alpha)$$

$$= |a'_{tt}| - \sum_{\substack{s=1, \\ s \neq t}}^{l} |a'_{ts}|$$

$$= \left| a_{j_t j_t} - [a_{j_t i_1}, \cdots, a_{j_t i_k}](A(\alpha))^{-1} \begin{bmatrix} a_{i_1 j_t} \\ \vdots \\ a_{i_k j_t} \end{bmatrix} \right|$$

$$- \sum_{\substack{s=1, \\ s \neq t}}^{l} \left| a_{j_t j_s} - [a_{j_t i_1}, \cdots, a_{j_t i_k}](A(\alpha))^{-1} \begin{bmatrix} a_{i_1 j_s} \\ \vdots \\ a_{i_k j_s} \end{bmatrix} \right|$$

$$\geqslant |a_{j_t j_t}| - \sum_{\substack{s=1, \\ s \neq t}}^{l} |a_{j_t j_s}| - \sum_{s=1}^{l} \left| [a_{j_t i_1}, \cdots, a_{j_t i_k}](A(\alpha))^{-1} \begin{bmatrix} a_{i_1 j_s} \\ \vdots \\ a_{i_k j_s} \end{bmatrix} \right|$$

$$\geqslant |a_{j_t j_t}| - \sum_{\substack{s=1, \\ s \neq t}}^{l} |a_{j_t j_s}| - \sum_{s=1}^{l} [|a_{j_t i_1}|, \cdots, |a_{j_t i_k}|](\mu(A(\alpha)))^{-1} \begin{bmatrix} |a_{i_1 j_s}| \\ \vdots \\ |a_{i_k j_s}| \end{bmatrix}$$

$$= |a_{j_t j_t}| - r_{j_t}(A) + \sum_{u=1}^{k} |a_{j_t i_u}| + w_{j_t} - w_{j_t}$$

$$- \sum_{s=1}^{l} [|a_{j_t i_1}|, \cdots, |a_{j_t i_k}|](\mu(A(\alpha)))^{-1} \begin{bmatrix} |a_{i_1 j_s}| \\ \vdots \\ |a_{i_k j_s}| \end{bmatrix}$$

$$= |a_{j_t j_t}| - r_{j_t}(A) + w_{j_t} + \frac{1}{\det(\mu(A(\alpha)))} \det(B),$$

其中

$$B = \begin{bmatrix} \sum\limits_{u=1}^{k} |a_{j_t i_u}| - w_{j_t} & -|a_{j_t i_1}| & \cdots & -|a_{j_t i_k}| \\ -\sum\limits_{s=1}^{l} |a_{i_1 j_s}| & & & \\ \vdots & & \mu(A(\alpha)) & \\ -\sum\limits_{s=1}^{l} |a_{i_k j_s}| & & & \end{bmatrix}.$$

由 A 为严格对角占优矩阵知 $\det(B) \geqslant 0$, 故 (5.4) 式成立.

类似地, 可以证明

$$|a'_{tt}| + r_t(A/\alpha) = |a'_{tt}| + \sum_{\substack{s=1,\\s\neq t}}^{l} |a'_{ts}|$$

$$\leqslant |a_{j_t j_t}| + r_{j_t}(A) - w_{j_t} - \frac{1}{\det(\mu(A(\alpha)))} \det(B)$$

$$\leqslant |a_{j_t j_t}| + r_{j_t}(A) - w_{j_t}$$

$$\leqslant |a_{j_t j_t}| + r_{j_t}(A),$$

即 (5.5) 式成立. □

定理 5.5 不仅表明了严格对角占优矩阵的 Schur 补仍为严格对角占优矩阵, 也表明了 Shur 补的严格对角占优度不小于原矩阵的严格对角占优度, 即严格对角占优矩阵的 Shur 补比原矩阵的非奇异程度 "强". 特别地, 在定理 5.5 中取 $\alpha = \{1, 2, \cdots, n-1\}$, 即得如下结果.

推论 5.6 设 $A = [a_{ij}] \in \mathbb{C}^{n \times n}$ 为严格对角占优矩阵, 且 $\alpha = \{1, 2, \cdots, n-1\}$. 则

$$|a_{nn}| + \max_{1 \leqslant i \leqslant n-1} \frac{r_i(A)}{|a_{ii}|} r_n(A) \geqslant |A/\alpha| \geqslant |a_{nn}| - \max_{1 \leqslant i \leqslant n-1} \frac{r_i(A)}{|a_{ii}|} r_n(A) > 0.$$

应用上述结果可以估计严格对角占优矩阵的行列式. 为叙述方便, 先给出如下定义及符号. 设 $\{j_1, j_2, \cdots, j_n\}$ 为集合 N 的一个重排, 记

$$\alpha_1 = \{j_n\}, \quad \alpha_2 = \{j_n, j_{n-1}\}, \quad \cdots, \quad \alpha_n = \{j_n, j_{n-1}, \cdots, j_1\},$$

则 $\alpha_{n-k+1}\backslash\alpha_{n-k} := \alpha_{n-k+1} - \alpha_{n-k} = \{j_k\}$, $k = 1, 2, \cdots, n$, $\alpha_0 = \varnothing$ 且

$$r_{j_k}(A(\alpha_{n-k+1})) = \sum_{u\in\alpha_{n-k}} |a_{j_k u}|.$$

定理 5.7　设 $A = [a_{ij}] \in \mathbb{C}^{n\times n}$ 为严格对角占优矩阵. 则

$$\det(A) \geqslant \max_{\mathcal{J}} \prod_{k=1}^{n} \left\{ |a_{j_k j_k}| - \max_{u\in\alpha_{n-k}} \frac{r_u(A(\alpha_{n-k+1}))}{|a_{uu}|} r_{j_k}(A(\alpha_{n-k+1})) \right\} \quad (5.6)$$

和

$$\det(A) \leqslant \min_{\mathcal{J}} \prod_{k=1}^{n} \left\{ |a_{j_k j_k}| + \max_{u\in\alpha_{n-k}} \frac{r_u(A(\alpha_{n-k+1}))}{|a_{uu}|} r_{j_k}(A(\alpha_{n-k+1})) \right\}, \quad (5.7)$$

其中 $\mathcal{J}$ 为集合 N 的所有重排所成之集.

证明　由 $\alpha_{n-k} \subseteq \alpha_{n-k+1}$ 且 $\alpha_{n-k+1} - \alpha_{n-k} = \{j_k\}$ 及推论 5.6 知, 对任意的 k 有

$$|A(\alpha_{n-k+1})/\alpha_{n-k}| \geqslant |a_{j_k j_k}| - \max_{u\in\alpha_{n-k}} \frac{r_u(A(\alpha_{n-k+1}))}{|a_{uu}|} r_{j_k}(A(\alpha_{n-k+1})).$$

因此,

$$\begin{aligned}
\det(A) &= \left| \frac{\det(A)}{\det(A(\alpha_{n-1}))} \right| \left| \frac{\det(A(\alpha_{n-1}))}{\det(A(\alpha_{n-2}))} \right| \cdots \left| \frac{\det(A(\alpha_2))}{\det(A(\alpha_1))} \right| |\det(A(\alpha_1))| \\
&= |\det(A/\alpha_{n-1})| |\det(A(\alpha_{n-1})/\alpha_{n-2})| \cdots |\det(A(\alpha_2)/\alpha_1)| |\det(A(\alpha_1))| \\
&= |a_{j_n j_n}| \prod_{k=1}^{n-1} |A(\alpha_{n-k+1})/\alpha_{n-k}| \\
&\geqslant |a_{j_n j_n}| \prod_{k=1}^{n-1} \left\{ |a_{j_k j_k}| - \max_{u\in\alpha_{n-k}} \frac{r_u(A(\alpha_{n-k+1}))}{|a_{uu}|} r_{j_k}(A(\alpha_{n-k+1})) \right\},
\end{aligned}$$

即 (5.6) 式成立. 类似地, 可证 (5.7) 式也成立. □

注意到, 若 A 为严格对角占优矩阵, 则对任意的 $1 \leqslant k \leqslant n$ 及 $u \in \alpha_{n-k}$,

$$0 \leqslant \frac{r_u(A(\alpha_{n-k+1}))}{|a_{uu}|} \leqslant 1.$$

因此, 由定理 5.7 可得如下结果.

推论 5.8 设 $A = [a_{ij}] \in \mathbb{C}^{n \times n}$ 为严格对角占优矩阵. 则

$$\det(A) \geqslant \max_{\mathcal{J}} \prod_{k=1}^{n} \left\{ |a_{j_k j_k}| - \sum_{u \in \alpha_{n-k}} |a_{j_k u}| \right\}$$

和

$$\det(A) \leqslant \min_{\mathcal{J}} \prod_{k=1}^{n} \left\{ |a_{j_k j_k}| + \sum_{u \in \alpha_{n-k}} |a_{j_k u}| \right\}.$$

应用严格对角占优矩阵 Schur 补还可以研究其逆的无穷范数的估计问题. 为此, 先给出如下引理, 其证明可参阅文献 [486], 在此不再叙述.

引理 5.9 设 $A \in \mathbb{C}^{n \times n}$ 具有分块形式 (5.2), I_{11}, I_{22} 分别为 $k \times k$ 和 $l \times l$ 维单位矩阵. 若 A_{11} 非奇异, 则

$$PAQ = \begin{bmatrix} A_{11} & \mathbf{0} \\ \mathbf{0} & A_{22} - A_{21} A_{11}^{-1} A_{12} \end{bmatrix},$$

其中

$$P = \begin{bmatrix} I_{11} & \mathbf{0} \\ -A_{21} A_{11}^{-1} & I_{22} \end{bmatrix}$$

且

$$Q = \begin{bmatrix} I_{11} & -A_{11}^{-1} A_{12} \\ \mathbf{0} & I_{22} \end{bmatrix}.$$

引理 (5.9) 提供了估计 $||A^{-1}||_{\infty}$ 的一个新思路, 即

$$||A^{-1}||_{\infty} = ||\left(P^{-1} PAQQ^{-1}\right)^{-1}||_{\infty} = ||Q\left(PAQ\right)^{-1} P||_{\infty}$$

$$\leqslant ||Q||_{\infty} ||\left(PAQ\right)^{-1}||_{\infty} ||P||_{\infty}. \tag{5.8}$$

这意味着若分别给出 $||Q||_{\infty}, ||\left(PAQ\right)^{-1}||_{\infty}, ||P||_{\infty}$ 的上界, 则这些上界的乘积即可作为 $||A^{-1}||_{\infty}$ 的上界. 下面, 沿此思路估计严格对角占优矩阵逆的无穷范数. 为此, 先给出如下引理, 参见文献 [270].

引理 5.10 设 $A \in \mathbb{C}^{n \times n}$ 非奇异且具有分块形式 (5.2), P, Q 如引理 5.9所示. 若 A_{11} 非奇异, 则

$$||P||_{\infty} = 1 + ||A_{21} A_{11}^{-1}||_{\infty},$$

$$||Q||_{\infty} = 1 + ||A_{11}^{-1} A_{12}||_{\infty},$$

且

$$\| (PAQ)^{-1} \|_\infty = \max \left\{ \|A_{11}^{-1}\|_\infty, \| \left(A_{22} - A_{21} A_{11}^{-1} A_{12} \right)^{-1} \|_\infty \right\}.$$

为估计 $\|P\|_\infty$ 或 $\|A_{21} A_{11}^{-1}\|_\infty$，需要如下两个结果. 其一为如下显然成立的等式：

$$\|A\|_\infty = \sup_{\|\mathbf{x}\|_\infty = 1} \|A\mathbf{x}\|_\infty = \|A^\top\|_1 = \sup_{\|\mathbf{y}\|_1 = 1} \|A^\top \mathbf{y}\|_1. \tag{5.9}$$

进一步, 对于任意的 $A \in \mathbb{C}^{n \times m}$, (5.9) 式亦成立. 这时, 若 $n \geqslant m$, 则仅需考虑 $[A, \mathbf{0}] \in \mathbb{C}^{n \times n}$, 否则考虑 $\begin{bmatrix} A \\ \mathbf{0} \end{bmatrix} \in \mathbb{C}^{m \times m}$. 其二为如下引理.

引理 5.11　(I) 设 $A = [a_{ij}] \in \mathbb{C}^{n \times n}$ 非奇异且 $a_{ii} \neq 0, i \in N$, 及 $B = [b_{ij}] \in \mathbb{C}^{n \times m}$. 若

$$1 > \max_{i \in N} \frac{\max\limits_{\substack{j \in N, \\ j \neq i}} |a_{ij}|}{|a_{ii}|} \cdot (n - 1), \tag{5.10}$$

则

$$\|A^{-1} B\|_1 \leqslant n \cdot \max_{i \in N} \frac{\max\limits_{k \in M} |b_{ik}|}{|a_{ii}|} \cdot \left(1 - \max_{i \in N} \frac{\max\limits_{\substack{j \in N, \\ j \neq i}} |a_{ij}|}{|a_{ii}|} \cdot (n - 1) \right)^{-1},$$

其中 $M := \{1, 2, \cdots, m\}$.

(II) 设 $A = [a_{ij}] \in \mathbb{C}^{n \times n}$ 非奇异且 $a_{ii} \neq 0, i \in N$, 及 $B = [b_{ij}] \in \mathbb{C}^{n \times m}$. 若

$$1 > \max_{i \in N} \frac{\max\limits_{\substack{j \in N, \\ j \neq i}} |a_{ji}|}{|a_{ii}|} \cdot (n - 1),$$

则

$$\|B A^{-1}\|_\infty \leqslant n \cdot \max_{i \in N} \frac{\max\limits_{k \in M} |b_{ki}|}{|a_{ii}|} \cdot \left(1 - \max_{i \in N} \frac{\max\limits_{\substack{j \in N, \\ j \neq i}} |a_{ji}|}{|a_{ii}|} \cdot (n - 1) \right)^{-1}.$$

证明　仅需证明 (I), (II) 由

$$\|B A^{-1}\|_\infty = \|(B A^{-1})^\top\|_1 = \|(A^\top)^{-1} B^\top\|_1$$

及 (I) 即得.

由矩阵范数的定义知存在非零向量 $\mathbf{x} = [x_1, x_2, \cdots, x_m]^\top \in \mathbb{C}^m$ 使得 $||\mathbf{x}||_1 = 1$ 且

$$||A^{-1}B||_1 = ||A^{-1}B\mathbf{x}||_1 = ||\mathbf{y}||_1 = \sum_{i \in N} |y_i|,$$

其中 $\mathbf{y} = A^{-1}B\mathbf{x} = [y_1, \cdots, y_n]^\top \in \mathbb{C}^n$，故 $A\mathbf{y} = B\mathbf{x}$，且

$$a_{ii}y_i + \sum_{\substack{j \in N, \\ j \neq i}} a_{ij}y_j = \sum_{k=1}^{m} b_{ik}x_k,$$

等价地，

$$a_{ii}y_i = \sum_{k=1}^{m} b_{ik}x_k - \sum_{\substack{j \in N, \\ j \neq i}} a_{ij}y_j.$$

因此，

$$|a_{ii}||y_i| \leqslant \sum_{k=1}^{m} |b_{ik}||x_k| + \sum_{\substack{j \in N, \\ j \neq i}} |a_{ij}||y_j|$$

且

$$|y_i| \leqslant \frac{\max\limits_{k \in M} |b_{ik}|}{|a_{ii}|} \sum_{k=1}^{m} |x_k| + \frac{\max\limits_{\substack{j \in N, \\ j \neq i}} |a_{ij}|}{|a_{ii}|} \sum_{\substack{j \in N, \\ j \neq i}} |y_j|.$$

对 i 从 1 到 n 取和得

$$\sum_{i \in N} |y_i| \leqslant \sum_{i \in N} \left(\frac{\max\limits_{k \in M} |b_{ik}|}{|a_{ii}|} \sum_{k=1}^{m} |x_k| \right) + \sum_{i \in N} \left(\frac{\max\limits_{\substack{j \in N, \\ j \neq i}} |a_{ij}|}{|a_{ii}|} \sum_{\substack{j \in N, \\ j \neq i}} |y_j| \right)$$

$$\leqslant \max_{i \in N} \frac{\max\limits_{k \in M} |b_{ik}|}{|a_{ii}|} \sum_{i \in N} \sum_{k=1}^{m} |x_k| + \max_{i \in N} \frac{\max\limits_{\substack{j \in N, \\ j \neq i}} |a_{ij}|}{|a_{ii}|} \sum_{i \in N} \sum_{\substack{j \in N, \\ j \neq i}} |y_j|$$

$$= \max_{i \in N} \frac{\max\limits_{k \in M} |b_{ik}|}{|a_{ii}|} \cdot n + \max_{i \in N} \frac{\max\limits_{\substack{j \in N, \\ j \neq i}} |a_{ij}|}{|a_{ii}|} \cdot (n-1) \sum_{i \in N} |y_i|.$$

再由 (5.10) 式得

$$||A^{-1}B||_1 = \sum_{i \in N} |y_i| \leqslant n \cdot \max_{i \in N} \frac{\max\limits_{k \in M} |b_{ik}|}{|a_{ii}|} \cdot \left(1 - \max_{i \in N} \frac{\max\limits_{\substack{j \in N, \\ j \neq i}} |a_{ij}|}{|a_{ii}|} \cdot (n-1) \right)^{-1}.$$

结论成立.   □

  尽管引理 5.11 的上界估计式看似复杂, 但其仅与矩阵元素有关, 因此是可计算的. 进一步, 将 A_{21} 和 A_{11} 分别代替引理 5.11 中的 B 和 A 立即得到 (5.8) 式中的 $||P||_\infty$ 的上界.

  推论 5.12 设 $A = [a_{ij}] \in \mathbb{C}^{n \times n}$ 非奇异且具有分块形式 (5.2), 矩阵 P 如引理 5.9 所示. 若 A_{11} 非奇异, 且

$$1 > \max_{i \in \alpha} \frac{\max\limits_{\substack{j \in \alpha, \\ j \neq i}} |a_{ji}|}{|a_{ii}|} \cdot (k-1), \tag{5.11}$$

则

$$||P||_\infty \leqslant \gamma(\alpha), \tag{5.12}$$

其中

$$\gamma(\alpha) := 1 + k \cdot \max_{i \in \alpha} \frac{\max\limits_{j \in \overline{\alpha}} |a_{ji}|}{|a_{ii}|} \cdot \left(1 - \max_{i \in \alpha} \frac{\max\limits_{\substack{j \in \alpha, \\ j \neq i}} |a_{ji}|}{|a_{ii}|} \cdot (k-1) \right)^{-1}.$$

特别地, 若 $k = 1$, 则

$$||P||_\infty \leqslant 1 + \frac{\max\limits_{j \in \overline{\alpha}} |a_{ji_1}|}{|a_{i_1 i_1}|},$$

其中 $\overline{\alpha} = \{j_2, \cdots, j_n\}$.

  显然, 当 A 为严格对角占优矩阵时, 推论 (5.12) 亦成立. 下面给出 A 为严格对角占优矩阵时 (5.8) 式中 $||Q||_\infty$ 的上界估计式. 首先介绍 X. R. Yong 于 1996 年给出的两个矩阵乘积的无穷范数的估计结果.

  引理 5.13 设 $A = [a_{ij}] \in \mathbb{C}^{n \times n}$ 为严格对角占优矩阵, $B = [b_{ij}] \in \mathbb{C}^{n \times m}$. 则

$$||A^{-1}B||_\infty \leqslant \max_{i \in N} \frac{R_i(B)}{|a_{ii}| - r_i(A)},$$

其中 $R_i(B) = \sum\limits_{j=1}^{m} |b_{ij}|$.

  将 A_{11} 和 A_{12} 分别代替引理 5.13 中的 A 和 B 立得如下推论.

推论 5.14 设 $A = [a_{ij}] \in \mathbb{C}^{n \times n}$ 为严格对角占优矩阵且具有分块形式 (5.2), 矩阵 Q 如引理 5.9 所示. 则

$$||Q||_\infty = 1 + \max_{i \in \alpha} \frac{R_i(A_{12})}{|a_{ii}| - r_i(A_{11})} < 2. \tag{5.13}$$

需要指出的是 (5.13) 式中的严格不等号成立的原因是 A 为严格对角占优矩阵.

定理 5.15 设 $A = [a_{ij}] \in \mathbb{C}^{n \times n}$ 为严格对角占优矩阵且具有分块形式 (5.2), P, Q 如引理 5.9 所示. 若 (5.11) 式成立, 则

$$||A^{-1}||_\infty \leqslant \left(1 + \max_{i \in \alpha} \frac{R_i(A_{12})}{|a_{ii}| - r_i(A_{11})}\right) \cdot \gamma(\alpha)$$

$$\cdot \max\left\{\max_{i \in \alpha} \frac{1}{|a_{ii}| - r_i(A_{11})}, \max_{j \in \overline{\alpha}} \frac{1}{|a_{jj}| - r_j(A) + w_j(A)}\right\}, \tag{5.14}$$

其中 $w_j(A) := \min_{i \in \alpha} \dfrac{|a_{ii}| - r_i(A)}{|a_{ii}|} \sum_{k \in \alpha} |a_{jk}|$.

证明 由于 A 为严格对角占优矩阵, 则 A_{11} 和 $A_{22} - A_{21}A_{11}^{-1}A_{12}$ 均为严格对角占优矩阵, 因此非奇异. 令

$$A/\alpha := A_{22} - A_{21}A_{11}^{-1}A_{12} = (\bar{a}_{ts}).$$

由定理 5.5 知

$$|\bar{a}_{tt}| - r_t(A/\alpha) \geqslant |a_{j_t j_t}| - r_{j_t}(A) + w_{j_t}(A).$$

再应用定理 2.17 得

$$\left\| \left(A_{22} - A_{21}A_{11}^{-1}A_{12}\right)^{-1} \right\|_\infty \leqslant \max_{j \in \alpha'} \frac{1}{|a_{jj}| - r_j(A) + w_j(A)},$$

其中 $w_j(A) := \min_{i \in \alpha} \dfrac{|a_{ii}| - r_i(A)}{|a_{ii}|} \sum_{k \in \alpha} |a_{jk}|$. 类似地,

$$||A_{11}^{-1}||_\infty \leqslant \max_{i \in \alpha} \frac{1}{|a_{ii}| - r_i(A_{11})}$$

亦成立. 由 (5.8) 式、(5.12) 式、(5.13) 式和引理 5.10 即得 (5.14) 式. □

特别地, 取 $\alpha = \{i_1\}$, 即 $k = 1$, 则对任意的 $j \in \overline{\alpha}$,

$$w_j(A) = \frac{|a_{i_1 i_1}| - r_{i_1}(A)}{|a_{i_1 i_1}|} |a_{j i_1}|.$$

因此, 由定理 5.15 得 $\|A^{-1}\|_\infty$ 的上界估计式如下.

定理 5.16　设 $A = [a_{ij}] \in \mathbb{C}^{n \times n}$ 为严格对角占优矩阵. 则对任意的 $i \in N$,

$$\|A^{-1}\|_\infty \leqslant \mathrm{Bnd}_{S,C}(i),$$

其中

$$\mathrm{Bnd}_{S,C}(i) = 2 \left(1 + \frac{\max\limits_{j \neq i} |a_{ji}|}{|a_{ii}|} \right)$$

$$\cdot \max \left\{ \frac{1}{|a_{ii}|}, \max_{j \neq i} \frac{1}{|a_{jj}| - r_j(A) + \dfrac{|a_{ii}| - r_i(A)}{|a_{ii}|} |a_{ji}|} \right\}.$$

进一步,

$$\|A^{-1}\|_\infty \leqslant \mathrm{Bnd}_{S,C}(A) := \min_{i \in N} \mathrm{Bnd}_{S,C}(i). \tag{5.15}$$

证明　不失一般性, 设 A 具有分块形式 (5.2), 且令 P 和 Q 如引理 5.9 所示. 取 $\alpha = \{i_1\}$, 则 (5.11) 式显然成立, 且

$$\gamma(\{i_1\}) = 1 + \frac{\max\limits_{j \neq i_1} |a_{j i_1}|}{|a_{i_1 i_1}|}.$$

因此, 由定理 5.15 得

$$\|A^{-1}\|_\infty \leqslant \mathrm{Bnd}_{S,C}(i_1).$$

再由 i_1 的任意性, 结论成立.　　　　　　　　　　　　　　　　　　　　　□

下面通过数值例子比较定理 2.17 中 Varah 的界、定理 3.5 中的界 (3.3) 式与定理 5.16 中的界.

例 5.1.1　考虑例子 3.1.1 中随机生成的前 50 个严格对角占优矩阵. 定理 2.17 中 Varah 的界、定理 3.5 中的界 (3.3) 式和定理 5.16 中的界如图 5.1 所示. 容易看出定理 5.16 中的上界在某些情况下小于定理 2.17 中 Varah 的界和定理 3.5 中的界.

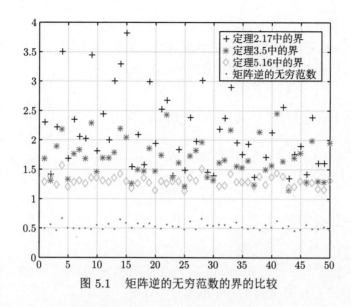

图 5.1   矩阵逆的无穷范数的界的比较

本节介绍了严格对角占优矩阵在 Schur 补下的封闭性, 并基于此给出了严格对角占优矩阵的行列式及其逆的无穷范数的估计式. 事实上, 基于 Schur 补仍可研究矩阵的特征值定位问题、惯性指数、奇异值不等式等问题. 同样地, 除严格对角占优矩阵外, 双严格对角占优矩阵、*S-SDD* 矩阵、Nekrasov 矩阵、α-严格对角占优矩阵、积 α-严格对角占优矩阵等的 Schur 补的封闭性及其相关问题也值得关注和研究, 感兴趣的读者可参阅文献 [89, 299–303, 478, 485], 在此不再介绍.

5.2   *B*-矩阵与实特征值的估计

1965 年, A.J. Hoffman 在文献 [183] 中给出了实矩阵非奇异的一个充分条件, 即定义 5.2.1 中的 (5.16)~(5.17). 该充分条件于 1999 年再一次被 J.M. Carnicer, T.N.T. Goodman 和 J.M. Peña 在文献 [57] 中给出. 2001 年, J.M. Peña 定义满足该条件的矩阵为 *B*-矩阵, 并应用其估计实矩阵的实特征值及复矩阵特征值的实部. 自此, *B*-矩阵这一概念被学者接受并广泛使用, 其相关研究也随之展开.

定义 5.2.1   设 $A = [a_{ij}] \in \mathbb{R}^{n \times n}$. 若对任意的 $i \in N$,

$$\sum_{k \in N} a_{ik} > 0 \tag{5.16}$$

且

$$\frac{1}{n} \left(\sum_{k \in N} a_{ik} \right) > a_{ij}, \quad \forall j \in N, \ j \neq i, \tag{5.17}$$

则称 A 为 B-矩阵.

　　为了建立 B-矩阵与严格对角占优矩阵之间的关系, 先引入如下符号. 对于给定的实矩阵 $A = [a_{ij}] \in \mathbb{R}^{n \times n}$ 和任意的 $i \in N$, 记

$$r_i^+ := \max\{0, a_{ij} | j \neq i\}, \quad r_i^- := \min\{0, a_{ij} | j \neq i\}, \quad r_i := \begin{cases} r_i^+, & a_{ii} > 0, \\ r_i^-, & a_{ii} < 0, \end{cases} \tag{5.18}$$

且对任意的 $j \in N$, 记

$$c_j^+ := \max\{0, a_{ij} | i \neq j\}, \quad c_j^- := \min\{0, a_{ij} | i \neq j\}, \quad c_j := \begin{cases} c_j^+, & a_{jj} > 0, \\ c_j^-, & a_{jj} < 0. \end{cases} \tag{5.19}$$

需要注意的是, r_i 与去心行和 $r_i(A)$, c_j 与去心列和 $c_j(A)$ 是不同的. 下面介绍文献 [374] 给出的关于 B-矩阵的几个结果.

　　定理 5.17　设 $A = [a_{ij}] \in \mathbb{R}^{n \times n}$, r_i^+ 如 (5.18) 所示. 则 A 为 B-矩阵当且仅当对任意的 $i \in N$,

$$\sum_{k \in N} a_{ik} > n r_i^+. \tag{5.20}$$

　　由 (5.16) 式、(5.17) 式和 (5.20) 式易知 B-矩阵有如下性质.

　　定理 5.18　设 $A = [a_{ij}] \in \mathbb{R}^{n \times n}$ 为 B-矩阵, r_i^+ 如 (5.18) 所示. 则对任意的 $i \in N$,

$$r_i^+ < \frac{\sum\limits_{k \in N} a_{ik}}{n} < a_{ii}. \tag{5.21}$$

　　由 (5.20) 式可得 B-矩阵的如下充分且必要条件.

　　定理 5.19　设 $A = [a_{ij}] \in \mathbb{R}^{n \times n}$, r_i^+ 如 (5.18) 所示. 则 A 为 B-矩阵当且仅当对任意的 $i \in N$,

$$a_{ii} - r_i^+ > \sum_{\substack{j \neq i, \\ j \in N}} (r_i^+ - a_{ij}). \tag{5.22}$$

　　注意到, 若 A 为 B-矩阵, 则 $a_{ii} > r_i^+$, 因此 (5.22) 式可写为

$$|a_{ii} - r_i^+| > \sum_{\substack{j \neq i, \\ j \in N}} |r_i^+ - a_{ij}|. \tag{5.23}$$

由此容易建立 B-矩阵与严格对角占优矩阵的如下关系.

定理 5.20   设 $A = [a_{ij}] \in \mathbb{R}^{n \times n}$, 对 A 做如下分裂:

$$A = B^+ + C, \tag{5.24}$$

其中

$$B^+ = [b_{ij}] = \begin{bmatrix} a_{11} - r_1^+ & \cdots & a_{1n} - r_1^+ \\ \vdots & & \vdots \\ a_{n1} - r_n^+ & \cdots & a_{nn} - r_n^+ \end{bmatrix}, \quad C = \begin{bmatrix} r_1^+ & \cdots & r_1^+ \\ \vdots & & \vdots \\ r_n^+ & \cdots & r_n^+ \end{bmatrix}, \tag{5.25}$$

r_i^+ 如 (5.18) 所示. 则 A 为 *B*-矩阵当且仅当 B^+ 为具有正对角元素的严格对角占优矩阵.

定理 5.20 提供了研究 *B*-矩阵的 "新视角", 即研究具有正对角元素的严格对角占优矩阵. 同时, 若 B^+ 为其他类型的矩阵类, 则可引出相应的 *B*-型矩阵类. 例如, 若 B^+ 为具有正对角元素的双严格对角占优矩阵, 则称 A 为 *DB*-矩阵等. 因此, 后续的叙述或在某些文献中, 更愿意使用定理 5.20 作为 *B*-矩阵的定义而展开相关研究.

下面介绍 *B*-矩阵的一些性质, 其可由 *B*-矩阵的定义直接推出, 在此不再具体证明.

定理 5.21   设 $A = [a_{ij}] \in \mathbb{R}^{n \times n}$ 为 *B*-矩阵, 则

(1) $\det(A) > 0$;

(2) A 的任意主子矩阵仍为 *B*-矩阵;

(3) A 的所有的主子式均为正, 即 A 为 *P*-矩阵. 进一步, 若 A 对称, 则 A 为正定矩阵, 即对任意的非零向量 **x**, $\mathbf{x}^\top A \mathbf{x} > 0$.

B-矩阵行列式大于零, 因此非奇异, 于是由第 2 章所述的矩阵的非奇异条件和特征值定位之关系知可以通过 *B*-矩阵定义中的 (5.16)~(5.17) 式来构造矩阵的特征值定位集. 然而条件 "行列式大于零" 太强, 可以进一步弱化, 即可通过削弱 *B*-矩阵定义中的条件引入新的非奇异矩阵类.

定义 5.2.2   设 $\bar{A} \in \mathbb{R}^{n \times n}$. 若存在 *B*-矩阵 A 和对角矩阵 $D = \mathrm{diag}(d_i)$, $d_i \in \{-1, 1\}$, 使得 $\bar{A} = DA$, 则称矩阵 $\bar{A}$ 为 $\bar{B}$-矩阵.

显然, 由 *B*-矩阵的非奇异性易知 $\bar{B}$-矩阵亦为非奇异. 进一步, 由定理 5.19 可给出 $\bar{B}$-矩阵的充分且必要条件.

定理 5.22   设 $A = [a_{ij}] \in \mathbb{R}^{n \times n}$, r_i 如 (5.18) 所示. 则 A 为 $\bar{B}$-矩阵当且仅当对任意的 $i \in N$,

$$|a_{ii} - r_i| > \sum_{\substack{j \neq i, \\ j \in N}} |r_i - a_{ij}|. \tag{5.26}$$

证明   由定义 5.2.2 知, 存在对角矩阵 $D = \mathrm{diag}(d_i)$, $d_i \in \{-1, 1\}$ 及 B-矩阵 A' 使得 $A = DA'$. 因此, A 为 $\bar{B}$-矩阵当且仅当 $DA = DDA' = A'$ 为 B-矩阵. 再由定理 5.19 知, DA 为 B-矩阵当且仅当 ① 若 $a_{ii} > 0$, 则 (5.22) 式成立; ② 若 $a_{ii} < 0$, 则

$$-a_{ii} - (-r_i^-) > \sum_{\substack{j \neq i, \\ j \in N}} \left(-r_i^- - (-a_{ij}) \right).$$

即 (5.26) 成立.   □

上面我们应用行元素定义了 $\bar{B}$-矩阵, 进而给出了矩阵非奇异的充分条件 (5.26) 式. 类似地, 通过列元素仍可给出矩阵非奇异的条件, 即, 若 A^{T} 为 $\bar{B}$-矩阵, 即对任意的 $j \in N$,

$$|a_{jj} - c_j| > \sum_{\substack{i \neq j, \\ i \in N}} |c_j - a_{ij}|, \tag{5.27}$$

则 A 非奇异. 自然地, 应用代数或者几何加权不等式, 即类似于 (积)α-严格对角占优矩阵, 仍可给出新的 $\bar{B}$-型矩阵, 在此不展开介绍. 下面介绍基于 $\bar{B}$-矩阵的非奇异性得到的矩阵实特征值定位结果.

定理 5.23   设 $A = [a_{ij}] \in \mathbb{R}^{n \times n}$, r_i^+, r_i^- 如 (5.18) 所示, 且 λ 为 A 的实特征值. 则

$$\lambda \in \mathcal{P}(A) := \bigcup_{i \in N} \left[a_{ii} - r_i^+ - \sum_{k \neq i} |r_i^+ - a_{ik}|,\ a_{ii} - r_i^- + \sum_{k \neq i} |r_i^- - a_{ik}| \right].$$

证明   注意到 $A - \lambda I$ 与 A 具有相同的非主对角元. 由定理 5.22 知, 假若 $\lambda \notin \mathcal{P}(A)$, 则 $A - \lambda I$ 为 $\bar{B}$-矩阵, 故 $A - \lambda I$ 非奇异. 矛盾. 因此, $\lambda \in \mathcal{P}(A)$.   □

定理 5.23 中的 $\mathcal{P}(A)$ 由 n 个区间的并构成, 称该区间为矩阵 A 的行 $\bar{B}$ 区间. 同样地, 亦可得定位矩阵实特征值列 $\bar{B}$ 区间. 类似于 Geršgorin 圆盘区域, 行 $\bar{B}$ 区间也有相应的分离结果, 感兴趣的读者可以进一步探讨. 下面, 讨论行 $\bar{B}$ 区间与 Geršgorin 圆盘区域的优劣.

例 5.2.1   考虑 $n \times n$ 维全 1 矩阵:

$$E_1 = \begin{bmatrix} 1 & \cdots & 1 \\ \vdots & & \vdots \\ 1 & \cdots & 1 \end{bmatrix},$$

易知 0 为矩阵 E_1 的 $n - 1$ 重特征值, n 为单重特征值. 行 $\bar{B}$ 区间为 $[0, n]$, 左端点和右端点恰为矩阵 A 的最小和最大实特征值, 因此该区间是 sharp (即不增

加其他条件, 该区间不能进一步被改进). 然而, 矩阵 E_1 的 Geršgorin 圆盘区域为 $[-n+2,\ n]$.

另一方面, 考虑 $n \times n$ 维矩阵:

$$E_2 = \begin{bmatrix} 1 & -1 & \cdots & -1 \\ -1 & 1 & \cdots & -1 \\ \vdots & \vdots & \ddots & \vdots \\ -1 & -1 & \cdots & 1 \end{bmatrix},$$

易知 2 为矩阵 E_2 的 $n-1$ 重特征值, $-n+2$ 为单重特征值. 行 $\bar{B}$ 区间为 $[-n+2,\ 2]$. 然而, 矩阵 E_2 的 Geršgorin 圆盘区域为 $[-n+2,\ n]$.

由上述两例可以看出行 $\bar{B}$ 区间在某些情况下比 Geršgorin 圆盘区域能更为精确定位矩阵的实特征值.

对于某些特殊的矩阵类, 可以确定行 $\bar{B}$ 区间与 Geršgorin 圆盘区域哪个能更好定位矩阵实特征值的条件. 例如, 当矩阵 A 为非负矩阵时, 则对任意的 $i \in N$, 存在 $j \neq i$ 使得 $r_i^+ = a_{ij}$. 因此, 其行 $\bar{B}$ 区间与 Geršgorin 圆盘区域的右端点相同. 对于左端点, Geršgorin 圆盘区域确定的实区间的左端点为

$$a_{ii} - a_{ij} - \sum_{k \neq i,j} a_{ik}.$$

行 $\bar{B}$ 区间的左端点为

$$a_{ii} - nr_i^+ + \sum_{k \neq i} a_{ik} = a_{ii} - a_{ij} - (n-2)r_i^+ + \sum_{k \neq i,j} a_{ik}.$$

因此, 行 $\bar{B}$ 区间的左端点大于 Geršgorin 圆盘区域的左端点当且仅当

$$r_i^+ < \frac{2 \sum\limits_{k \neq i,j} a_{ik}}{n-2}. \tag{5.28}$$

注意到 $\sum\limits_{k \neq i,j} a_{ik} \in [0,\ (n-2)r_i^+]$. 故 (5.28) 式等价于

$$\sum_{k \neq i,j} a_{ik} \in \left(\frac{n-2}{2} r_i^+, (n-2)r_i^+ \right]. \tag{5.29}$$

反之, Geršgorin 圆盘区域的左端点大于行 $\bar{B}$ 区间的左端点当且仅当

$$\sum_{k \neq i,j} a_{ik} \in \left[0, \frac{n-2}{2} r_i^+ \right). \tag{5.30}$$

因此, 定位非负矩阵的实特征值时, 若每一行均满足 (5.29) 式, 则行 $\bar{B}$ 区间较好; 若每一行均满足 (5.30) 式, 则 Geršgorin 圆盘区域要好.

再如当矩阵 A 为 Z-矩阵时, 则对任意的 $i \in N$, 存在 $j \neq i$ 使得 $r_i^- = a_{ij}$. 因此, 其行 $\bar{B}$ 区间与 Geršgorin 圆盘区域的左端点相同. 对于右端点, 类似于非负矩阵, 仅需将 (5.29) 式替换为

$$\sum_{k \neq i,j} a_{ik} \in \left[(n-2)r_i^-, \frac{n-2}{2} r_i^- \right)$$

及将 (5.30) 式替换为

$$\sum_{k \neq i,j} a_{ik} \in \left(\frac{n-2}{2} r_i^-, 0 \right],$$

仍可得类似的结论.

前面讨论了实矩阵的实特征值定位. 但即使是实矩阵, 也往往具有复特征值, 且其复特征值的实部常常对矩阵的性质产生重要影响. 因此, 对矩阵复特征值实部的估计也是矩阵特征值理论和应用研究的重要课题. 下面我们就来讨论矩阵复特征值实部的定位和估计问题. 为此, 先给出几个概念和引理.

定义 5.2.3 设 $A = [a_{ij}] \in \mathbb{C}^{n \times n}$. 称实矩阵

$$H(A) = \frac{A + A^*}{2} = \left[\frac{a_{ij} + \bar{a}_{ji}}{2} \right] \in \mathbb{R}^{n \times n}$$

为 A 的 Hermitian 部分, 其中 A^* 表示 A 的共轭转置.

引理 5.24 设 $A = [a_{ij}] \in \mathbb{C}^{n \times n}$. 若 A 的非主对角线元素均为实数, 且

$$\text{Re}(A) := [\text{Re}(a_{ij})]$$

与 $\text{Re}(A^\top)$ 都为 B-矩阵, 则 A 非奇异.

证明 首先证明 $H(A)$ 为 B-矩阵. 由 A 的非主对角元素均为实数知 $\text{Re}(A)$ 和 $\text{Re}(A^\top)$ 的非主对角线元素分别与 A 和 $A^\top$ 的非主对角线元素相同, 再由 $\text{Re}(A)$ 和 $\text{Re}(A^\top)$ 为 B-矩阵得

$$\text{Re}(a_{ii}) + \sum_{j \neq i} a_{ij} > n r_i^+, \quad \text{Re}(a_{ii}) + \sum_{j \neq i} a_{ji} > n c_i^+,$$

故

$$2\text{Re}(a_{ii}) + \sum_{j \neq i} (a_{ij} + a_{ji}) > n(r_i^+ + c_i^+),$$

即

$$\mathrm{Re}(a_{ii}) + \frac{\sum\limits_{j \neq i}(a_{ij} + a_{ji})}{2} > n\frac{r_i^+ + c_i^+}{2} \geqslant n\max\left\{0, \frac{a_{ij} + a_{ji}}{2}|j \neq i\right\}.$$

这意味着 $H(A)$ 为 B-矩阵. 进一步, 注意到 $H(A)$ 为实对称矩阵, 故 $H(A)$ 为正定矩阵, 由此知 $H(A)$ 仅有正特征值. 再根据如下事实: 矩阵 A 的最小奇异值不小于 $H(A)$ 的最小特征值, 知 A 的最小奇异值为正, 因此 A 非奇异. □

由引理 5.24 容易得到如下推论.

推论 5.25 设 $A \in \mathbb{C}^{n \times n}$ 且其非主对角元素均为实数. 若 A 奇异, 则 $\mathrm{Re}(A)$ 或 $\mathrm{Re}(A^\top)$ 不是 $\bar{B}$-矩阵.

由推论 5.25, 类似于定理 5.23 的证明易得如下矩阵特征值实部定位结果.

定理 5.26 设 $A = [a_{ij}] \in \mathbb{R}^{n \times n}$, r_i^+, r_i^- 如 (5.18) 所示, c_i^+, c_i^- 如 (5.19) 所示, 且 λ 为 A 的特征值. 则 $\mathrm{Re}(\lambda) \in \mathcal{P}^*(A) := \bigcup\limits_{i \in N}[\alpha_i, \beta_i]$, 其中对任意的 $i \in N$,

$$\alpha_i = \min\left\{a_{ii} - r_i^+ - \sum_{k \neq i}|r_i^+ - a_{ik}|,\ a_{ii} - c_i^+ - \sum_{k \neq i}|c_i^+ - a_{ki}|\right\}$$

且

$$\beta_i = \max\left\{a_{ii} - r_i^- + \sum_{k \neq i}|r_i^- - a_{ik}|,\ a_{ii} - c_i^- + \sum_{k \neq i}|c_i^- - a_{ki}|\right\}.$$

再次考察定义 B-矩阵的不等式 (5.16) 与 (5.17). 若改变 $\sum\limits_{k \in N}a_{ik}$, $\frac{1}{n}\sum\limits_{k \in N}a_{ik}$, a_{ij} 和 0 的大小关系, 是否改变矩阵的非奇异性呢? 例如, 若矩阵 A 满足 (5.16) 式及

$$\frac{1}{n}\sum_{k \in N}a_{ik} < a_{ij}, \quad \forall j \neq i, \tag{5.31}$$

A 是否非奇异? J.M. Peña 于 2005 年引入的 C-矩阵的非奇异性给出了该问题的一个答案.

定义 5.2.4 设 $A = [a_{ij}] \in \mathbb{R}^{n \times n}$. 若对任意的 $i \in N$, (5.16) 式及 (5.31) 式成立, 则称 A 为 C-矩阵.

显然, 由定义 5.2.4 知若 A 为 C-矩阵, 则矩阵 A 的非主对角元素均为正数, 即对任意的 $i, j \in N$ 和 $j \neq i$, $a_{ij} > 0$, 且其主对角元素满足

$$a_{ii} < \min_{j \neq i}\{a_{ij}\}, \quad \forall i \in N.$$

定理 5.27   设 $A = [a_{ij}] \in \mathbb{R}^{n \times n}$ 为 C-矩阵. 则 $(-1)^{n-1} \det(A) > 0$, 进而 A 非奇异.

证明   令 $\mathbf{e} = [1, 1, \cdots, 1]^\top$, $\mathbf{x} = \dfrac{1}{n} A\mathbf{e} = [x_1, x_2, \cdots, x_n]^\top$, 其中

$$x_i = \frac{1}{n} \sum_{k \in N} a_{ik}, \quad \forall i \in N.$$

由 (5.31) 式知对任意的 $i \in N$,

$$\min_{\substack{j \in N, \\ j \neq i}} \frac{a_{ij}}{x_i} > 1,$$

故存在 $d > 0$ 使得

$$1 + 2d = \min_{i \in N} \left\{ \min_{\substack{j \in N, \\ j \neq i}} \frac{a_{ij}}{x_i} \right\}.$$

则对任意的 $i \in N$ 和 $j \neq i$,

$$a_{ij} \geqslant (1 + 2d)x_i > (1 + d)x_i > 0. \tag{5.32}$$

令 $P := \dfrac{1+d}{n} \mathbf{e}\mathbf{e}^\top - I$, $M := AP = (m_{ij})$, 则

$$m_{ij} = (1 + d)x_i - a_{ij}, \quad \forall i, j \in N.$$

于是由 A 为 C-矩阵知 M 为 Z-矩阵 (即, 其非主对角元非正), 且

$$M\mathbf{e} = (1 + d)n\mathbf{x} - n\mathbf{x} = dn\mathbf{x} > 0.$$

因此, M 为主对角元素为正的严格对角占优矩阵, 故 $\det(M) > 0$ (事实上, M 为 P-矩阵). 注意到, 矩阵 P 的特征值为 d 与 -1 ($n - 1$ 重). 因此,

$$\det(M) = \det(AP) = \det(A)\det(P)$$

$$= (-1)^{n-1} d \cdot \det(A) > 0 \Rightarrow (-1)^{n-1} \det(A) > 0. \qquad \square$$

应用 C-矩阵的非奇异可建立矩阵特征值的定位结果. 为此, 给出如下符号及 C-矩阵的相关性质. 给定实矩阵 $A = [a_{ij}] \in \mathbb{R}^{n \times n}$, 记

$$s_i^+ := \max\left\{ 0, \min_{j \neq i} a_{ij} \right\}, \quad s_i^- := \min\left\{ 0, \max_{j \neq i} a_{ij} \right\}. \tag{5.33}$$

显然,

$$s_i^+ s_i^- = 0, \quad \forall i \in N. \tag{5.34}$$

定理 5.28　设 $A = [a_{ij}] \in \mathbb{R}^{n \times n}$, s_i^+ 如 (5.33) 所示. 则 A 为 C-矩阵当且仅当对任意的 $i \in N$,

$$0 < \sum_{j \in N} a_{ij} < ns_i^+. \tag{5.35}$$

类似于 $\bar{B}$-矩阵, 可引出 $\bar{C}$-矩阵.

定义 5.2.5　设 $\bar{A} \in \mathbb{R}^{n \times n}$. 若存在 C-矩阵 A 和对角矩阵 $D = \mathrm{diag}(d_i)$, $d_i \in \{-1, 1\}$, 使得 $\bar{A} = DA$, 则称矩阵 $\bar{A}$ 为 $\bar{C}$-矩阵.

由于 C-矩阵的非主对角元素均为正数, 因此 $\bar{C}$-矩阵的非主对角元素均非零. 进一步, 由 C-矩阵的非奇异易知若 A 或 $A^\top$ 为 $\bar{C}$-矩阵, 则 A 非奇异.

类似于定理 5.28, 可建立 $\bar{C}$-矩阵的如下等价表述.

定理 5.29　设 $A = [a_{ij}] \in \mathbb{R}^{n \times n}$, s_i^+, s_i^- 如 (5.33) 所示. 则 A 为 $\bar{C}$-矩阵当且仅当对任意的 $i \in N$, 或者 (5.35) 式成立, 或者

$$0 > \sum_{j \in N} a_{ij} > ns_i^-. \tag{5.36}$$

上述等价表述为定位实矩阵的实特征值提供了一些信息.

定理 5.30　设 $A = [a_{ij}] \in \mathbb{R}^{n \times n}$, s_i^+, s_i^- 如 (5.33) 所示, 且 λ 为 A 的实特征值. 则

$$\lambda \notin \mathcal{E}(A) := \left(\max_{i \in N} \left\{ \sum_{j \in N} a_{ij} - ns_i^+ \right\}, \ \min_{i \in N} \left\{ \sum_{j \in N} a_{ij} - ns_i^- \right\} \right).$$

证明　令 $\mathbf{r} := Ae = [r_1, \cdots, r_n]^\top$, 其中 $\mathbf{e} = [1, 1, \cdots, 1]^\top$,

$$r_i = \sum_{j \in N} a_{ij}.$$

由 $\mathcal{E}(A)$ 的定义知对任意的 $t \in \mathcal{E}(A)$,

$$(r_i - t) - ns_i^+ < 0 < (r_i - t) - ns_i^-, \quad \forall i \in N.$$

进一步, 假若存在 $k \in N$ 使得 $t = r_k$, 则 $-ns_k^+ < 0 < -ns_k^-$. 这矛盾于 (5.34) 式, 故对任意的 $i \in N$, $t \neq r_i$. 于是对任意的 $i \in N$, 或者

$$ns_i^+ > r_i - t > 0$$

或者

$$ns_i^- < r_i - t < 0,$$

再由定理 5.29 知 $A - tI$ 为 $\bar{C}$-矩阵, 故 $A - tI$ 非奇异, 即任意的 $t \in \mathcal{E}(A)$ 都不是 A 的特征值. 因而, A 的任何特征值 $\lambda \notin \mathcal{E}(A)$.　　　　　□

称上述定理中的区间 $\mathcal{E}(A)$ 为实矩阵实特征值的行排除区间. 同样, 也可给出实矩阵实特征值的列排除区间. 另一方面, 若矩阵 A 的第 i 行有零元或者有两个不同符号的非主对角元 (即 $a_{ik}a_{ij} < 0,\ j,\ k \neq i$ 且 $j \neq k$), 则 $s_i^- = 0 = s_i^+$. 这导致行排除区间 $\mathcal{E}(A)$ 为空集. 因此, 行排除区间 $\mathcal{E}(A)$ 的使用范围有限, 仅可应用于某些特殊的矩阵类, 例如正矩阵等.

应用排除区间可以给出随机矩阵实特征值的如下估计式.

定理 5.31　设 $A = [a_{ij}] \in \mathbb{R}^{n \times n}$ 为随机矩阵,

$$s^+ = \min_{j \neq i} a_{ij}, \quad w = \min_{i \in N} a_{ii}.$$

若 λ 为 A 的实特征值, 则或者 $\lambda = 1$, 或者

$$2w - 1 \leqslant \lambda \leqslant 1 - ns^+.$$

进而, 若 A 为正矩阵, 则行排除区间 $\mathcal{E}(A)$ 非空.

证明　设 λ 为 A 的实特征值, 则由 Geršgorin 圆盘定理知

$$|\lambda - w| \leqslant 1 - w.$$

因此, $2w - 1 \leqslant \lambda$. 进一步, 若 $s^+ = 0$, 则 $\lambda \leqslant 1 - ns^+ = 1$ 显然成立. 否则 $s^+ > 0$, 即 A 为正矩阵. 注意到, $s^+ = \min_{i \in N} s_i^+$. 由定理 5.30 知行排除区间 $\mathcal{E}(A) = (1 - ns^+, 1)$, 故 $\lambda \leqslant 1 - ns^+ < 1$.　$\square$

本节介绍了 B-矩阵、$\bar{B}$-矩阵、C-矩阵和 $\bar{C}$-矩阵, 并应用其非奇异性得到了实矩阵实特征值的定位区间与排除区间. 特别是定理 5.20 建立了 B-矩阵与严格对角占优矩阵的关系. 换言之, 可通过严格对角占优矩阵定义 B-矩阵. 事实上, 基于双严格对角占优矩阵、S-SDD 矩阵、Nekrasov 矩阵等, 可引出其他的 B-型矩阵类, 例如 DB-矩阵、SB-矩阵、B-Nekrasov 矩阵等. 当然也可定义 DC-矩阵、SC-矩阵、C-Nekrasov 矩阵, 及相应的实特征值定位区间与排除区间. 感兴趣的读者可参阅文献 [4, 5, 151, 152, 266, 267, 277, 354, 375, 377, 419, 420], 在此不再赘述.

5.3　线性互补问题解的误差估计

线性互补问题: 对于给定向量 $\mathbf{q} \in \mathbb{R}^n$ 和矩阵 $M \in \mathbb{R}^{n \times n}$, 求向量 $\mathbf{x} \in \mathbb{R}^n$ 使得

$$\mathbf{x} \geqslant \mathbf{0}, \quad M\mathbf{x} + \mathbf{q} \geqslant \mathbf{0}, \quad (M\mathbf{x} + \mathbf{q})^\top \mathbf{x} = \mathbf{0}, \tag{5.37}$$

或证明不存在满足 (5.37) 式的向量 $\mathbf{x}$, 记为 LCP$(M, \mathbf{q})$. 线性互补问题的研究最早可追溯到 1940 年, 但当时并没受到广泛关注, 直到 20 世纪 60 年代中期才逐步

引起学者的重视和深入研究. 1992 年, R.W. Cottle, J.S. Pang 和 R.E. Stone 整理了线性互补问题相关研究, 并作为由 Werner Rheinboldt 编辑出版的 *Computer Science and Scientific Computing* 中的部分内容. 2009 年, 上述三位学者以此为基础在《美国工业与应用数学》(*SIAM*) 出版了线性互补问题的专著 *The Linear Complementarity Problem*. 经过 80 多年的发展, 线性互补问题已被证实其在力学、经济学、管理科学等学科中发挥了重要作用. 下面介绍线性互补问题的两个应用例子.

- **二次规划**

二次规划:

$$\begin{aligned} \min \quad & f(\mathbf{x}) = c^\top \mathbf{x} + \tfrac{1}{2}\mathbf{x}^\top Q\mathbf{x}, \\ \text{subject to} \quad & A\mathbf{x} \geqslant \mathbf{b}, \\ & \mathbf{x} \geqslant \mathbf{0}, \end{aligned} \tag{5.38}$$

其中 $Q \in \mathbb{R}^{n\times n}$ 为对称矩阵, $\mathbf{c} \in \mathbb{R}^n$, $A \in \mathbb{R}^{m\times n}$ 且 $\mathbf{b} \in \mathbb{R}^m$. 二次规划广泛应用于工程、物理学等领域的接触问题、多孔流动问题、障碍问题、弹塑性力学扭转问题等. 若 $\mathbf{x}$ 为 (5.38) 的局部最优解, 则存在向量 $\mathbf{y} \in \mathbb{R}^m$ 使得 $(\mathbf{x}, \mathbf{y})$ 满足如下 Karush-Kuhn-Tucker(KKT) 条件:

$$\mathbf{u} := \mathbf{c} + Q\mathbf{x} - A^\top \mathbf{y} \geqslant \mathbf{0}, \quad \mathbf{x} \geqslant \mathbf{0}, \quad \mathbf{x}^\top \mathbf{u} = 0,$$
$$\mathbf{v} := -\mathbf{b} + A\mathbf{x} \geqslant 0, \quad \mathbf{y} \geqslant \mathbf{0}, \quad \mathbf{y}^\top \mathbf{v} = 0.$$

此外, 若 Q 为正半定的, 即目标函数 $f(\mathbf{x})$ 为凸函数, 则上述 KKT 条件保证 $\mathbf{x}$ 为全局最优解. 显然, KKT 条件可写为线性互补问题 LCP$(M, \mathbf{q})$, 其中

$$\mathbf{q} = \begin{bmatrix} c \\ -b \end{bmatrix}, \quad M = \begin{bmatrix} Q & -A^\top \\ A & 0 \end{bmatrix}.$$

因此, 二次规划 (5.38) 的局部最优解或者全局最优解转为 LCP$(M, \mathbf{q})$ 的解.

- **双矩阵博弈**

双矩阵博弈也称为两人非零和有限博弈, 即两个玩家 (玩家 I 和玩家 II) 之间的博弈, 每个玩家只有有限个行为 (纯策略) 可供选择, 且博弈中某一玩家的获益不一定意味着另一玩家要遭受同等数量的损失, 玩家之间不存在 "你之得即我之失" 这种简单关系.

在双矩阵博弈中, 设玩家 I 和玩家 II 的策略集分别为 $S_1 = \{1, 2, \cdots, m\}$ 和 $S_2 = \{1, 2, \cdots, n\}$. 当玩家 I 选择纯策略 $i \in S_1$, 玩家 II 选择纯策略 $j \in S_2$ 时,

玩家 I 和玩家 II 的收益分别表示为 a_{ij} 和 b_{ij}. 于是, 双方的收益可分别由矩阵 $A = [a_{ij}] \in \mathbb{R}^{m \times n}$ 和 $B = [b_{ij}] \in \mathbb{R}^{m \times n}$ 表示, 记为 $\Omega(A, B)$.

令 x_i 表示玩家 I 选择纯策略 $i \in S_1$ 的概率, 则玩家 I 的混合策略 (以一定概率值随机地选取的策略) 可定义为 $\mathbf{x} = [x_1, x_2, \cdots, x_m]^\top \in \mathbb{R}^m$. 显然, $\mathbf{x} \geqslant 0$ 且 $\sum\limits_{i=1}^{m} x_i = 1$. 类似地, 玩家 II 的混合策略可定义为 $\mathbf{y} = [y_1, y_2, \cdots, y_n]^\top \in \mathbb{R}^n$. 由收益矩阵 A 和 B 易得玩家 I 和玩家 II 的平均 (预期) 收益分别为 $\mathbf{x}^\top A \mathbf{y}$ 和 $\mathbf{x}^\top B \mathbf{y}$. 若混合策略组合 $(\mathbf{x}^*, \mathbf{y}^*) \in \mathbb{R}^m \times \mathbb{R}^n$ 满足

- 对任意的 $\mathbf{x} \geqslant 0$ 且 $\sum\limits_{i=1}^{m} x_i = 1$, $(\mathbf{x}^*)^\top A \mathbf{y}^* \gg \mathbf{x}^\top A \mathbf{y}^*$;

- 对任意的 $\mathbf{y} \geqslant 0$ 且 $\sum\limits_{i=1}^{n} y_i = 1$, $(\mathbf{x}^*)^\top B \mathbf{y}^* \gg (\mathbf{x}^*)^\top B \mathbf{y}$,

则称 $(\mathbf{x}^*, \mathbf{y}^*)$ 是博弈 $\Omega(A, B)$ 的一个纳什均衡. 换言之, 如果两位玩家都不能通过单方面改变策略来提高自身的收益, 那么策略组合 $(\mathbf{x}^*, \mathbf{y}^*)$ 就是一个纳什均衡. 此外, 由博弈论的一个基本结果 (有限策略式博弈一定存在混合策略纳什均衡) 知, 这样的 $(\mathbf{x}^*, \mathbf{y}^*)$ 一定存在.

双矩阵博弈 $\Omega(A, B)$ 可转化为线性互补问题来求解. 不失一般性, 假定 A 和 B 是正矩阵 (否则可将 a_{ij} 和 b_{ij} 加上足够大的相同正数使其均为正, 这样做不影响均衡解). 考虑如下线性互补问题:

$$\begin{aligned}
\mathbf{u} := -e_m + A\mathbf{y} \geqslant \mathbf{0}, \quad \mathbf{x} \geqslant \mathbf{0}, \quad \mathbf{x}^\top \mathbf{u} = 0, \\
\mathbf{v} := -e_n + B^\top \mathbf{x} \geqslant \mathbf{0}, \quad \mathbf{y} \geqslant \mathbf{0}, \quad \mathbf{y}^\top \mathbf{v} = 0,
\end{aligned} \tag{5.39}$$

其中 $e_m = [1, \cdots, 1]^\top \in \mathbb{R}^m$, $e_n = [1, \cdots, 1]^\top \in \mathbb{R}^n$. 易见, 若 $(\mathbf{x}^*, \mathbf{y}^*)$ 为 $\Omega(A, B)$ 的纳什均衡, 则 $(\mathbf{x}', \mathbf{y}')$ 为线性互补问题 (5.39) 的解, 其中

$$\mathbf{x}' = \mathbf{x}^* / (\mathbf{x}^*)^\top B \mathbf{y}^*, \quad \mathbf{y}' = \mathbf{y}^* / (\mathbf{x}^*)^\top A \mathbf{y}^*. \tag{5.40}$$

反之, 若 $(\mathbf{x}', \mathbf{y}')$ 为线性互补问题 (5.39) 的解, 则 $\mathbf{x}'$ 与 $\mathbf{y}'$ 均不为零. 因此, $(\mathbf{x}^*, \mathbf{y}^*) = \left(\dfrac{\mathbf{x}'}{e_m^\top \mathbf{x}'}, \dfrac{\mathbf{y}'}{e_n^\top \mathbf{y}'} \right)$ 为 $\Omega(A, B)$ 的一个纳什均衡.

综上所述, 双矩阵博弈 $\Omega(A, B)$ 纳什均衡的求解可转化为 $\mathrm{LCP}(M, \mathbf{q})$ 的求解, 其中

$$\mathbf{q} = \begin{bmatrix} -e_m \\ -e_n \end{bmatrix}, \quad M = \begin{bmatrix} \mathbf{0} & A \\ B^\top & \mathbf{0} \end{bmatrix}.$$

线性互补问题的研究分为基本理论和数值算法两部分. 基本理论部分主要研究解的存在性、唯一性、稳定性和灵敏度分析, 以及线性互补问题与其他数学问

题的联系; 数值算法部分则主要研究求解线性互补问题的数值算法的构造、收敛性分析等问题. 数值解法主要有直接法和迭代法两大类, 例如投影法、内点法、Newton 类方法、模基迭代方法等. 本小节仅介绍线性互补问题解的误差估计的相关结果. 首先给出线性互补问题解的存在唯一性结果, 其证明可参见文献 [78] 中定理 3.3.7, 在此不再给出.

定理 5.32 对任意给定的向量 $\mathbf{q} \in \mathbb{R}^n$, LCP$(M, \mathbf{q})$ 存在唯一解当且仅当矩阵 $M \in \mathbb{R}^{n \times n}$ 为 P-矩阵.

定理 5.32 告诉我们线性互补问题解的存在唯一性问题可转化为 P-矩阵的判定问题. 同时, 研究线性互补问题解的相关问题, 例如其数值解法, 往往假设矩阵 M 为 P-矩阵以保证解存在且唯一. P-矩阵是矩阵理论中又一非常重要的矩阵类, 对于其相关研究可参见文献 [350, 407, 443].

定义 5.3.1 设 $M \in \mathbb{R}^{n \times n}$ 为 P-矩阵. 称函数 $f : \mathbb{R}^n \to \mathbb{R}$ 为定义在向量 $\mathbf{x} \in \mathbb{R}^n$ 的 Prenorm, 其中

$$f(\mathbf{x}) := ||\mathbf{x}||_M = \left(\max_{i \in N} x_i (M\mathbf{x})_i \right)^{\frac{1}{2}}. \tag{5.41}$$

显然, 若 M 为单位矩阵, 则 $||\mathbf{x}||_M$ 退化为向量 ∞-范数. 然而 $||\mathbf{x}||_M$ 并非向量范数, 除非 M 为正对角矩阵. 令

$$\alpha(M) := \min_{||\mathbf{x}||_\infty = 1} ||\mathbf{x}||_M^2 = \min_{||\mathbf{x}||_\infty = 1} f^2(\mathbf{x}).$$

由 $f(\mathbf{x})$ 的连续性知 $\alpha(M)$ 有界, 且 $\alpha(M) > 0$. 此外, 对任意的 $\mathbf{x} \in \mathbb{R}^n$,

$$\max_{i \in N} x_i (M\mathbf{x})_i \geqslant \alpha(M) ||\mathbf{x}||_\infty^2. \tag{5.42}$$

因为 P-矩阵的逆仍为 P-矩阵, 将 (5.42) 式中矩阵 M 替换为 M^{-1}, 及 $\mathbf{y} = M^{-1}\mathbf{x}$ 得

$$\max_{i \in N} y_i (M\mathbf{y})_i \geqslant \alpha(M^{-1}) ||M\mathbf{y}||_\infty^2. \tag{5.43}$$

注意到对任意的 $i \in N$,

$$x_i (M\mathbf{x})_i \leqslant ||\mathbf{x}||_\infty ||M\mathbf{x}||_\infty \leqslant ||M||_\infty ||\mathbf{x}||_\infty^2,$$

由 (5.42) 式得

$$||M||_\infty \geqslant \alpha(M).$$

下面, 讨论线性互补问题解的误差估计问题.

定理 5.33 设 $M \in \mathbb{R}^{n \times n}$ 为 P-矩阵, $\mathbf{x}^*$ 为 LCP$(M, \mathbf{q})$ 的唯一解. 则

$$\alpha(M^{-1})||(-\mathbf{q})_+||_\infty \leqslant ||\mathbf{x}^*||_\infty \leqslant \alpha(M)^{-1}||(-\mathbf{q})_+||_\infty, \tag{5.44}$$

其中 $(-\mathbf{q})_+$ 为向量 $(-\mathbf{q})$ 的非负部分, 即

$$(-\mathbf{q})_+ = [\max\{(-\mathbf{q})_1, \mathbf{0}\}, \cdots, \max\{(-\mathbf{q})_n, \mathbf{0}\}]^\top.$$

证明   不失一般性, 设 $\mathbf{x}^* \neq \mathbf{0}$, 或等价地 $\mathbf{q}$ 不是非负向量. 因为 $\mathbf{x}^*$ 为 LCP$(M, \mathbf{q})$ 的唯一解, 由 (5.42) 式得

$$\begin{aligned}
\alpha(M)||\mathbf{x}^*||_\infty^2 &\leqslant \max_{i \in N} x_i^*(M\mathbf{x}^*)_i \\
&= \max_{i \in N} x_i^*(-\mathbf{q})_i \\
&= \max_{i \in N} x_i^*((-\mathbf{q})_+)_i \\
&\leqslant ||\mathbf{x}^*||_\infty||(-\mathbf{q})_+||_\infty.
\end{aligned}$$

这意味着 $||\mathbf{x}^*||_\infty \leqslant \alpha(M)^{-1}||(-\mathbf{q})_+||_\infty$.

另一方面, 注意到 $M\mathbf{x}^* \geqslant -\mathbf{q}$, 则

$$|M\mathbf{x}^*| \geqslant (M\mathbf{x}^*)_+ \geqslant (-\mathbf{q})_+$$

且

$$||M\mathbf{x}^*||_\infty \geqslant ||(-\mathbf{q})_+||_\infty.$$

由 (5.43) 式及 $x_i^*(\mathbf{q} + M\mathbf{x}^*)_i = 0$, $\forall i \in N$ 得

$$\begin{aligned}
||(-\mathbf{q})_+||_\infty^2 &\leqslant \big(\alpha(M^{-1})\big)^{-1} \max_{i \in N} x_i^*(M\mathbf{x}^*)_i \\
&= \big(\alpha(M^{-1})\big)^{-1} \max_{i \in N} x_i^*(-\mathbf{q})_i \\
&\leqslant \big(\alpha(M^{-1})\big)^{-1} ||\mathbf{x}^*||_\infty||(-\mathbf{q})_+||_\infty.
\end{aligned}$$

这意味着 $\alpha(M^{-1})||(-\mathbf{q})_+||_\infty \leqslant ||\mathbf{x}^*||_\infty$. $\square$

为了讨论线性互补问题解的绝对误差估计, 需要如下记号. 给定向量 $\mathbf{x} \in \mathbb{R}^n$, 记

$$r(\mathbf{x}) := \min\{\mathbf{x}, \mathbf{q} + M\mathbf{x}\} = [\min\{x_1, (\mathbf{q} + M\mathbf{x})_1\}, \cdots, \min\{x_n, (\mathbf{q} + M\mathbf{x})_n\}]^\top.$$

显然, $\mathbf{x}^*$ 为 LCP$(M, \mathbf{q})$ 的解当且仅当 $\mathbf{x}^*$ 为方程 $r(\mathbf{x}) = 0$ 的解.

定理 5.34 设 $M \in \mathbb{R}^{n \times n}$ 为 P-矩阵, $\mathbf{x}^*$ 为 LCP$(M, \mathbf{q})$ 的唯一解. 则对任意的 $\mathbf{x} \in \mathbb{R}^n$,

$$\frac{1}{1 + ||M||_\infty}||r(\mathbf{x})||_\infty \leqslant ||\mathbf{x} - \mathbf{x}^*||_\infty \leqslant \frac{1 + ||M||_\infty}{\alpha(M)}||r(\mathbf{x})||_\infty. \tag{5.45}$$

证明 令 $\mathbf{w} = \mathbf{q} + M\mathbf{x}^*$. 则 $\mathbf{y} = \mathbf{x} - r(\mathbf{x})$ 为如下互补问题的解:

$$\mathbf{y} \geqslant \mathbf{0}, \quad \mathbf{z} := \mathbf{q} + (M - I)r(\mathbf{x}) + M\mathbf{y} \geqslant \mathbf{0}, \quad \mathbf{y}^\top\mathbf{z} = 0.$$

故对任意的 $i \in N$,

$$0 \geqslant (\mathbf{y} - \mathbf{x}^*)_i(\mathbf{z} - \mathbf{w})_i$$

$$= (\mathbf{x} - r(\mathbf{x}) - \mathbf{x}^*)_i(-r(\mathbf{x}) + M(\mathbf{x} - \mathbf{x}^*))_i$$

$$\geqslant -(\mathbf{x} - \mathbf{x}^*)_i(r(\mathbf{x}))_i - (r(\mathbf{x}))_i(M(\mathbf{x} - \mathbf{x}^*))_i + (\mathbf{x} - \mathbf{x}^*)_i(M(\mathbf{x} - \mathbf{x}^*))_i,$$

即对任意的 $i \in N$,

$$(\mathbf{x} - \mathbf{x}^*)_i(M(\mathbf{x} - \mathbf{x}^*))_i \leqslant (\mathbf{x} - \mathbf{x}^*)_i(r(\mathbf{x}))_i + (r(\mathbf{x}))_i(M(\mathbf{x} - \mathbf{x}^*))_i. \tag{5.46}$$

注意到 M 为 P-矩阵. 因此, 存在 $i_0 \in N$ 使得

$$(\mathbf{x} - \mathbf{x}^*)_{i_0}(M(\mathbf{x} - \mathbf{x}^*))_{i_0} = \max_{i \in N}(\mathbf{x} - \mathbf{x}^*)_i(M(\mathbf{x} - \mathbf{x}^*))_i.$$

由 (5.42) 式和 (5.46) 式知,

$$\alpha(M)\|\mathbf{x} - \mathbf{x}^*\|_\infty^2 \leqslant (\mathbf{x} - \mathbf{x}^*)_{i_0}(r(\mathbf{x}))_{i_0} + (r(\mathbf{x}))_{i_0}(M(\mathbf{x} - \mathbf{x}^*))_{i_0}$$

$$\leqslant (1 + \|M\|_\infty)\|r(\mathbf{x})\|_\infty\|\mathbf{x} - \mathbf{x}^*\|_\infty.$$

故 (5.45) 式右侧不等式成立.

下证 (5.45) 式左侧不等式成立. 考虑指标 $i \in N$, 若 $(r(\mathbf{x}))_i > 0$ 及 $w_i = 0$, 则

$$|(r(\mathbf{x}))_i| = (r(\mathbf{x}))_i \leqslant (M(\mathbf{x} - \mathbf{x}^*))_i \leqslant \|M\|_\infty\|\mathbf{x} - \mathbf{x}^*\|_\infty.$$

另一方面, 若 $\mathbf{x}^* = \mathbf{0}$, 则

$$|(r(\mathbf{x}))_i| = (r(\mathbf{x}))_i \leqslant x_i - (\mathbf{x}^*)_i \leqslant \|\mathbf{x} - \mathbf{x}^*\|_\infty.$$

因此, 若 $(r(\mathbf{x}))_i > 0$, 则

$$|(r(\mathbf{x}))_i| \leqslant (1 + \|M\|_\infty)\|\mathbf{x} - \mathbf{x}^*\|_\infty,$$

即 $\dfrac{1}{1 + \|M\|_\infty}\|r(\mathbf{x})\|_\infty \leqslant \|\mathbf{x} - \mathbf{x}^*\|_\infty$. 当 $(r(\mathbf{x}))_i \leqslant 0$ 时, 可类似证明. $\qquad\square$

应用定理 5.33 和定理 5.34, 易得线性互补问题解的相对误差的如下估计式.

定理5.35 设 $M \in \mathbb{R}^{n \times n}$ 为 P-矩阵, $\mathbf{x}^*$ 为 $\mathrm{LCP}(M, \mathbf{q})$ 的唯一解, 且 $(-\mathbf{q})_+ \neq 0$. 则对任意的 $\mathbf{x} \in \mathbb{R}^n$,

$$\frac{\alpha(M)}{1 + ||M||_\infty} \frac{||r(\mathbf{x})||_\infty}{||(-\mathbf{q})_+||_\infty} \leqslant \frac{||\mathbf{x} - \mathbf{x}^*||_\infty}{||\mathbf{x}^*||_\infty} \leqslant \frac{1 + ||M||_\infty}{\alpha(M^{-1})\alpha(M)} \frac{||r(\mathbf{x})||_\infty}{||(-\mathbf{q})_+||_\infty}. \quad (5.47)$$

定理 5.34 和定理 5.35 中线性互补问题解的绝对误差与相对误差均涉及 $\alpha(M)$ 或者 $\alpha(M^{-1})$, 然而精确计算其值并不容易. 为此, 众多学者改进上述线性互补问题解的绝对误差与相对误差界, 得到了一系列重要结果. 下面介绍 X.J. Chen 和 S.H. Xiang 于 2006 年给出的误差估计.

定理 5.36 设 $M \in \mathbb{R}^{n \times n}$ 为 P-矩阵, $\mathbf{x}^*$ 为 $\mathrm{LCP}(M, \mathbf{q})$ 的唯一解. 则对任意的 $\mathbf{x} \in \mathbb{R}^n$,

$$\frac{||r(\mathbf{x})||}{\max_{d \in [0,1]^n} ||I - D + DM||} \leqslant ||\mathbf{x} - \mathbf{x}^*|| \leqslant \max_{d \in [0,1]^n} ||(I - D + DM)^{-1}|| ||r(\mathbf{x})||, \quad (5.48)$$

其中 $D = \mathrm{diag}(d_1, \cdots, d_n)$, $d \in [0,1]^n$ 表示对每一个 $i \in N$, $d_i \in [0, 1]$.

证明 注意到对任意的向量 $\mathbf{x}$, $\mathbf{y} \in \mathbb{R}^n$, 均有

$$\min\{x_i, y_i\} - \min\{x_i^*, y_i^*\} = (1 - d_i)(x_i - x_i^*) + d_i(y_i - y_i^*), \quad (5.49)$$

这里若 $y_i \geqslant x_i$ 且 $y_i^* \geqslant x_i^*$, 则取 $d_i = 0$; 若 $y_i \leqslant x_i$ 且 $y_i^* \leqslant x_i^*$, 则取 $d_i = 1$; 否则取

$$d_i = \frac{\min\{x_i, y_i\} - \min\{x_i^*, y_i^*\} + x_i^* - x_i}{y_i - y_i^* + x_i^* - x_i}.$$

显然, 对每一个 $i \in N$, $d_i \in [0, 1]$. 进一步, 由 (5.49) 式及 $\mathbf{y} = M\mathbf{x} + \mathbf{q}$ 和 $\mathbf{y}^* = M\mathbf{x}^* + \mathbf{q}$ 得

$$r(\mathbf{x}) = (I - D + DM)(\mathbf{x} - \mathbf{x}^*), \quad (5.50)$$

其中 $D = \mathrm{diag}(d_1, \cdots, d_n)$ 且 $\mathbf{d} = [d_1, \cdots, d_n] \in [0,1]^n$. 进一步, 容易证明 M 为 P-矩阵当且仅当对任意对角矩阵 $D = \mathrm{diag}(d_1, \cdots, d_n)$ 且 $\mathbf{d} = [d_1, \cdots, d_n] \in [0,1]^n$, $I - D + DM$ 非奇异. 再由 (5.50) 知 (5.48) 成立. $\quad \square$

定理 5.36 中给出的线性互补问题解的绝对误差界比定理 5.34 中的界更为精确.

定理 5.37 设 $M = [m_{ij}] \in \mathbb{R}^{n \times n}$ 为 P-矩阵, $\mathbf{x}^*$ 为 $\mathrm{LCP}(M, \mathbf{q})$ 的唯一解. 则对任意的 $\mathbf{x} \in \mathbb{R}^n$,

$$\frac{1}{1 + ||M||_\infty} ||r(\mathbf{x})||_\infty$$

$$\leqslant \frac{1}{\max\limits_{d \in [0,1]^n} ||I - D + DM||_\infty} ||r(\mathbf{x})||_\infty$$

$$\leqslant ||\mathbf{x} - \mathbf{x}^*||_\infty$$

$$\leqslant \max\limits_{d \in [0,1]^n} ||(I - D + DM)^{-1}||_\infty ||r(\mathbf{x})||_\infty$$

$$\leqslant \frac{1 + ||M||_\infty}{\alpha(M)} ||r(\mathbf{x})||_\infty.$$

证明 首先证明第一个不等号成立. 不失一般性, 设 $D^* = \mathrm{diag}(d_1^*, \cdots, d_n^*)$ 使得

$$||I - D^* + D^* M||_\infty = \max\limits_{d \in [0,1]^n} ||I - D + DM||_\infty.$$

由 M 为 P-矩阵知 $m_{ii} > 0$, 故

$$||I - D^* + D^* M||_\infty = \max\limits_{i \in N} \left\{ |1 - d_i^* + d_i^* m_{ii}| + d_i^* \sum_{j \neq i} |m_{ij}| \right\}$$

$$= \max\limits_{i \in N} \left\{ 1 - d_i^* + d_i^* \sum_{j \in N} |m_{ij}| \right\}$$

$$=: 1 - d_{i_0}^* + d_{i_0}^* \sum_{j \in N} |m_{i_0 j}|.$$

显然, 若 $||M||_\infty > 1$, 则 $||I - D^* + D^* M||_\infty = ||M||_\infty$; 否则 $||I - D^* + D^* M||_\infty = 1$. 因此,

$$\max\limits_{\mathbf{d} \in [0,1]^n} ||I - D + DM||_\infty = \max\{1, \ ||M||_\infty\} \leqslant 1 + ||M||_\infty,$$

即第一个不等号成立.

下证最后一个不等号成立. 首先证明对任意的 $D = \mathrm{diag}(d_1, \cdots, d_n)$, $\mathbf{d} = [d_1, \cdots, d_n] \in (0,1]^n$,

$$||(I - D + DM)^{-1}||_\infty \leqslant \frac{\max\{1, ||M||_\infty\}}{\alpha(M)}. \tag{5.51}$$

令 $H = (I - D + DM)^{-1} = [h_{ij}]$. 设 $i_0 \in N$ 满足

$$\sum_{j \in N} |h_{i_0 j}| = ||(I - D + DM)^{-1}||_\infty.$$

进一步, 令 $\mathbf{y} = H\mathbf{p} = (I - D + DM)^{-1}\mathbf{p}$, 其中 $\mathbf{p} = [\operatorname{sgn}(h_{i_01}), \cdots, \operatorname{sgn}(h_{i_0n})]^{\top}$, $\operatorname{sgn}(x)$ 为 x 的符号函数, 即若 $x > 0$, 则取 $\operatorname{sgn}(x) = 1$; 若 $x = 0$, 则取 $\operatorname{sgn}(x) = 0$; 若 $x < 0$, 则取 $\operatorname{sgn}(x) = -1$. 故 $\mathbf{p} = (I - D + DM)\mathbf{y}$, $M\mathbf{y} = D^{-1}\mathbf{p} + \mathbf{y} - D^{-1}\mathbf{y}$, 且

$$\|(I - D + DM)^{-1}\|_{\infty} = \|\mathbf{y}\|_{\infty}.$$

由 (5.42) 得

$$0 \leqslant \alpha(M)\|\mathbf{y}\|_{\infty}^2 \leqslant \max_{i \in N} y_i(M\mathbf{y})_i = \max_{i \in N} y_i\left(\frac{p_i}{d_i} + y_i - \frac{y_i}{d_i}\right).$$

设 $j \in N$ 满足

$$\frac{p_j}{d_j} + y_j - \frac{y_j}{d_j} = \max_{i \in N} y_i\left(\frac{p_i}{d_i} + y_i - \frac{y_i}{d_i}\right).$$

下面分三种情况讨论.

(1) 若 $|y_j| \leqslant 1$, 则

$$\alpha(M)\|\mathbf{y}\|_{\infty}^2 \leqslant |M\mathbf{y}|_j \leqslant \|M\mathbf{y}\|_{\infty} \leqslant \|M\|_{\infty}\|\mathbf{y}\|_{\infty}.$$

这意味着

$$\|(I - D + DM)^{-1}\|_{\infty} = \|\mathbf{y}\|_{\infty} \leqslant \frac{\|M\|_{\infty}}{\alpha(M)}.$$

(2) 若 $y_j > 1$, 则 $\dfrac{p_j + d_j y_j - y_j}{d_j} > 0$ 且 $p_j > y_j - d_j y_j \geqslant 0$. 因此, $p_j = 1$ 及 $d_j > 1 - \dfrac{1}{y_j}$, 故

$$0 < \frac{p_j + d_j y_j - y_j}{d_j} \leqslant 1.$$

即 $0 < (M\mathbf{y})_j \leqslant 1$, 且 $\alpha(M)\|\mathbf{y}\|_{\infty}^2 \leqslant y_j \leqslant \|\mathbf{y}\|_{\infty}$. 因此,

$$\|(I - D + DM)^{-1}\|_{\infty} = \|\mathbf{y}\|_{\infty} \leqslant \frac{1}{\alpha(M)}. \tag{5.52}$$

(3) 若 $y_j < -1$, 则 $\dfrac{p_j + d_j y_j - y_j}{d_j} < 0$ 且 $p_j < y_j - d_j y_j \leqslant 0$. 因此, $p_j = -1$ 及 $d_j \geqslant 1 + \dfrac{1}{y_j}$. 故

$$0 > \frac{p_j + d_j y_j - y_j}{d_j} \geqslant -1,$$

$-1 \leqslant (M\mathbf{y})_j < 0$, $\alpha(M)\|\mathbf{y}\|_\infty^2 \leqslant -y_j \leqslant \|\mathbf{y}\|_\infty$ 及 (5.52) 式成立.

由上述三种情况知对任意的 $D = \mathrm{diag}(d_1, \cdots, d_n)$ 且 $\mathbf{d} = [d_1, \cdots, d_n] \in (0,1]^n$, (5.51) 式成立. 进一步, 考虑 $\mathbf{d} = [d_1, \cdots, d_n] \in [0,1]^n$. 此时令 $d_\epsilon = \min\{\mathbf{d} + \epsilon \mathbf{e}, \mathbf{e}\}$, 其中 $\epsilon \in (0,1]$. 则

$$\|(I - D + DM)^{-1}\|_\infty = \lim_{\epsilon \to 0^+} \|(I - D_\epsilon + D_\epsilon M)^{-1}\|_\infty \leqslant \frac{\max\{1, \|M\|_\infty\}}{\alpha(M)}.$$

再由 D 的任意性及 $\max\{1, \|M\|_\infty\} \leqslant 1 + \|M\|_\infty$ 知最后一个不等号成立. □

定理 5.36 提供的线性互补问题解的绝对误差界 (5.48) 式中的

$$\max_{\mathbf{d} \in [0,1]^n} \|I - D + DM\|_\infty$$

易于确定, 同时对任意给定的 $\mathbf{x} \in \mathbb{R}^n$, $r(\mathbf{x})$ 也容易计算, 但

$$\max_{\mathbf{d} \in [0,1]^n} \|(I - D + DM)^{-1}\|_\infty \tag{5.53}$$

却难以计算, 主要原因为其涉及矩阵的逆运算. 因此, 众多学者转而研究当矩阵 M 为 P-矩阵的子类矩阵时 (5.53) 式的上界的估计. 首先介绍矩阵 M 为 P-矩阵的子类矩阵: H_+-矩阵 (主对角元素为正的 H-矩阵) 时的结果及所需引理, 亦可见文献 [71].

引理 5.38　设 $M \in \mathbb{R}^{n \times n}$ 为非奇异 M-矩阵. 则对任意的 $\mathbf{d} \in [0,1]^n$, $I - D + DM$ 为非奇异 M-矩阵.

定理 5.39　设 $M = [m_{ij}] \in \mathbb{R}^{n \times n}$ 为 H_+-矩阵, $\mathbf{x}^*$ 为 $\mathrm{LCP}(M, q)$ 的唯一解. 则

$$\max_{\mathbf{d} \in [0,1]^n} \|(I - D + DM)^{-1}\| \leqslant \|(\mu(M))^{-1} \cdot \max\{\Lambda, \ I\}\|, \tag{5.54}$$

其中 $\Lambda = \mathrm{diag}(M) = \mathrm{diag}(m_{11}, \cdots, m_{nn})$ 为矩阵 M 的对角部分, 且

$$\max\{\Lambda, \ I\} := \mathrm{diag}(\max\{m_{11}, 1\}, \cdots, \max\{m_{nn}, 1\}).$$

进一步, 对任意的 $\mathbf{x} \in \mathbb{R}^n$,

$$\|\mathbf{x} - \mathbf{x}^*\| \leqslant \|(\mu(M))^{-1} \cdot \max\{\Lambda, \ I\}\| \cdot \|r(\mathbf{x})\|.$$

证明　由定理 5.36 知仅需证明 (5.54) 式. 记 $B = \Lambda - M$, 即 $M = \Lambda - B$, 则

$$(I - D + DM)^{-1} = \left(I - (I - D + D\Lambda)^{-1} DB\right)^{-1} (I - D + D\Lambda)^{-1}. \tag{5.55}$$

首先证明当矩阵 M 为非奇异 M-矩阵时 (5.54) 式成立. 此时, $B \geqslant \mathbf{0}$ 且其对角元素为零. 再由引理 5.38 知对任意的 $\mathbf{d} \in [0,1]^n$, 矩阵 $I - D + DM$ 和 $I - (I - D + D\Lambda)^{-1}DB$ 均为非奇异 M-矩阵.

将对角矩阵 $(I - D + D\Lambda)^{-1}D$ 第 i 个对角元看作 $t \in [0,1]$ 的函数, 即

$$\phi(t) = \frac{t}{1 - t + tm_{ii}}, \quad t \in [0,1].$$

显然, 对任意的 $t \in [0,1]$, $\phi(t) \geqslant 0$ 单调递增且 $\lim\limits_{t \to 1} \phi(t) = \dfrac{1}{m_{ii}}$. 因此,

$$\Lambda^{-1} \geqslant I - (I - D + D\Lambda)^{-1}D \geqslant \mathbf{0}, \quad \mathbf{d} \in [0,1]^n.$$

注意到 $B \geqslant 0$, 则

$$\Lambda^{-1}B \geqslant I - (I - D + D\Lambda)^{-1}DB \geqslant \mathbf{0}, \quad \mathbf{d} \in [0,1]^n.$$

由非负矩阵的谱半径的单调性[14] 及 M-矩阵的性质知

$$1 > \rho(\Lambda^{-1}B) \geqslant \rho(I - (I - D + D\Lambda)^{-1}DB), \quad \mathbf{d} \in [0,1]^n.$$

因此,

$$
\begin{aligned}
&(I - (I - D + D\Lambda)^{-1}DB)^{-1} \\
&= I + (I - D + D\Lambda)^{-1}DB + \cdots + ((I - D + D\Lambda)^{-1}DB)^k + \cdots \\
&\leqslant I + \Lambda^{-1}B + \cdots + (\Lambda^{-1}B)^k + \cdots \\
&= (I - \Lambda^{-1}B)^{-1} \\
&= (\Lambda - B)^{-1}\Lambda \\
&= M^{-1}\Lambda.
\end{aligned}
$$

将对角矩阵 $(I - D + D\Lambda)^{-1}$ 第 i 个对角元看作 $t \in [0,1]$ 的函数, 即

$$\psi(t) = \frac{1}{1 - t + tm_{ii}}, \quad t \in [0,1].$$

显然, 对任意的 $t \in [0,1]$, $\psi(t) \geqslant 0$, 且若 $m_{ii} < 1$, 则 $\psi'(t) \geqslant 0$; 若 $m_{ii} \geqslant 1$, 则 $\psi'(t) \leqslant 0$. 因此, 若 $m_{ii} < 1$, 则 $\max\limits_{t \in [0,1]} \psi(t) = \dfrac{1}{m_{ii}}$; 否则 $\max\limits_{t \in [0,1]} \psi(t) = 1$. 这意味着

$$(I - D + D\Lambda)^{-1} = \max\{\Lambda^{-1}, \ I\}, \quad \mathbf{d} \in [0,1]^n. \tag{5.56}$$

因此,

$$\left(I - (I - D + D\Lambda)^{-1} DB \right)^{-1} (I - D + D\Lambda)^{-1}$$
$$\leqslant M^{-1} \Lambda \max\{\Lambda^{-1}, I\}$$
$$= M^{-1} \max\{\Lambda, I\}.$$

再由 (5.55) 式知当矩阵 M 为非奇异 M-矩阵时, (5.54) 式成立.

下证当矩阵 M 为非奇异 H_+-矩阵时, (5.54) 式成立. 因为对任意的矩阵 A, $\rho(A) \leqslant \rho(|A|)$, 故对任意的 $\mathbf{d} \in [0,1]^n$,

$$\rho((I - D + D\Lambda)^{-1} DB) \leqslant \rho((I - D + D\Lambda)^{-1} D|B|) \leqslant \rho(\Lambda^{-1}|B|) < 1.$$

因此,

$$|(I - (I - D + D\Lambda)^{-1} DB)^{-1}|$$
$$= |I + (I - D + D\Lambda)^{-1} DB + \cdots + ((I - D + D\Lambda)^{-1} DB)^k + \cdots|$$
$$\leqslant I + (I - D + D\Lambda)^{-1} D|B| + \cdots + ((I - D + D\Lambda)^{-1} D|B|)^k + \cdots$$
$$\leqslant I + \Lambda^{-1}|B| + \cdots + (\Lambda^{-1}|B|)^k + \cdots$$
$$= (I - \Lambda^{-1}|B|)^{-1}$$
$$= (\Lambda - |B|)^{-1} \Lambda$$
$$= \mu(A)^{-1} \Lambda.$$

再由 (5.55) 式与 (5.56) 式得

$$||(I - D + DM)^{-1}|| \leqslant ||(\mu(M))^{-1} \Lambda \cdot \max\{\Lambda^{-1}, I\}|| \leqslant ||(\mu(M))^{-1} \cdot \max\{\Lambda, I\}||. \quad \square$$

注意到 (5.54) 式中涉及 $(\mu(M))^{-1}$, 而当 M 的维数较大时, 精确计算其值并不容易. 因此, 往往选取矩阵 M 为 H-矩阵的子类矩阵, 进而给出 (5.53) 式的不同范数下的可计算的估计式. 例如矩阵 M 为严格对角占优矩阵时有如下结果.

定理 5.40 设 $M = [m_{ij}] \in \mathbb{R}^{n \times n}$ 为严格对角占优矩阵, 且对任意的 $i \in N$, $m_{ii} > 0$. 则

$$\max_{\mathbf{d} \in [0,1]^n} ||(I - D + DM)^{-1}||_\infty \leqslant \frac{1}{\min\left\{ 1, \ \min_{i \in N}\{m_{ii} - r_i(M)\} \right\}}. \tag{5.57}$$

证明 易证对任意的 $\mathbf{d} \in [0,1]^n$, $I - D + DM$ 亦为严格对角占优矩阵. 应用定理 2.17 得

$$||(I - D + DM)^{-1}||_\infty \leqslant \frac{1}{\min_{i \in N}\{|1 - d_i + d_i m_{ii}| - d_i r_i(M)\}}$$

$$= \frac{1}{\min_{i \in N}\{1 - d_i + d_i(m_{ii} - r_i(M))\}}.$$

进一步, 若 $m_{ii} - r_i(M) \geqslant 1$, 则

$$\frac{1}{1 - d_i + d_i(m_{ii} - r_i(M))} \leqslant 1.$$

若 $m_{ii} - r_i(M) < 1$, 则

$$\frac{1}{1 - d_i + d_i(m_{ii} - r_i(M))} \leqslant \frac{1}{1 - (1 - (m_{ii} - r_i(M)))d_i}$$

$$\leqslant \frac{1}{1 - (1 - (m_{ii} - r_i(M)))}$$

$$\leqslant \frac{1}{m_{ii} - r_i(M)}.$$

设 $1 - d_k + d_k(m_{kk} - r_k(M)) = \min_{i \in N}\{1 - d_i + d_i(m_{ii} - r_i(M))\}$, 则

$$||(I - D + DM)^{-1}||_\infty \leqslant \frac{1}{\max_{i \in N}\{1 - d_i + d_i(m_{ii} - r_i(M))\}}$$

$$= \frac{1}{1 - d_k + d_k(m_{kk} - r_k(M))}$$

$$\leqslant \frac{1}{\min\{1, \; m_{kk} - r_k(M)\}}$$

$$\leqslant \frac{1}{\min\left\{1, \; \min_{i \in N}\{m_{ii} - r_i(M)\}\right\}}. \qquad \square$$

除严格对角占优矩阵, 当矩阵 M 为双严格对角占优矩阵、S-SDD 矩阵、Nekrasov 矩阵等 H-矩阵的其他子类矩阵时, 仍可得到相应的线性互补问题解的误差估计式, 感兴趣的读者可参阅文献 [70, 103, 149, 150]. 现在我们考虑 P-矩阵的另一个子类矩阵——B-矩阵时的 (5.53) 式的界.

定理 5.41 设矩阵 $M = [m_{ij}] \in \mathbb{R}^{n \times n}$ 为 B-矩阵且有分裂形式 $M = B^+ + C$, 其中 $B^+ = [b_{ij}]$ 如 (5.25) 式所示. 则

$$\max_{\mathbf{d} \in [0,1]^n} ||(I - D + DM)^{-1}||_\infty \leqslant \frac{n-1}{\min\{\beta, 1\}}, \qquad (5.58)$$

其中 $\beta := \min_{i \in N} \beta_i$ 和 $\beta_i = b_{ii} - \sum_{j \neq i} |b_{ij}|$.

证明 由 M 为 B-矩阵知, 对任意的 $D = \mathrm{diag}(d_1, \cdots, d_n)$ 和 $d \in [0,1]^n$, $M_D := I - D + DM$ 为 B-矩阵. 注意到 $M = B^+ + C$, 则

$$M_D = I - D + DM = I - D + D(B^+ + C) = (I - D + DB^+) + DC. \quad (5.59)$$

因为 B^+ 为严格对角占优矩阵, 故 $B_D^+ := I - D + DB^+$ 为具有正对角元严格对角占优矩阵. 由 (5.59) 式得

$$M_D = B_D^+ + C_D,$$

其中 $C_D = DC$ 为秩 1 矩阵. 因为 B_D^+ 非奇异, 故

$$M_D^{-1} = \left(B_D^+(I + (B_D^+)^{-1}C_D)\right)^{-1} = \left(I + (B_D^+)^{-1}C_D\right)^{-1}\left(B_D^+\right)^{-1}.$$

因此,

$$\|M_D^{-1}\|_\infty \leqslant \|\left(I + (B_D^+)^{-1}C_D\right)^{-1}\|_\infty\|(B_D^+)^{-1}\|_\infty. \quad (5.60)$$

再类似于定理 5.40 的证明, 易证

$$\|(B_D^+)^{-1}\|_\infty \leqslant \frac{1}{\min\{\beta,\, 1\}}. \quad (5.61)$$

下证 $\|\left(I + (B_D^+)^{-1}C_D\right)^{-1}\|_\infty \leqslant n - 1$. 由 B^+ 定义知 B^+ 为 Z-矩阵. 显然, B_D^+ 亦为 Z-矩阵. 再由 B_D^+ 为具有正对角元的严格对角占优矩阵知 B_D^+ 为非奇异 M-矩阵, 因此 $(B_D^+)^{-1} := [\bar{b}_{ij}] \geqslant 0$. 进一步, 由矩阵 C 的定义知 C 为秩 1 非负矩阵. 因而, C_D 亦为非负矩阵, 且

$$C_D = [c_1, \cdots, c_n]^\top \mathbf{e},$$

其中 $c_i = d_i r_i^+$. 注意到

$$I + (B_D^+)^{-1}C_D = \begin{bmatrix} 1+a_1 & a_1 & \cdots & a_1 \\ a_2 & 1+a_2 & \cdots & a_2 \\ \vdots & \vdots & \ddots & \vdots \\ a_n & a_n & \cdots & 1+a_n \end{bmatrix}$$

及

$$\left(I + (B_D^+)^{-1}C_D\right)^{-1} = \begin{bmatrix} 1-\dfrac{a_1}{\gamma} & -\dfrac{a_1}{\gamma} & \cdots & -\dfrac{a_1}{\gamma} \\ -\dfrac{a_2}{\gamma} & 1-\dfrac{a_2}{\gamma} & \cdots & -\dfrac{a_2}{\gamma} \\ \vdots & \vdots & \ddots & \vdots \\ -\dfrac{a_n}{\gamma} & -\dfrac{a_n}{\gamma} & \cdots & 1-\dfrac{a_n}{\gamma} \end{bmatrix},$$

其中 $\gamma := 1 + \sum\limits_{i \in N} a_i$ 且 $a_i := \sum\limits_{j \in N} \bar{b}_{ij} c_j \geqslant 0$. 因此,

$$\|\left(I + (B_D^+)^{-1} C_D\right)^{-1}\|_\infty \leqslant 1 + \frac{(n-2)\max\limits_{i \in N} a_i}{\gamma} \leqslant 1 + (n-2) = n-1.$$

再由 (5.60) 式与 (5.61) 式知结论成立.　　　　　　　　　　　　　　　　　　□

　　定理 5.40 和定理 5.41 提供的误差界均应用了严格对角占优矩阵逆的无穷范数, 即定理 2.17 中的结果. 事实上, 应用严格对角占优矩阵逆的无穷范数的其他上界亦可得到线性互补问题解的更优的误差估计结果. 再次考虑定理 5.41, 若 B^+ 严格对角占优性较弱, 即

$$\beta = \min_{i \in N} \{\beta_i\} = \min_{i \in N} \left\{ b_{ii} - \sum_{j \neq i} |b_{ij}| \right\}$$

较小, 则误差界 (5.58) 可能很大. 例如, 取 B-矩阵族

$$M_k = \begin{bmatrix} 1.5 & 0.5 & 0.4 & 0.5 \\ -0.1 & 1.7 & 0.7 & 0.6 \\ 0.8 & -0.1\dfrac{k}{k+1} & 1.8 & 0.7 \\ 0 & 0.7 & 0.8 & 1.8 \end{bmatrix}, \tag{5.62}$$

其中 $k \geqslant 1$. 由定理 5.41 得

$$\max_{\mathbf{d} \in [0,1]^4} \|(I - D + D M_k)^{-1}\|_\infty \leqslant \frac{4-1}{\min\{\beta, 1\}} = 30(k+1).$$

显然, 当 $k \to +\infty$ 时, $30(k+1) \to +\infty$. 这个例子表明了当 B^+ 严格对角占优性较弱时, 误差界 (5.58) 可能估计的误差很大, 难以满足应用中对误差估计的要求. 因此需要寻找更为精确的误差估计. 下面从 G.H. Cheng 和 T.Z. Huang 于 2007 年给出的严格对角占优矩阵逆的无穷范数新上界开始探讨 B-矩阵线性互补问题解的更精确的误差估计.

　　引理 5.42　设 $A = [a_{ij}] \in \mathbb{R}^{n \times n}$ 为严格对角占优 M-矩阵. 则

$$\|A^{-1}\|_\infty \leqslant \frac{1}{a_{11}(1 - u_1(A) l_1(A))}$$
$$+ \sum_{i=2}^{n} \left(\frac{1}{a_{ii}(1 - u_i(A) l_i(A))} \prod_{j=1}^{i-1} \left(1 + \frac{u_j(A)}{1 - u_j(A) l_j(A)} \right) \right),$$

其中 $u_i(A) = \dfrac{1}{|a_{ii}|} \sum\limits_{j=i+1}^{n} |a_{ij}|$, $l_k(A) = \max\limits_{k \leqslant i \leqslant n} \left\{ \dfrac{1}{|a_{ii}|} \sum\limits_{\substack{j=k, \\ j \neq i}}^{n} |a_{ij}| \right\}$.

限于篇幅, 这里就不给出上述引理的证明, 有兴趣的读者可参见文献 [73]. 下面给出一个显然但重要的引理.

引理 5.43 设 $\gamma > 0$ 和 $\eta \geqslant 0$. 则对任意的 $x \in [0, 1]$,

$$\frac{1}{1 - x + \gamma x} \leqslant \frac{1}{\min\{\gamma, 1\}} \tag{5.63}$$

和

$$\frac{\eta x}{1 - x + \gamma x} \leqslant \frac{\eta}{\gamma}. \tag{5.64}$$

现在给出 M 为 B-矩阵时 (5.53) 式上界的一个新估计式.

定理 5.44 设 $M = [m_{ij}] \in \mathbb{R}^{n \times n}$ 为 B-矩阵且有分裂形式 $M = B^+ + C$, 其中 $B^+ = [b_{ij}]$ 和 C 如 (5.25) 式所示. 则

$$\max_{\mathbf{d} \in [0,1]^n} \| (I - D + DM)^{-1} \|_\infty$$

$$\leqslant \frac{n-1}{\min\{\bar{\beta}_1, 1\}} + \sum_{i=2}^{n} \frac{n-1}{\min\{\bar{\beta}_i, 1\}} \prod_{j=1}^{i-1} \left(1 + \frac{1}{\bar{\beta}_j} \sum_{k=j+1}^{n} |b_{jk}| \right), \tag{5.65}$$

其中 $\bar{\beta}_i = b_{ii} - \sum\limits_{j=i+1}^{n} |b_{ij}| l_i(B^+)$, $l_k(B^+) = \max\limits_{k \leqslant i \leqslant n} \left\{ \dfrac{1}{|b_{ii}|} \sum\limits_{\substack{j=k, \\ j \neq i}}^{n} |b_{ij}| \right\}$.

证明 令 $M_D := I - D + DM$, 则

$$M_D = I - D + DM = I - D + D(B^+ + C) = B_D^+ + C_D,$$

其中 $B_D^+ = I - D + DB^+$, $C_D = DC$. 类似于定理 5.41 得, B_D^+ 为严格对角占优矩阵 M-矩阵, 且

$$\| M_D^{-1} \|_\infty \leqslant \| (I + (B_D^+)^{-1} C_D)^{-1} \|_\infty \| (B_D^+)^{-1} \|_\infty \leqslant (n-1) \| (B_D^+)^{-1} \|_\infty. \tag{5.66}$$

下面估计 $\| (B_D^+)^{-1} \|_\infty$ 的上界. 由引理 5.42 得

$$\| (B_D^+)^{-1} \|_\infty \leqslant \frac{1}{(1 - d_1 + b_{11} d_1)(1 - u_1(B_D^+) l_1(B_D^+))}$$

$$+ \sum_{i=2}^{n} \left(\frac{1}{(1 - d_i + b_{ii} d_i)(1 - u_i(B_D^+) l_i(B_D^+))} \right.$$

$$\cdot \prod_{j=1}^{i-1}\left(1+\frac{u_j(B_D^+)}{1-u_j(B_D^+)l_j(B_D^+)}\right)\right), \tag{5.67}$$

其中

$$u_i(B_D^+)=\frac{\sum\limits_{j=i+1}^{n}|b_{ij}|d_i}{1-d_i+b_{ii}d_i},$$

且

$$l_k(B_D^+)=\max_{k\leqslant i\leqslant n}\left\{\frac{\sum\limits_{\substack{j=k,\\j\neq i}}^{n}|b_{ij}|d_i}{1-d_i+b_{ii}d_i}\right\}.$$

再由引理 5.43 知对任意的 $k\in N$,

$$l_k(B_D^+)\leqslant\max_{k\leqslant i\leqslant n}\left\{\frac{1}{b_{ii}}\sum_{\substack{j=k,\\j\neq i}}^{n}|b_{ij}|\right\}=l_k(B^+)<1, \tag{5.68}$$

且对任意的 $i\in N$,

$$\frac{1}{(1-d_i+b_{ii}d_i)\left(1-u_i(B_D^+)l_i(B_D^+)\right)}=\frac{1}{1-d_i+b_{ii}d_i-\sum\limits_{j=i+1}^{n}|b_{ij}|d_il_i(B_D^+)}$$

$$\leqslant\frac{1}{\min\left\{b_{ii}-\sum\limits_{j=i+1}^{n}|b_{ij}|l_j(B^+),1\right\}}$$

$$=\frac{1}{\min\left\{\bar{\beta}_i,1\right\}} \tag{5.69}$$

及

$$\frac{u_i(B_D^+)}{1-u_i(B_D^+)l_i(B_D^+)}=\frac{\sum\limits_{j=i+1}^{n}|b_{ij}|d_i}{1-d_i+b_{ii}d_i-\sum\limits_{j=i+1}^{n}|b_{ij}|d_il_i(B_D^+)}\leqslant\frac{1}{\bar{\beta}_i}\sum_{j=i+1}^{n}|b_{ij}|. \tag{5.70}$$

由 (5.67) 式、(5.68) 式、(5.69) 式及 (5.70) 式得

$$||(B_D^+)^{-1}||_\infty\leqslant\frac{1}{\min\left\{\bar{\beta}_1,1\right\}}+\sum_{i=2}^{n}\frac{1}{\min\left\{\bar{\beta}_i,1\right\}}\prod_{j=1}^{i-1}\left(1+\frac{1}{\bar{\beta}_j}\sum_{k=j+1}^{n}|b_{jk}|\right). \tag{5.71}$$

再由 (5.66) 式与 (5.71) 式知 (5.65) 式成立. □

仍可应用严格对角占优矩阵逆的无穷范数的其他估计结果进一步改进上述误差界. 下面给出应用 P. Wang 于 2009 年给出的严格对角占优矩阵逆的无穷范数估计式 (即 (5.72) 式) 所获得的 (5.53) 式的上界估计结果.

引理 5.45 设 $A = [a_{ij}] \in \mathbb{R}^{n \times n}$ 为严格对角占优 M-矩阵. 则

$$||A^{-1}||_\infty \leqslant \sum_{i=1}^{n} \left(\frac{1}{a_{ii}(1 - u_i(A)l_i(A))} \prod_{j=1}^{i-1} \frac{1}{1 - u_j(A)l_j(A)} \right), \tag{5.72}$$

其中 $u_i(A)$, $l_k(A)$ 如引理 5.42 所示, 且当 $i = 1$ 时, 记

$$\prod_{j=1}^{i-1} \frac{1}{1 - u_j(A)l_j(A)} = 1.$$

引理 5.46 设 $A = [a_{ij}] \in \mathbb{R}^{n \times n}$ 且对任意的 $i \in N$,

$$a_{ii} > \sum_{j=i+1}^{n} |a_{ij}|.$$

则对任意的 $x_i \in [0, 1]$, $i \in N$,

$$\frac{1}{1 - x_i + a_{ii}x_i - \sum\limits_{j=i+1}^{n} |a_{ij}|x_i} \leqslant \frac{1}{\min \left\{ a_{ii} - \sum\limits_{j=i+1}^{n} |a_{ij}|, 1 \right\}} \tag{5.73}$$

和

$$\frac{1 - x_i + a_{ii}x_i}{1 - x_i + a_{ii}x_i - \sum\limits_{j=i+1}^{n} |a_{ij}|x_i} \leqslant \frac{a_{ii}}{a_{ii} - \sum\limits_{j=i+1}^{n} |a_{ij}|}. \tag{5.74}$$

证明 首先证明 (5.73) 式. 设

$$f_i(x_i) = \frac{1}{1 - x_i + a_{ii}x_i - \sum\limits_{j=i+1}^{n} |a_{ij}|x_i}, \quad i \in N.$$

因为对任意的 $i \in N$, $a_{ii} > \sum\limits_{j=i+1}^{n} |a_{ij}|$, 则对任意的 $x_i \in [0, 1]$, $i \in N$,

$$1 - x_i + a_{ii}x_i - \sum_{j=i+1}^{n} |a_{ij}|x_i > 0.$$

显然, $f_i(x_i)$ 为定义在 $[0,1]$ 上的可微函数. 注意到,

$$\frac{df_i(x_i)}{dx_i} = \frac{1 - a_{ii} + \sum\limits_{j=i+1}^{n} |a_{ij}|}{\left(1 - x_i + a_{ii}x_i - \sum\limits_{j=i+1}^{n} |a_{ij}|x_i\right)^2}.$$

若 $1 > a_{ii} - \sum\limits_{j=i+1}^{n} |a_{ij}|$, 则 $f_i(x_i)$ 单调递增, 故对任意的 $x_i \in [0,1]$,

$$f_i(x_i) \leqslant f_i(1),$$

即

$$\frac{1}{1 - x_i + a_{ii}x_i - \sum\limits_{j=i+1}^{n} |a_{ij}|x_i} \leqslant \frac{1}{a_{ii} - \sum\limits_{j=i+1}^{n} |a_{ij}|}. \tag{5.75}$$

若 $1 \leqslant a_{ii} - \sum\limits_{j=i+1}^{n} |a_{ij}|$, 则 $f_i(x_i)$ 单调递减, 故对任意的 $x_i \in [0,1]$,

$$f_i(x_i) \leqslant f_i(0),$$

即

$$\frac{1}{1 - x_i + a_{ii}x_i - \sum\limits_{j=i+1}^{n} |a_{ij}|x_i} \leqslant 1. \tag{5.76}$$

由 (5.75) 式与 (5.76) 式知, 对任意的 $x_i \in [0,1]$, $i \in N$,

$$\frac{1}{1 - x_i + a_{ii}x_i - \sum\limits_{j=i+1}^{n} |a_{ij}|x_i} \leqslant \max\left\{\frac{1}{a_{ii} - \sum\limits_{j=i+1}^{n} |a_{ij}|}, 1\right\}$$

$$\leqslant \frac{1}{\min\left\{a_{ii} - \sum\limits_{j=i+1}^{n} |a_{ij}|, 1\right\}}.$$

因此, (5.73) 式成立.

下证 (5.74) 式. 设

$$g_i(x_i) = \frac{1 - x_i + a_{ii}x_i}{1 - x_i + a_{ii}x_i - \sum\limits_{j=i+1}^{n} |a_{ij}|x_i}, \quad i \in N.$$

类似于 (5.73) 式的证明, 易得对任意的 $x_i \in [0,1]$,

$$1 - x_i + a_{ii}x_i - \sum_{j=i+1}^{n} |a_{ij}|x_i > 0,$$

且 $g_i(x_i)$ 为定义在 $[0,1]$ 上的可微函数. 因为

$$\frac{dg_i(x_i)}{dx_i}$$

$$= \frac{(-1+a_{ii})\left(1-x_i+a_{ii}x_i-\sum\limits_{j=i+1}^{n}|a_{ij}|x_i\right)-(1-x_i+a_{ii}x_i)\left(-1+a_{ii}-\sum\limits_{j=i+1}^{n}|a_{ij}|\right)}{\left(1-x_i+a_{ii}x_i-\sum\limits_{j=i+1}^{n}|a_{ij}|x_i\right)^2}$$

$$= \frac{\sum\limits_{j=i+1}^{n}|a_{ij}|}{\left(1-x_i+a_{ii}x_i-\sum\limits_{j=i+1}^{n}|a_{ij}|x_i\right)^2}$$

$$\geqslant 0,$$

故 $g_i(x_i)$ 单调递增. 因此, 对任意的 $x_i \in [0,1]$,

$$g_i(x_i) \leqslant g_i(1),$$

即

$$\frac{1-x_i+a_{ii}x_i}{1-x_i+a_{ii}x_i-\sum\limits_{j=i+1}^{n}|a_{ij}|x_i} \leqslant \frac{a_{ii}}{a_{ii}-\sum\limits_{j=i+1}^{n}|a_{ij}|}. \qquad \Box$$

应用引理 5.45 可得 M 为 B-矩阵时 (5.53) 式的上界的如下估计式.

定理 5.47 设矩阵 $M = [m_{ij}] \in \mathbb{R}^{n \times n}$ 为 B-矩阵且有分裂形式 $M = B^+ + C$, 其中 $B^+ = [b_{ij}]$ 和 C 如 (5.25) 式所示. 则

$$\max_{\mathbf{d} \in [0,1]^n} ||(I - D + DM)^{-1}||_\infty \leqslant \sum_{i=1}^{n} \frac{n-1}{\min\{\bar{\beta}_i, 1\}} \prod_{j=1}^{i-1} \frac{b_{jj}}{\bar{\beta}_j}, \qquad (5.77)$$

其中 $\bar{\beta}_i$ 如定理 5.44 所示, 且当 $i = 1$ 时, 记 $\prod\limits_{j=1}^{i-1} \dfrac{b_{jj}}{\bar{\beta}_j} = 1$.

证明　令 $M_D := I - D + DM = B_D^+ + C_D$, 其中 $B_D^+ = I - D + DB^+$, $C_D = DC$. 类似于定理 5.44的证明知, B_D^+ 为严格对角占优 M-矩阵, 且

$$\|M_D^{-1}\|_\infty \leqslant (n-1)\|(B_D^+)^{-1}\|_\infty.$$

由引理 5.45 得

$$\|(B_D^+)^{-1}\|_\infty \leqslant \sum_{i=1}^n \left(\frac{1}{\left(1 - d_i + b_{ii}d_i\right)\left(1 - u_i(B_D^+)l_i(B_D^+)\right)} \prod_{j=1}^{i-1} \frac{1}{1 - u_j(B_D^+)l_j(B_D^+)} \right),$$

其中

$$u_i(B_D^+) = \frac{\displaystyle\sum_{j=i+1}^n |b_{ij}|d_i}{1 - d_i + b_{ii}d_i}$$

且

$$l_k(B_D^+) = \max_{k \leqslant i \leqslant n} \left\{ \frac{\displaystyle\sum_{\substack{j=k, \\ j \neq i}}^n |b_{ij}|d_i}{1 - d_i + b_{ii}d_i} \right\}.$$

再由引理 5.43 得对任意的 $k \in N$,

$$l_k(B_D^+) \leqslant \max_{k \leqslant i \leqslant n} \left\{ \frac{1}{b_{ii}} \sum_{\substack{j=k, \\ j \neq i}}^n |b_{ij}| \right\} = l_k(B^+) < 1, \tag{5.78}$$

且对任意的 $i \in N$,

$$\frac{1}{\left(1 - d_i + b_{ii}d_i\right)\left(1 - u_i(B_D^+)l_i(B_D^+)\right)} = \frac{1}{1 - d_i + b_{ii}d_i - \displaystyle\sum_{j=i+1}^n |b_{ij}|d_i l_i(B_D^+)}$$

$$\leqslant \frac{1}{\min\left\{ b_{ii} - \displaystyle\sum_{j=i+1}^n |b_{ij}|l_k(B^+), 1 \right\}}$$

$$= \frac{1}{\min\left\{ \bar{\beta}_i, 1 \right\}}. \tag{5.79}$$

进一步, 根据引理 5.46 得

$$\frac{1}{1 - u_i(B_D^+)l_i(B_D^+)} = \frac{1 - d_i + b_{ii}d_i}{1 - d_i + b_{ii}d_i - \displaystyle\sum_{j=i+1}^n |b_{ij}|d_i l_i(B_D^+)} \leqslant \frac{b_{ii}}{\bar{\beta}_i}. \tag{5.80}$$

由 (5.78) 式、(5.79) 式及 (5.80) 式得

$$\|(B_D^+)^{-1}\|_\infty \leqslant \frac{1}{\min\{\bar{\beta}_1, 1\}} + \sum_{i=2}^{n} \frac{1}{\min\{\bar{\beta}_i, 1\}} \prod_{j=1}^{i-1} \frac{b_{jj}}{\bar{\beta}_j}. \qquad \square$$

下述比较定理表明了定理 5.47 中的误差界优于定理 5.44 中的结果.

定理 5.48 设矩阵 $M = [m_{ij}] \in \mathbb{R}^{n\times n}$ 为 B-矩阵且有分裂形式 $M = B^+ + C$, 其中 $B^+ = [b_{ij}]$ 和 C 如 (5.25) 式所示. 则

$$\sum_{i=1}^{n} \frac{n-1}{\min\{\bar{\beta}_i, 1\}} \prod_{j=1}^{i-1} \frac{b_{jj}}{\bar{\beta}_j} \leqslant \sum_{i=1}^{n} \frac{n-1}{\min\{\bar{\beta}_i, 1\}} \prod_{j=1}^{i-1} \left(1 + \frac{1}{\bar{\beta}_j} \sum_{k=j+1}^{n} |b_{jk}|\right).$$

证明 注意到对任意的 $j = 1, 2, \cdots, n-1$,

$$\frac{b_{jj}}{\bar{\beta}_j} = \prod_{j=1}^{i-1} \frac{b_{jj} - \sum_{k=j+1}^{n} |b_{jk}| l_j(B^+) + \sum_{k=j+1}^{n} |b_{jk}| l_j(B^+)}{\bar{\beta}_j}$$

$$= \frac{\bar{\beta}_j + \sum_{k=j+1}^{n} |b_{jk}| l_j(B^+)}{\bar{\beta}_j}$$

$$= 1 + \frac{\sum_{k=j+1}^{n} |b_{jk}| l_j(B^+)}{\bar{\beta}_j}$$

$$\leqslant 1 + \frac{\sum_{k=j+1}^{n} |b_{jk}|}{\bar{\beta}_j}.$$

由此即得定理结论成立. $\qquad \square$

下面, 通过数值例子比较上述 B-矩阵线性互补问题解的误差界的优劣.

例 5.3.1 考虑 (5.62) 式中 B-矩阵族 M_k, 记 $M_k = B_k^+ + C_k$, 其中

$$B_k^+ = \begin{bmatrix} 1 & 0 & -0.1 & 0 \\ -0.8 & 1 & 0 & -0.1 \\ 0 & -0.1\dfrac{k}{k+1} - 0.8 & 1 & -0.1 \\ -0.8 & -0.1 & 0 & 1 \end{bmatrix}.$$

由定理 5.41 得

$$\max_{\mathbf{d}\in[0,1]^4} \|(I - D + DM_k)^{-1}\|_\infty \leqslant \frac{4-1}{\min\{\beta,1\}} = 30(k+1).$$

显然, 当 $k \to +\infty$ 时, $30(k+1) \to +\infty$.

　　由定理 5.44 得

$$\max_{\mathbf{d}\in[0,1]^4} \|(I - D + DM_k)^{-1}\|_\infty \leqslant \frac{2.97(90k+91)(190k+192) + 6.24(100k+101)^2}{0.99\,(90k+91)^2},$$

且对任意的 $k \geqslant 1$,

$$\frac{2.97(90k+91)(190k+192) + 6.24(100k+101)^2}{0.99\,(90k+91)^2} < 16.$$

特别地, 当 $k = 1$ 时,

$$\frac{2.97(90k+91)(190k+192) + 6.24(100k+101)^2}{0.99\,(90k+91)^2} \approx 14.1044;$$

当 $k = 2$ 时,

$$\frac{2.97(90k+91)(190k+192) + 6.24(100k+101)^2}{0.99\,(90k+91)^2} \approx 14.1097.$$

　　由定理 5.47 得

$$\max_{\mathbf{d}\in[0,1]^4} \|(I - D + DM_k)^{-1}\|_\infty \leqslant \frac{2.97(90k+91)(190k+91) + 5.97(100k+100)^2}{0.99\,(90k+91)^2}$$

和

$$\frac{2.97(90k+91)(190k+91) + 5.97(100k+100)^2}{0.99\,(90k+91)^2}$$
$$< \frac{2.97(90k+91)(190k+192) + 6.24(100k+101)^2}{0.99\,(90k+91)^2}.$$

特别地, 当 $k = 1$ 时,

$$\frac{2.97(90k+91)(190k+91) + 5.97(100k+100)^2}{0.99\,(90k+91)^2} \approx 13.6777;$$

当 $k = 2$ 时,

$$\frac{2.97(90k + 91)(190k + 91) + 5.97(100k + 100)^2}{0.99\,(90k + 91)^2} \approx 13.7110.$$

由此可见, 尽管定理 5.44 和定理 5.47 中误差估计式比定理 5.41 复杂, 但却更为精确.

定理 5.16 给出了严格对角占优矩阵逆的无穷范数的上界. 类似地, 应用此上界可得到 M 为 B- 矩阵时 (5.53) 式的上界的如下估计式.

定理 5.49 设矩阵 $M = [m_{ij}] \in \mathbb{R}^{n \times n}$ 为 B-矩阵且有分裂形式 $M = B^+ + C$, 其中 $B^+ = [b_{ij}]$ 和 C 如 (5.25) 式所示. 则

$$\max_{\mathbf{d} \in [0,1]^n} \|(I - D + DM)^{-1}\|_\infty \leqslant 2(n-1) \cdot \min_{i \in N} \zeta_i(B^+), \qquad (5.81)$$

其中

$$\zeta_i(B^+) := \left(1 + \frac{\max\limits_{j \neq i} |b_{ji}|}{\min\{1,\, b_{ii}\}}\right)$$

$$\cdot \max\left(\frac{1}{\min\{1,\, b_{ii}\}}, \max_{j \neq i} \frac{1}{\min\left\{1,\, b_{jj} - r_j(B^+) + \dfrac{b_{ii} - r_i(B^+)}{b_{ii}}|b_{ji}|\right\}}\right).$$

证明 令 $M_D := I - D + DM = B_D^+ + C_D$, 其中 $B_D^+ = I - D + DB^+ = [\tilde{b}_{ij}]$, $C_D = DC$. 类似于定理 5.44 的证明知, B_D^+ 为严格对角占优 M-矩阵, 且

$$\|M_D^{-1}\|_\infty \leqslant (n-1)\|(B_D^+)^{-1}\|_\infty.$$

应用定理 5.16 于 B_D^+ 得

$$\|(B_D^+)^{-1}\|_\infty$$

$$\leqslant \min_{i \in N}\left\{2\left(1 + \frac{\max\limits_{j \neq i} |\tilde{b}_{ji}|}{\tilde{b}_{ii}}\right) \max\left\{\frac{1}{\tilde{b}_{ii}}, \max_{j \neq i} \frac{1}{\tilde{b}_{jj} - r_j(B_D^+) + \dfrac{\tilde{b}_{ii} - r_i(B_D^+)}{\tilde{b}_{ii}}|\tilde{b}_{ji}|}\right\}\right\}.$$

注意到 $\tilde{b}_{ii} = 1 - d_i + d_i b_{ii}$, $\tilde{b}_{ji} = d_j b_{ji}$ 和 $r_i(B_D^+) = d_i r_i(B^+)$. 则 $\tilde{b}_{ji} = d_j b_{ji} \leqslant b_{ji}$,

$$\frac{1}{\tilde{b}_{ii}} = \frac{1}{1 - d_i + d_i b_{ii}} \leqslant \frac{1}{\min\{1, b_{ii}\}},$$

且

$$\frac{\tilde{b}_{ii} - r_i(B_D^+)}{\tilde{b}_{ii}} = 1 - \frac{r_i(B_D^+)}{\tilde{b}_{ii}} = 1 - \frac{d_i r_i(B^+)}{1 - d_i + d_i b_{ii}} \geqslant 1 - \frac{r_i(B^+)}{b_{ii}} = \frac{b_{ii} - r_i(B^+)}{b_{ii}}.$$

进一步, 由

$$b_{jj} - r_j(B^+) + \frac{b_{ii} - r_i(B^+)}{b_{ii}}|b_{ji}| \geqslant b_{jj} - r_j(B^+) > 0$$

及引理 5.43 得

$$\|(B_D^+)^{-1}\|_\infty$$

$$\leqslant 2\min_{i\in N}\left\{\left(1 + \frac{\max\limits_{j\neq i}|b_{ji}|}{\min\{1, b_{ii}\}}\right)\right.$$

$$\cdot \max\left\{\frac{1}{\min\{1, b_{ii}\}}, \max_{j\neq i}\frac{1}{1 - d_j + d_j b_{jj} - d_j r_j(B^+) + \dfrac{b_{ii} - r_i(B^+)}{b_{ii}}d_j|b_{ji}|}\right\}\right\}$$

$$\leqslant 2\min_{i\in N}\left\{\left(1 + \frac{\max\limits_{j\neq i}|b_{ji}|}{\min\{1, b_{ii}\}}\right)\right.$$

$$\cdot \max\left\{\frac{1}{\min\{1, b_{ii}\}}, \max_{j\neq i}\frac{1}{\min\left\{1, b_{jj} - r_j(B^+) + \dfrac{b_{ii} - r_i(B^+)}{b_{ii}}|b_{ji}|\right\}}\right\}\right\}.$$

因此, (5.81) 式成立.   □

例 5.3.2 考虑 B-矩阵

$$M = \begin{bmatrix} 0.5 & -0.24 & -0.22 \\ -0.05 & 0.2 & 0.01 \\ 0.01 & -0.06 & 0.2 \end{bmatrix}.$$

显然, $r_1^+ = 0$, $r_2^+ = r_3^+ = 0.01$, 且

$$B^+ = \begin{bmatrix} 0.5 & -0.24 & -0.22 \\ -0.06 & 0.19 & 0 \\ 0 & -0.07 & 0.19 \end{bmatrix}.$$

由定理 5.41 得

$$\max_{\mathbf{d} \in [0,1]^n} \|(I - D + DM)^{-1}\|_\infty \leqslant \frac{n-1}{\min\{\beta, 1\}} = 50.$$

由定理 5.49 得

$$\max_{\mathbf{d} \in [0,1]^n} \|(I - D + DM)^{-1}\|_\infty \leqslant 2(n-1) \cdot \min_{i \in N} \zeta_i(B^+) \approx 37.3333,$$

上述例子说明在某些情况下定理 5.49 中的误差估计优于定理 5.41 中的估计.

本节讨论了 P-矩阵及其子类矩阵: H_+-矩阵和 B-矩阵线性互补问题解的误差估计问题. 特别是通过严格对角占优矩阵逆的无穷范数的界给出 B-矩阵线性互补问题解的误差界. 事实上, 只要给出严格对角占优矩阵逆的无穷范数的界, 就可以应用其得到 B-矩阵线性互补问题解的误差估计式. 同时, P-矩阵其他子类矩阵, 例如 DB-矩阵、SB-矩阵、B-Nekrasov 矩阵、具有正对角元的双严格对角占优矩阵、S-SDD 矩阵、Nekrasov 矩阵等线性互补问题解的误差估计问题亦可研究. 当然在此之前需要研究其逆矩阵的无穷范数的估计, 感兴趣的读者可参阅文献 [97–99, 223, 225, 283, 349, 418]. 此外, 线性互补问题的推广形式有拓展垂直线性互补问题、拓展水平线性互补问题、张量互补问题及非线性互补问题等, 相关结果可参阅文献 [7, 63, 74, 162, 197, 198, 309, 339, 395, 422, 430, 479, 494].

5.4 矩阵伪谱定位

矩阵伪谱 (pseudospectra of matrices) 是矩阵谱的推广, 被广泛应用于大气科学、生态学、控制论、马尔可夫链、算子理论、微分方程数值解等领域. 关于矩阵伪谱的研究最早可追溯到 20 世纪 60 年代, 著名矩阵论专家 Von Neumann 教授认为其相关研究源于 20 世纪 30 年代初, 也有学者认为甚至更早. 矩阵伪谱的名称 (英文) 至少有 5 个版本[442], 见表 5.1.

表 5.1 矩阵伪谱的英文名称

J. M. Varah	1967	γ-approximate eigenvalues
	1979	ϵ-spectrum
H. J. Landau	1975	ϵ-approximate eigenvalues
S. K. Godunov, et al.	1982	spectral portrait
L. N. Trefethen	1990	ϵ-pseudospectrum
D. Hinrichsen 和 A. J. Pritchard	1992	spectral value set

目前被学者广泛使用的是由牛津大学 L. N. Trefethen 教授提出的 "ϵ-pseudospectrum", 其定义如下:

定义 5.4.1　设 $A \in \mathbb{C}^{n \times n}$ 及给定的 $\epsilon > 0$. 称集合

$$\sigma_\epsilon(A) := \left\{ z \in \mathbb{C} : ||(zI - A)^{-1}|| > \epsilon^{-1} \right\} \tag{5.82}$$

为矩阵 A 的 ϵ-伪谱, 其中若 $z \in \sigma(A)$, 即 z 为 A 的特征值, 则记

$$||(zI - A)^{-1}|| = \infty.$$

显然, 矩阵 A 的 ϵ-伪谱为复平面的开集, 其边界为 $||(zI - A)^{-1}|| = \epsilon^{-1}$ 确定的曲线, 且包含矩阵的谱. 从矩阵特征值扰动的角度也可给出矩阵伪谱的定义, 即 (5.82) 式可换为

$$\sigma_\epsilon(A) := \left\{ z \in \mathbb{C} : z \in \sigma(A + E),\ E \in \mathbb{C}^{n \times n},\ ||E|| < \epsilon \right\} = \bigcup_{||E|| < \epsilon} \sigma(A + E).$$
$$\tag{5.83}$$

这意味着矩阵 A 的 ϵ-伪谱是所有满足 $||E|| < \epsilon$ 的扰动矩阵 $A + E$ 特征值的集合.

由 (5.83) 式, 易得矩阵伪谱的如下性质.

性质 5.50　对于给定的 $\epsilon_2 \geqslant \epsilon_1 > 0$, $\sigma_{\epsilon_1}(A) \subseteq \sigma_{\epsilon_2}(A)$, 且

$$\bigcap_{\epsilon > 0} \sigma_\epsilon(A) = \sigma(A).$$

也可从 "特征向量" 的角度给出矩阵伪谱的另一等价定义, 即 (5.82) 式可替换为

$$\sigma_\epsilon(A) := \left\{ z \in \mathbb{C} : ||(zI - A)\mathbf{v}|| < \epsilon,\ \mathbf{v} \in \mathbb{C}^n,\ ||\mathbf{v}|| = 1 \right\}. \tag{5.84}$$

正是基于此, 亦称满足上式的 z 为 A 的 ϵ-伪特征值, $\mathbf{v}$ 为对应的 ϵ-伪特征向量.

为了进一步理解与体会矩阵伪谱, 下面给出上述不同角度的矩阵伪谱定义的等价证明, 即, 由 (5.82)、(5.83) 和 (5.84) 确定的集合相等.

"等价" 证明　显然 $\sigma(A)$ 是由 (5.82)、(5.83) 和 (5.84) 确定的每个集合的子集. 故仅就 $z \notin \sigma(A)$, 即 $(zI - A)^{-1}$ 存在的情况进行证明.

- (5.83) 式 $\Rightarrow$(5.84) 式. 设 $z \in \sigma(A + E)$, $||E|| < \epsilon$, 故存在非零向量 $\mathbf{v}$ 且 $||\mathbf{v}|| = 1$ 使得 $(A + E)\mathbf{v} = z\mathbf{v}$. 因此, $||(zI - A)\mathbf{v}|| = ||E\mathbf{v}|| \leqslant ||E|| ||\mathbf{v}|| < \epsilon$;

- (5.84) 式 $\Rightarrow$(5.82) 式. 显然, 存在 $s < \epsilon$ 及向量 $\mathbf{u} \in \mathbb{C}^n$ 且 $||\mathbf{u}|| = 1$ 满足 $(zI - A)\mathbf{v} = s\mathbf{u}$. 故 $(zI - A)^{-1}\mathbf{u} = s^{-1}\mathbf{v}$, 因此 $||(zI - A)^{-1}|| \geqslant s^{-1} > \epsilon^{-1}$;

- (5.82) 式 $\Rightarrow$(5.83) 式. 设 z 满足 $||(zI - A)^{-1}|| > \epsilon^{-1}$, 则存在 $s < \epsilon$, 向量 $\mathbf{u}$ 和 $\mathbf{v}$ 且 $||\mathbf{u}|| = ||\mathbf{v}|| = 1$ 使得 $(zI - A)^{-1}\mathbf{u} = s^{-1}\mathbf{v}$. 因此, $z\mathbf{v} - A\mathbf{v} = s\mathbf{u}$. 现仅需证明存在矩阵 E 使得 $||E|| = s$ 且 $E\mathbf{v} = s\mathbf{u}$. 事实上, 可取 $E = s\mathbf{u}\mathbf{w}^*$, 其中 $\mathbf{w} \in \mathbb{C}^n$ 且 $\mathbf{w}^*\mathbf{v} = 1$. 当 $|| \cdot ||$ 为 2-范数时, 取 $\mathbf{w} = \mathbf{v}$; 否则可以根据对偶范数及 Hahn-Banach 定理来确定 $\mathbf{w}$. □

由矩阵伪谱的定义知, 其不仅与 ϵ 有关, 且与选择的矩阵和向量范数有关. 因此, 有的文献记 $\sigma_\epsilon(A)$ 为 $\sigma_\epsilon(A, ||\cdot||)$.

众所周知, 矩阵的 2-范数为矩阵的最大奇异值, 而非奇异矩阵的逆矩阵的 2-范数为该矩阵的最小奇异值. 因此, 当 $||\cdot|| = ||\cdot||_2$ 时, 矩阵伪谱又有如下等价定义, 即

$$\sigma_\epsilon(A, ||\cdot||_2) := \{z \in \mathbb{C} : s_{\min}(zI - A) < \epsilon\}, \tag{5.85}$$

其中 $s_{\min}(zI - A)$ 为矩阵 $zI - A$ 的最小奇异值.

目前, 矩阵伪谱的理论研究主要集中在伪谱计算 (即, 设计或构造计算伪谱的算法) 和伪谱定位 (即, 给出伪谱的大致区域). 伪谱计算主要有两种基本途径, 分别为网格 SVD 法和边界曲线追踪法. 应用它们虽能计算出给定矩阵的伪谱, 但都有各自的缺陷, 前者计算量大, 后者不具稳定性. 伪谱定位的研究晚于伪谱计算. 事实上, 直到 2001 年 M. Embree 和 L. N. Trefethen 才将矩阵 Geršgorin 圆盘定理推广到矩阵伪谱上. 随后, 引起众多学者如 L. J. Cvetković 等的关注, 并给出了伪谱定位的一系列重要结果. 本节主要介绍矩阵伪谱的定位, 而对于矩阵伪谱的性质、计算及其应用问题的研究, 可参阅 L. N. Trefethen 和 M. Embree 于 2005 年在普林斯顿大学出版社出版的专著 *Spectra and Pseudospectra: The Behavior of Nonnormal Matrices and Operators*, 在此不再叙述.

2001 年, M. Embree 和 L. N. Trefethen 将矩阵谱的 16 个结果推广到 2-范数意义下的矩阵伪谱, 其中第 12 条即为如下矩阵伪谱的 Geršgorin 圆盘定理.

定理 5.51 设 $A = [a_{ij}] \in \mathbb{C}^{n \times n}$ 及给定的 $\epsilon > 0$. 则

$$\sigma_\epsilon(A, ||\cdot||_2) \subseteq \Gamma_\epsilon^{(2)}(A) := \bigcup_{i \in N} \left\{ z \in \mathbb{C} : |z - a_{ii}| \leqslant r_i(A) + \sqrt{n}\epsilon \right\}.$$

证明 设 $\lambda \in \sigma_\epsilon(A, ||\cdot||_2)$, 则存在 $E = [e_{ij}] = [E_1, \cdots, E_n]$ 满足 $||E||_2 \leqslant \epsilon$ 使得 $\lambda \in \sigma(A + E)$, 其中 E_i 为矩阵 E 的第 i 列构成的向量. 由 Geršgorin 圆盘定理知存在 $i_0 \in N$ 使得

$$|\lambda - (a_{i_0 i_0} + e_{i_0 i_0})| \leqslant \sum_{j \neq i_0} |a_{i_0 j} + e_{i_0 j}|,$$

故

$$|\lambda - a_{i_0 i_0}| \leqslant r_{i_0}(A) + \sum_{j \in N} |e_{i_0 j}|. \tag{5.86}$$

再由

$$\sum_{j \in N} |e_{i_0 j}| = ||E_{i_0}||_\infty \leqslant \sqrt{n} ||E_{i_0}||_2$$

得

$$|\lambda - a_{i_0 i_0}| \leqslant r_{i_0}(A) + \sqrt{n}\epsilon.$$

结论成立.   □

注意到, (5.86) 式意味着

$$|\lambda - a_{i_0 i_0}| \leqslant r_{i_0}(A) + \sum_{j \in N} |e_{i_0 j}| \leqslant r_{i_0}(A) + ||E||_\infty.$$

因此, 若 $||E||_\infty \leqslant \epsilon$, 则 $|\lambda - a_{i_0 i_0}| \leqslant r_{i_0}(A) + \epsilon$. 由此即得 ∞-范数意义下矩阵伪谱的 Geršgorin 圆盘定理.

定理 5.52   设 $A = [a_{ij}] \in \mathbb{C}^{n \times n}$ 及给定的 $\epsilon > 0$. 则

$$\sigma_\epsilon(A, ||\cdot||_\infty) \subseteq \Gamma_\epsilon^{(\infty)}(A) := \bigcup_{i \in N} \{z \in \mathbb{C} : |z - a_{ii}| \leqslant r_i(A) + \epsilon\}.$$

2016 年, V. R. Kostić 等人通过矩阵逆的无穷范数再次给出上述定理的证明, 同时也提供了严格对角占优矩阵逆的无穷范数估计 (2.17) 式的另外一种证明方法.

引理 5.53   设 $A = [a_{ij}] \in \mathbb{C}^{n \times n}$. 则

$$||A^{-1}||_\infty^{-1} \geqslant \zeta(A) := \min_{i \in N}\{|a_{ii}| - r_i(A)\}, \tag{5.87}$$

这里当 A 奇异时, 记 $||A^{-1}||^{-1} = 0$.

证明   若 A 奇异, 则 $||A^{-1}||^{-1} = 0$. 显然, 此时 A 不是严格对角占优矩阵矩阵 (否则 A 非奇异), 故存在 $i_0 \in N$ 使得 $a_{i_0 i_0} \leqslant r_{i_0}(A)$. 因此,

$$\min_{i \in N}\{|a_{ii}| - r_i(A)\} \leqslant 0 = ||A^{-1}||^{-1},$$

即 (5.87) 式成立.

下证当 A 非奇异时, (5.87) 式亦成立. 由于

$$||A^{-1}||_\infty^{-1} = \inf_{\mathbf{x} \neq 0} \frac{||A\mathbf{x}||_\infty}{||\mathbf{x}||_\infty} = \min_{||\mathbf{x}||_\infty = 1} ||A\mathbf{x}||_\infty,$$

故存在向量 $\mathbf{x}^* = [x_1^*, \cdots, x_n^*]^\top$ 满足 $||\mathbf{x}^*|| = 1$ 使得

$$||A^{-1}||_\infty^{-1} = ||A\mathbf{x}^*||_\infty = \max_{i \in N} |(A\mathbf{x}^*)_i|.$$

显然, 对任意的 $i \in N$,

$$|(A\mathbf{x}^*)_i| = \left| \sum_{j \in N} a_{ij} x_j^* \right| \geqslant |a_{ii}||x_j^*| - \sum_{\substack{j \in N, \\ j \neq i}} |a_{ij}||x_j^*|.$$

不失一般性, 设 $|x_k^*| = \|\mathbf{x}^*\|_\infty = 1$, 则对任意的 $j \in N$, $|x_k^*| \geqslant |x_j^*|$, 且

$$|(A\mathbf{x}^*)_k| \geqslant |a_{kk}| - \sum_{\substack{j \in N, \\ j \neq k}} |a_{kj}| = |a_{kk}| - r_k(A),$$

于是

$$\|A^{-1}\|_\infty^{-1} \geqslant |(A\mathbf{x}^*)_k| \geqslant |a_{kk}| - r_k(A) \geqslant \min_{i \in N}\{|a_{ii}| - r_i(A)\}. \qquad \square$$

当 A 为严格对角占优矩阵时, A 非奇异, 且 $\zeta(A) > 0$. 由此可得严格对角占优矩阵逆的无穷范数的上界, 即定理 2.17. 当 A 为其他非奇异矩阵类, 例如双严格对角占优矩阵和 S-SDD 矩阵等, 也可应用上述方法得到其逆的无穷范数的上界. 感兴趣的读者可以进一步讨论.

应用引理 5.53 及文献 [238] 给出的如下矩阵伪谱定位准则可得定理 5.52.

引理 5.54 设 $\zeta : \mathbb{C}^{n \times n} \to \mathbb{R}$ 使得对任意的矩阵 A 满足

$$\|A^{-1}\|^{-1} \geqslant \zeta(A),$$

则

$$\sigma_\epsilon(A) \subseteq \Theta_\epsilon^\zeta(A) := \{z \in \mathbb{C} : \zeta(A - zI) \leqslant \epsilon\}.$$

定理 5.52 的证明 注意到

$$\zeta(A - zI) = \min_{i \in N}\{|a_{ii} - z| - r_i(A)\} \leqslant \epsilon.$$

意味着存在 $i_0 \in N$ 使得 $|a_{i_0 i_0} - z| - r_{i_0}(A) \leqslant \epsilon$, 即

$$\Theta_\epsilon^\zeta(A) := \bigcup_{i \in N} \{z \in \mathbb{C} : |z - a_{ii}| \leqslant r_i(A) + \epsilon\}.$$

由引理 5.54 知结论成立. $\qquad \square$

由伪谱定位准则引理 5.54 及 ∞-范数下伪谱定位定理, 即定理 5.52 可给出 2-范数下矩阵伪谱的新定位集.

引理 5.55 设 $A \in \mathbb{C}^{n \times n}$. 则

$$\|A^{-1}\|_2^{-1} \geqslant \sqrt{\zeta(A)\zeta(A^\top)} \geqslant \min\{\zeta(A), \ \zeta(A^\top)\}.$$

证明　由

$$||A||_2 \leqslant \sqrt{||A||_\infty ||A||_1} = \sqrt{||A||_\infty ||A^\top||_\infty} \leqslant \max\left\{||A||_\infty,\ ||A^\top||_\infty\right\},$$

易知结论成立.　□

类似定理 5.52 的证明, 易得如下伪谱定位集.

定理 5.56　设 $A = [a_{ij}] \in \mathbb{C}^{n \times n}$ 及给定的 $\epsilon > 0$. 则

$$\sigma_\epsilon(A, ||\cdot||_2) \subseteq \widetilde{\Gamma}_\epsilon^{(2)}(A) \subseteq \widehat{\Gamma}_\epsilon^{(2)}(A),$$

其中

$$\widetilde{\Gamma}_\epsilon^{(2)}(A) := \bigcup_{i,j \in N} \left\{ z \in \mathbb{C} : \left(|z - a_{ii}| - r_i(A)\right)\left(|z - a_{jj}| - r_j(A^\top)\right) \leqslant \epsilon^2 \right\}$$

和

$$\widehat{\Gamma}_\epsilon^{(2)}(A) := \bigcup_{i \in N} \left\{ z \in \mathbb{C} : |z - a_{ii}| \leqslant \max\left\{r_i(A), r_i(A^\top)\right\} + \epsilon \right\}.$$

显然, 伪谱定位集 $\widetilde{\Gamma}_\epsilon^{(2)}(A)$ 比 $\widehat{\Gamma}_\epsilon^{(2)}(A)$ 小, 但后者更易求得. 同时, 两者均与 $\sqrt{n}$ 无关, 故当 n 较大时, 往往比定理 5.51 所给的 $\Gamma_\epsilon^{(2)}(A)$ 更为精确.

矩阵特征值常常用来刻画如下动力系统:

$$\begin{cases} \dfrac{d\mathbf{x}(t)}{dt} = A\mathbf{x}(t), \\ \mathbf{x}(0) = \mathbf{x}_0 \end{cases} \tag{5.88}$$

的稳定性, 其中 $\mathbf{x}(t) \in \mathbb{R}^n$, $t \geqslant 0$, 为状态向量, 即若对任意的 $\lambda \in \sigma(A)$, $\mathrm{Re}(\lambda) < 0$, 则线性系统 (5.88) 渐近稳定. 应用矩阵伪谱可对线性系统 (5.88) 稳定性进行扰动分析, 感兴趣的读者, 可参阅文献 [140, 173, 236, 244, 337, 353]. 这里我们介绍矩阵伪谱在如下分数阶动力系统的应用.

考虑分数阶线性微分系统:

$$\begin{cases} \dfrac{d^\alpha}{dt^\alpha}\mathbf{x}(t) = A\mathbf{x}(t), \\ \mathbf{x}(0) = \mathbf{x}_0, \end{cases} \tag{5.89}$$

其中 $\mathbf{x}(t) \in \mathbb{R}^n$, $t \geqslant 0$, 为状态向量, 向量 $\alpha = [\alpha_1, \alpha_2, \cdots, \alpha_n]^\top$, $\alpha_k \in (0, 1]$, $k = 1, 2, \cdots, n$, 表示分数阶; 微分算子

$$\frac{d^\alpha}{dt^\alpha} = \left[\frac{d^{\alpha_1}}{t^{\alpha_1}}, \cdots, \frac{d^{\alpha_n}}{t^{\alpha_n}}\right]^\top$$

且 Caputo 分数阶导数

$$\frac{d^\alpha f(t)}{dt^\alpha} := \frac{1}{\Gamma(m-\alpha)} \int_0^1 \frac{f^{(m)}(\tau)}{(t-\tau)^{\alpha-m+1}} d\tau, \quad m-1 < \alpha < m,\ m \in N, t > 0.$$

特别地, 当 $\alpha_1 = \cdots = \alpha_n = \gamma$ 时, 下述定理是文献 [410] 给出的分数阶线性微分系统 (5.89) 稳定性的充分且必要条件.

定理 5.57 设 $\alpha_1 = \cdots = \alpha_n = \gamma \in (0,1]$. 则系统 (5.89) 渐近稳定当且仅当对任意的特征值 $\lambda \in \sigma(A)$, $|\arg(\lambda)| > \dfrac{\gamma\pi}{2}$, 即

$$\sigma(A) \subseteq \Omega_\gamma := \left\{ \rho e^{i\varphi} \in \mathbb{C} : \frac{\gamma\pi}{2} < \varphi < 2\pi - \frac{\gamma\pi}{2}, \rho \in [0, +\infty) \right\}.$$

集合 Ω_γ 称为分数阶系统 (5.89) 的稳定区域. 若 $\gamma = 1$, 则 Ω_γ 为左半复平面, 即对应于系统 (5.88) 的稳定区域. 更一般地, 可建立一般分数阶系统的稳定性的判定条件. 首先给出相关符号. 记 p_k, q_k 为正整数且满足 $\gcd(p_k, q_k) = 1$, $k = 1, 2, \cdots, n$, 其中 $\gcd(p_k, q_k)$ 为 p_k 和 q_k 最大公因数. 进一步, 记 $m = \mathrm{lcm}(q_1, q_2, \cdots, q_n)$ 且 $\gamma = \dfrac{1}{m}$, 其中 $\mathrm{lcm}(q_1, q_2, \cdots, q_n)$ 为 $q_1, q_2, \cdots, q_n$ 的最小公倍数.

定理 5.58 设 $\alpha_k = \dfrac{p_k}{q_k} \in (0,1]$, $k = 1, 2, \cdots, n$, 为正有理数. 若

$$\sigma_\alpha(A) \subseteq \Omega_\gamma, \tag{5.90}$$

则系统 (5.89) 渐近稳定, 其中

$$\sigma_\alpha(A) := \{\lambda \in \mathbb{C} : \det(A_\alpha(\lambda)) = 0\}$$

为矩阵 A 的 α 阶谱, 这里 $A_\alpha(\lambda) = A - \mathrm{diag}(\lambda^{m\alpha_1}, \cdots, \lambda^{m\alpha_n})$.

定理 5.58 提供了判定分数阶系统渐近稳定性的充分条件. 这引出了矩阵 α 阶谱的扰动, 计算和定位等问题. 自然地, 也引出了矩阵的 α 阶伪谱. 下面介绍 α 阶伪谱及其相关结果. 由于其类似与矩阵伪谱, 故其证明略之.

定义 5.4.2 设 $A \in \mathbb{C}^{n \times n}$, $\alpha \in (0,1]^n$ 及给定的 $\epsilon > 0$. 称

$$\sigma_{\alpha,\epsilon}(A) := \left\{ z \in \mathbb{C} : ||A_\alpha(z)^{-1}|| > \epsilon^{-1} \right\}$$

$$= \bigcup_{||E|| \leqslant \epsilon} \sigma_\alpha(A + E)$$

$$= \{ z \in \mathbb{C} : ||A_\alpha(z)v|| < \epsilon,\ v \in \mathbb{C}^n,\ ||v|| = 1 \}$$

为矩阵 A 的 α 阶 ϵ-伪谱.

为了给出 α 阶 ϵ-伪谱的定位结果, 需要如下定位准则, 其证明见文献 [410].

引理 5.59　设 $\zeta : \mathbb{C}^{n \times n} \to \mathbb{R}$ 使得对任意的矩阵 A 满足

$$||A^{-1}||^{-1} \geqslant \zeta(A).$$

则

$$\sigma_{\alpha,\epsilon}(A) \subseteq \Theta_{\alpha,\epsilon}^{\zeta}(A) := \{ z \in \mathbb{C} : \zeta(A_{\alpha}(z)) \leqslant \epsilon \},$$

其中 $\alpha \in (0,1]^n$ 且 $\epsilon \geqslant 0$.

矩阵 α 阶 ϵ-伪谱的 Geršgorin 型定位定理叙述如下.

定理 5.60　设 $A = [a_{ij}] \in \mathbb{C}^{n \times n}$ 及给定的 $\epsilon > 0$. 则

$$\sigma_{\alpha,\epsilon}(A, ||\cdot||_{\infty}) \subseteq \Gamma_{\alpha,\epsilon}^{(\infty)}(A) := \bigcup_{i \in N} \left\{ z \in \mathbb{C} : |z - a_{ii}^{m\alpha_i}| \leqslant r_i(A) + \epsilon \right\},$$

$$\sigma_{\alpha,\epsilon}(A, ||\cdot||_2) \subseteq \widetilde{\Gamma}_{\alpha,\epsilon}^{(2)}(A)$$
$$:= \bigcup_{i,j \in N} \left\{ z \in \mathbb{C} : (|z - a_{ii}^{m\alpha_i}| - r_i(A))(|z - a_{jj}^{m\alpha_j}| - r_j(A^{\top})) \leqslant \epsilon^2 \right\}$$

且

$$\sigma_{\alpha,\epsilon}(A, ||\cdot||_2) \subseteq \widehat{\Gamma}_{\alpha,\epsilon}^{(2)}(A) := \bigcup_{i \in N} \left\{ z \in \mathbb{C} : |z - a_{ii}^{m\alpha_i}| \leqslant \max\left\{ r_i(A), r_i(A^{\top}) \right\} + \epsilon \right\}.$$

本节介绍了矩阵伪谱、α 阶伪谱及其在 2-范数与 ∞-范数意义下的 Geršgorin 型定位定理. 事实上, 仍可以建立 Brauer-型、S-型、Brualdi-型伪谱及 α 阶伪谱定位集. 感兴趣的读者可参阅文献 [80, 81, 238, 239, 267], 在此不再一一介绍. 值得指出的是矩阵 α 阶伪谱于 2018 年由文献 [410] 提出, 据作者了解截至目前仅研究了不同范数下的定位问题, 而对于其计算问题并没有涉及. 因此, 设计或者构造矩阵 α 阶伪谱的算法或许是一个有意义的研究课题.

5.5　区间矩阵特征值定位

区间矩阵 (interval matrices) 是矩阵的推广, 被广泛应用于化学与结构工程、经济、控制电路设计、信号处理、计算机图形学和行为生态学等领域. 关于其研究最早可追溯到 R. E. Moore 的博士论文[347] 和 1966 年出版的专著[348], 而研究区间矩阵涉及的区间运算 (即定义在区间集合上的运算) 出现得更早, 见文献 [48, 429, 475]. 区间矩阵的定义如下:

定义 5.5.1 设 A_c, $\Delta A \in \mathbb{R}^{n \times n}$ 且 $\Delta A \geqslant 0$. 称

$$A^I := \left\{ A \in \mathbb{R}^{n \times n} : |A - A_c| \leqslant \Delta A \right\} \tag{5.91}$$

为区间矩阵, 记为 $A^I \in \mathbb{IR}^{n \times n}$. 进一步, 若 A_c 和 ΔA 为对称矩阵, 则称 A^I 为对称区间矩阵.

注 (1) 不等式 $|A - A_c| \leqslant \Delta A$ 等价于 $\underline{A} := A_c - \Delta A \leqslant A \leqslant A_c + \Delta A =: \overline{A}$. 因此区间矩阵也可定义如下:

$$A^I := \left\{ A \in \mathbb{R}^{n \times n} : \underline{A} \leqslant A \leqslant \overline{A} \right\} = [\underline{A}, \overline{A}].$$

显然, $A_c = \dfrac{\underline{A} + \overline{A}}{2}$ 及 $\Delta A = \dfrac{\overline{A} - \underline{A}}{2}$, 故称 A_c 为区间矩阵 A^I 的中心或中点矩阵, ΔA 为区间矩阵 A^I 的半径矩阵.

(2) 对任意的 $A \in A^I$, 存在扰动矩阵 $\delta A \in \mathbb{R}^{n \times n}$ 满足 $|\delta A| \leqslant \Delta A$ 使得 $A = A_c + \delta A$.

(3) 每一个区间矩阵 A^I 均有与之对应的对称区间矩阵

$$A_S^I = [A_c' - \Delta A', \ A_c' + \Delta A'],$$

其中 $A_c' = \dfrac{A_c + A_c^\top}{2}$ 且 $\Delta A' = \dfrac{\Delta A + \Delta A^\top}{2}$. 显然, 若 $A \in A^I$, 则 $\dfrac{A + A^\top}{2} \in A_S^I$, 且 A^I 为对称区间矩阵当且仅当 $A^I = A_S^I$. 值得指出的是对称区间矩阵中的矩阵不一定是对称的, 即若 $A \in A_S^I$, 则 $A = A^\top$ 不一定成立.

作为矩阵的推广, 区间矩阵也有许多类似于矩阵的概念与研究问题, 例如区间矩阵的非奇异性 (也称为正则性)、区间矩阵的特征值、区间矩阵的正定性、区间矩阵的秩、区间矩阵的范数、结构区间矩阵、区间矩阵方程组、区间动力系统及其稳定性等. 通过区间矩阵的定义可知其是无穷多个矩阵构成的集合, 因此区间矩阵相关问题研究的难度往往大于矩阵. 另一方面, 源于实际问题的数据存在误差或者不确定性导致解决该问题的数学模型是基于区间矩阵建立的. 例如, 源于鲁棒稳定控制器设计问题的连续区间动力系统:

$$\frac{d\mathbf{x}(t)}{dt} = A^I \mathbf{x}(t) \tag{5.92}$$

和离散区间动力系统:

$$\mathbf{x}(k+1) = A^I \mathbf{x}(k), \quad k = 0, 1, \cdots. \tag{5.93}$$

因此, 无论是理论研究还是解决实际问题均需对区间矩阵进行系统深入的研究. 下面, 对区间动力系统 (5.92) 和 (5.93) 的稳定性、区间矩阵特征值定位与估计等

问题的相关结果给以简要介绍. 首先介绍区间矩阵的正则性、正定性、Hurwitz 稳定性和 Schur 稳定性.

定义 5.5.2　设 A^I 为区间矩阵. 若对任意的 $A \in A^I$, A 都为非奇异的, 则称 A^I 是正则的; 若 A 为正定, 则称 A^I 是正定的; 若对任意的 $A \in A^I$ 及任意的 $\lambda \in \sigma(A)$, $\mathrm{Re}(\lambda) < 0$, 则称 A^I 是 Hurwitz 稳定 (或稳定) 的; 若对任意的 $A \in A^I$ 及任意的 $\lambda \in \sigma(A)$, $|\lambda| < 1$, 即 $\rho(A) < 1$, 则称 A^I 是 Schur 稳定的.

区间矩阵的正则性、正定性、Hurwitz 稳定性和 Schur 稳定性的研究已有大量的文献, 参见文献 [69, 310, 372, 399, 400, 413, 460, 461, 469]. 这四种性质之间也有密切的联系, 例如

性质 5.61　(1) 区间矩阵 A^I 为正定当且仅当其对称区间矩阵 A_S^I 为正定. 进一步, 对称区间矩阵 A^I 为正定当且仅当其是正则的, 且至少含有一个正定矩阵.

(2) 对称区间矩阵 $A^I = [A_c - \Delta A, \ A_c + \Delta A]$ 为 Hurwitz 稳定当且仅当 $[-A_c - \Delta A, \ -A_c + \Delta A]$ 为正定. 若 A^I 的对称区间矩阵 A_S^I 为 Hurwitz 稳定, 则 A^I 为 Hurwitz 稳定.

(3) 对称区间矩阵 $A^I = [A_c - \Delta A, \ A_c + \Delta A]$ 为 Schur 稳定当且仅当

$$[(A_c - I) - \Delta A, \ (A_c - I) + \Delta A]$$

和

$$[(-A_c - I) - \Delta A, \ (-A_c - I) + \Delta A]$$

均为 Hurwitz 稳定.

上述性质告诉我们若给出上述四种性质之一成立的充分条件、必要条件或者充要条件, 则也可应用到其余三种. 尽管从不同角度可以分别判断上述四种性质是否成立, 但限于篇幅, 这里并不逐一介绍, 而是仅介绍基于 Geršgorin 圆盘定理给出的 Hurwitz 稳定的充分条件. 为此, 需要如下符号和约定. 对给定的区间矩阵 $A^I = [A_c - \Delta A, \ A_c + \Delta A]$, 记

$$A_J := T^{-1} A_c T \tag{5.94}$$

为中点矩阵 A_c 的 Jordan 型, 其中 T 为给定的非奇异矩阵. 令 $\Lambda := \mathrm{diag}(\lambda_1, \lambda_2, \cdots, \lambda_n)$, 其中 $\lambda_i \in \sigma(A_c)$, 且

$$F := A_J - \Lambda + |T^{-1}| \Delta A |T| = [f_{ij}].$$

定理 5.62　设区间矩阵 $A^I = [A_c - \Delta A, \ A_c + \Delta A] \in \mathbb{IR}^{n \times n}$, $\sigma(A^I)$ 为 A^I 的谱, 即

$$\sigma(A^I) := \left\{ \lambda \in \mathbb{C} : \lambda \in \sigma(A), A \in A^I \right\},$$

且 $\lambda_i \in \sigma(A_c)$, $i \in N$. 则

$$\sigma(A^I) \subseteq \Gamma_\Lambda(A^I) := \bigcup_{i \in N} \left\{ z \in \mathbb{C} : |z - \lambda_i| \leqslant \sum_{j \in N} f_{ij} \right\}.$$

证明 对任意的 $A \in A^I$, 则存在 δA 满足 $|\delta A| \leqslant \Delta A$ 使得 $A = A_c + \delta A$. 因此, 若 $A_J = T^{-1} A_c T$, 则

$$T^{-1} A T = T^{-1}(A_c + \delta A)T$$

$$= A_J + T^{-1} \delta A T$$

$$= \Lambda + (A_J - \Lambda) + T^{-1} \delta A T.$$

注意到 $\sigma(T^{-1} A T) = \sigma(A)$, 再应用 Geršgorin 圆盘定理知对任意的 $\lambda \in \sigma(A)$, 存在 $i_0 \in N$ 使得

$$|\lambda - \lambda_{i_0}| \leqslant r_{i_0}(A_J - \Lambda + T^{-1} \delta A T) + |(T^{-1} \delta A T)_{ii}|$$

$$\leqslant r_{i_0}(|A_J - \Lambda| + |T^{-1}||\delta A||T|) + |(A_J - \Lambda + T^{-1} \delta A T)_{ii}|$$

$$\leqslant r_{i_0}(A_J - \Lambda + |T^{-1}|\Delta A|T|) + (A_J - \Lambda)_{ii} + |(T^{-1} \Delta A T)_{ii}|$$

$$\leqslant \sum_{j \in N} f_{i_0 j}.$$

故 $\lambda \in \Gamma_\Lambda(A^I)$. $\qquad\qquad\square$

上述定理给出了区间动力系统 (5.92) 和 (5.93) 稳定性的充分条件, 其中区间动力系统稳定性的定义如下.

定义 5.5.3 设 A^I 为区间矩阵, $\alpha \geqslant 0$. 若对任意的 $A \in A^I$ 及任意的 $\lambda \in \sigma(A)$, $\mathrm{Re}(\lambda) < -\alpha$, 则称由 A^I 确定的区间动力系统 (5.92) 是稳定的, 且其稳定度为 α; 若对任意的 $A \in A^I$ 及任意的 $\lambda \in \sigma(A)$, $|\lambda| < 1 - \alpha$, 其中 $0 \leqslant \alpha < 1$, 则称由 A^I 确定的区间动力系统 (5.93) 是稳定的, 且其稳定度为 α.

定理 5.63 设区间矩阵 $A^I = [A_c - \Delta A, \ A_c + \Delta A] \in \mathbb{IR}^{n \times n}$. 若对任意的 $i \in N$,

$$\mathrm{Re}(\lambda_i) + \sum_{j \in N} f_{ij} < -\alpha,$$

则由 A^I 确定的区间动力系统 (5.92) 是稳定的, 且其稳定度为 α.

证明 对任意的 $A \in A^I$, 设 $\lambda \in \sigma(A)$. 则由定理 5.62 得存在 $i_0 \in N$ 使得

$$|\lambda - \lambda_{i_0}| \leqslant \sum_{j \in N} f_{i_0 j}.$$

显然,

$$|\operatorname{Re}(\lambda) - \operatorname{Re}(\lambda_{i_0})| \leqslant |\lambda - \lambda_i| \leqslant \sum_{j \in N} f_{i_0 j}.$$

等价地

$$-\sum_{j \in N} f_{i_0 j} \leqslant \operatorname{Re}(\lambda) - \operatorname{Re}(\lambda_{i_0}) \leqslant \sum_{j \in N} f_{i_0 j},$$

即

$$\operatorname{Re}(\lambda) \leqslant \operatorname{Re}(\lambda_{i_0}) + \sum_{j \in N} f_{i_0 j} \leqslant -\alpha. \qquad \square$$

离散区间动力系统 (5.93) 的稳定性的充分条件由下述定理给出.

定理 5.64　设区间矩阵 $A^I = [A_c - \Delta A,\ A_c + \Delta A] \in \mathbb{IR}^{n \times n}$. 若对任意的 $i \in N$,

$$|\lambda_i| + \sum_{j \in N} f_{ij} < 1 - \alpha,$$

则由 A^I 确定的区间动力系统 (5.93) 是稳定的, 且其稳定度为 α.

证明　对任意的 $A \in A^I$, 设 $\lambda \in \sigma(A)$. 则由定理 5.62 得存在 $i_0 \in N$ 使得

$$|\lambda - \lambda_i| \leqslant \sum_{j \in N} f_{i_0 j}.$$

显然,

$$|\lambda| - |\lambda_i| \leqslant |\lambda - \lambda_i| \leqslant \sum_{j \in N} f_{i_0 j}.$$

等价地

$$|\lambda| \leqslant |\lambda_i| + \sum_{j \in N} f_{i_0 j} \leqslant 1 - \alpha. \qquad \square$$

定理 5.63 与定理 5.64 提供的稳定性的充分条件均与矩阵 F 有关, 而 F 却由 T 确定. 因此, 任一满足 (5.94) 式的矩阵 T 均可用来判定系统 (5.92) 和 (5.93) 的稳定性.

例 5.5.1　考虑连续区间动力系统 (5.92), 其中 $A^I = [A_c - \Delta A,\ A_c + \Delta A]$,

$$A_c = \begin{bmatrix} -3.5 & 1 \\ -0.25 & -2.5 \end{bmatrix}, \quad \Delta A = \begin{bmatrix} 0.3 & 0.3 \\ 0.3 & 0.3 \end{bmatrix}.$$

取

$$T = \begin{bmatrix} 1 & -0.8 \\ 0.5 & 0.6 \end{bmatrix}.$$

则

$$T^{-1} = \begin{bmatrix} 0.6 & 0.8 \\ -0.5 & 1 \end{bmatrix}, \quad A_J = \begin{bmatrix} -3 & 1 \\ 0 & -3 \end{bmatrix}.$$

故

$$F = \begin{bmatrix} 0.63 & 1.59 \\ 0.68 & 0.63 \end{bmatrix}.$$

由定理 5.63 得

$$\text{Re}(\lambda_1) + \sum_{j=1}^{2} f_{1j} = -0.78,$$

且

$$\text{Re}(\lambda_2) + \sum_{j=1}^{2} f_{2j} = -1.69.$$

因此, 该系统稳定且其稳定度为 0.78.

例 5.5.2 考虑离散区间动力系统 (5.93), 其中 $A^I = [A_c - \Delta A, \ A_c + \Delta A]$,

$$A_c = \begin{bmatrix} -0.02 & -0.16 \\ -0.06 & -0.02 \end{bmatrix}, \quad \Delta A = \begin{bmatrix} 0.18 & 0.18 \\ 0.18 & 0.18 \end{bmatrix}.$$

取

$$T = \begin{bmatrix} 1 & -0.8 \\ 0.5 & 0.6 \end{bmatrix}.$$

则

$$T^{-1} = \begin{bmatrix} 0.6 & 0.8 \\ -0.5 & 1 \end{bmatrix}, \quad A_J = \begin{bmatrix} -0.1 & 0 \\ 0 & -0.1 \end{bmatrix}.$$

故

$$F = \begin{bmatrix} 0.38 & 0.36 \\ 0.41 & 0.38 \end{bmatrix}.$$

由定理 5.64 得

$$|\lambda_1| + \sum_{j=1}^{2} f_{1j} = 0.84,$$

且

$$|\lambda_2| + \sum_{j=1}^{2} f_{2j} = 0.89.$$

因此, 该系统稳定且其稳定度为 0.11.

　　本节介绍了区间矩阵特征值 Geršgorin 型定位结果及其在区间动力系统稳定性判定问题中的应用. 事实上, 也可应用其他的区间矩阵特征值定位结果判定区间动力系统的稳定性, 感兴趣的读者可以尝试讨论. 值得指出的是, 矩阵伪谱和区间矩阵特征值都是矩阵扰动后引出的特征值问题. 不同之处在于矩阵伪谱考虑的是 "整体" 扰动, 区间矩阵特征值考虑的是 "元素" 扰动. 当然, 类似于矩阵伪谱, 应用区间矩阵特征值也可研究分数阶区间动力系统的稳定性等问题.

5.6　非线性特征值定位

　　非线性特征值问题, 即求复数 $\lambda \in \mathbb{C}$ 和向量 $\mathbf{x} \in \mathbb{C}^n \backslash \{0\}$ 使得

$$T(\lambda)\mathbf{x} = \mathbf{0}, \tag{5.95}$$

其中 $T : \Omega \to \mathbb{C}^{n \times n}$ 为定义在复平面的单连通区域 $\Omega \subset \mathbb{C}$ 上的解析矩阵值函数, 并称 $\lambda \in \Omega$ 为问题 (5.95) 的特征值, 非零向量 $\mathbf{x}$ 为对应于特征值 λ 的特征向量. 特别地, 当

$$T(\lambda) = \lambda^m A_m + \lambda^{m-1} A_{m-1} + \cdots + \lambda A_1 + A_0 \tag{5.96}$$

为矩阵多项式时, 则称问题 (5.95) 为矩阵多项式特征值问题, 其中 $A_0, \cdots, A_m \in \mathbb{C}^{n \times n}$ 且 $A_m \neq 0$. 进一步, 若 $m = 2$, 则称为二次特征值问题; 若 $m = 1$, 则称为广义特征值问题.

　　非线性特征值问题在阻尼结构动力分析、时滞系统稳定性分析、量子点的数值模拟和流固结构振动分析等领域具有重要应用. 关于非线性特征值问题的研究主要有特征值的计算、定位、扰动及应用等方面. 本节仅介绍非线性特征值定位的相关结果, 其他方面的研究可参阅文献 [17,18,52,119,167,168,200,245,396,455,492]. 为了研究方便, 本节均约定定义在单连通区域 $\Omega \subset \mathbb{C}$ 上的解析矩阵值函数 T 是正则的, 即存在 $z \in \Omega$ 使得 $\det(T(z)) \neq 0$. 对正则的解析矩阵值函数 T, 关于 z 的函数 $\det(T(z))$ 的零点为没有聚点的有限离散集合, 因此称

$$\sigma(T) = \sigma_F(T) := \{z \in \mathbb{C} : \det(T(z)) = 0\}$$

为 T 的 (有限) 谱. 进一步, 称 $\det(T(z)) = 0$ 的根 z 的重数为 (有限) 特征值 z 的代数重数, 核空间 $\text{Ker}(T(z))$ 的维数为特征值 z 的几何重数. 若无特别说明, 特

征值均按重数计, 且在单闭曲线 $\Gamma \subset \mathbb{C}$ 特征值的个数为缠绕数 (winding number)

$$W_\Gamma(\det(T(z))) := \frac{1}{2\pi i} \int_\Gamma \left(\frac{d}{dz} \log \det(T(z)) \right) dz = \frac{1}{2\pi i} \int_\Gamma \text{trace}(T(z)^{-1}T'(z))dz,$$

其中对任意的 $z \in \Gamma$, $T(Z)$ 非奇异, $\text{trace}(\cdot)$ 为矩阵的迹.

引理 5.65 设 $T, E : \Omega \to \mathbb{C}^{n \times n}$ 为解析的矩阵值函数, 且 $\Gamma \subseteq \Omega$ 为单闭曲线. 若对任意的 $s \in [0,1]$ 及任意的 $z \in \Gamma$, $T(z) + sE(z)$ 非奇异, 则 T 和 $T + E$ 在 Γ 中特征值的个数 (按重数计) 相同.

证明 令 $f(z,s) = \det(T(z) + sE(z))$, 则 $f(z,s)$ 在 Γ 的缠绕数与 $T(z) + sE(z)$ 在 Γ 中特征值的个数相同. 注意到, 对任意的 $s \in [0,1]$ 及任意的 $z \in \Gamma$, $T(z) + sE(z)$ 非奇异, 因此 $f(z,s) \neq 0$. 故对 $s \in [0,1]$, 缠绕数是连续的, 因此是不变的. □

为了建立非线性特征值的定位定理, 需如下次调和函数的相关理论, 参见文献 [241]. 设 $\phi : \Omega \to \mathbb{R}$ 为上半连续函数, 若对任意小的正数 $r > 0$,

$$\phi(z) \leqslant \frac{1}{2\pi} \int_0^{2\pi} \phi(z + re^{i\theta})d\theta,$$

则 $\phi(z)$ 为次调和函数. 定义在紧集上的次调和函数的最大值在边界取得; 若 $f(z)$ 为全纯函数, 则 $|f(z)|$ 和 $\log f(z)$ 为次调和函数; 若 $\phi(z)$ 和 $\varphi(z)$ 为次调和函数, 则 $\max\{\phi(z), \varphi(z)\}$ 与 $\phi(z) + \varphi(z)$ 亦为次调和函数; 若次调和函数序列 ϕ_j 一致收敛到 ϕ, 则 ϕ 亦为次调和函数; 若 v 为向量值全纯函数, 则向量范数

$$||v(z)|| = \max_{l^* \in \mathcal{B}^*} |l^* v(z)|, \quad \log ||v(z)|| = \max_{l^* \in \mathcal{B}^*} \log |l^* v(z)|$$

为次调和函数, 其中 $\mathcal{B}^*$ 为对偶空间中的单位球.

定理 5.66 设 $T(z) = D(z) + E(z)$, 其中 $D, E : \Omega \to \mathbb{C}^{n \times n}$ 为解析的矩阵值函数, 且 D 为对角矩阵. 则对任意的 $\alpha \in [0,1]$,

$$\sigma(T) \subseteq \bigcup_{i \in N} \Gamma_i^{(2,\alpha)}(T) \subseteq \bigcup_{i \in N} \Gamma_i^{(1,\alpha)}(T),$$

其中

$$\Gamma_i^{(2,\alpha)}(T) = \{z \in \Omega : |d_{ii}(z)| \leqslant (r_i(z))^\alpha (c_i(z))^{1-\alpha}\},$$

$$\Gamma_i^{(1,\alpha)}(T) = \{z \in \Omega : |d_{ii}(z)| \leqslant \alpha r_i(z) + (1-\alpha)c_i(z)\},$$

且 $r_i(z) = \sum\limits_{k \in N} |e_{ik}(z)|$ 和 $c_i(z) = \sum\limits_{k \in N} |e_{ki}(z)|$. 进一步, 若 $\mathcal{U}$ 为 $\bigcup\limits_{i \in N} \Gamma_i^{(2,\alpha)}$ 中有界连通集, 且 $\bar{\mathcal{U}} \subseteq \Omega$, 则 T 和 D 在 $\mathcal{U}$ 中特征值的个数相同, 且若 $\mathcal{U}$ 包含 m 个连通集, 则 $\mathcal{U}$ 中至少有 m 个特征值.

定理 5.66 是矩阵特征值定位结果的推广, 其证明亦类似于矩阵特征值情况, 也可参见文献 [241], 在此不再赘述.

注意到由定理 5.66 中参数 $\alpha \in [0,1]$ 的任意性, 易得如下解析矩阵值函数 $T(z)$ 的特征值定位结果, 即

$$\sigma(T) \subseteq \bigcap_{\alpha \in [0,1]} \bigcup_{i \in N} \Gamma_i^{(2,\alpha)} \subseteq \bigcap_{\alpha \in [0,1]} \bigcup_{i \in N} \Gamma_i^{(1,\alpha)}.$$

下面, 给出上述非线性特征值定位结果的几个推论. 特别地, 当 $\alpha = 1$ 时, 定理 5.66 退化为非线性特征值的 Geršgorin 圆盘定理.

推论 5.67　设 $T(z): \Omega \to \mathbb{C}^{n \times n}$ 为解析矩阵值函数. 则

$$\sigma(T) \subseteq \Gamma(T) := \bigcup_{i \in N} \Gamma_i(T),$$

其中 $\Gamma_i(T) := \{z \in \mathbb{C} : |t_{ii}(z)| \leqslant r_i(T(z))\}$.

进一步, 当 $T(z)$ 为矩阵多项式时, 则有如下结果.

推论 5.68　设 $T(z): \Omega \to \mathbb{C}^{n \times n}$ 为形如 (5.96) 式的解析矩阵多项式函数. 则 $\sigma(T) \subseteq \Gamma(T)$.

当 $m = 1$ 时, 上述推论退化为广义特征值的 Geršgorin 圆盘定理. 关于矩阵多项式特征值及广义特征值的 Geršgorin 圆盘定理的相关性质及其他方面的研究, 感兴趣的读者可参阅文献 [20, 45, 160, 177, 178, 233]. 下面通过来源于不同实际问题中的非线性特征值问题说明上述非线性特征值问题的 Geršgorin 圆盘区域 $\Gamma(T)$ 的有效性.

例 5.6.1 (一维声波 (acoustic wave) 问题)　源于一维声波方程有限元离散产生的二次特征值问题

$$T_{aw}(z) = z^2 A + zB + C : \mathbb{C} \to \mathbb{C}^{n \times n},$$

其中阻尼矩阵 $B = 2\pi i \xi^{-1} e_n e_n^T$, ξ 为阻抗 (impedance), 矩阵 $C = n \cdot \mathrm{tridiag}(-1, 2, -1)$, 且 $A = -2\pi^2 n^{-1}(2I - e_n e_n^T)$ 为对称严格对角占优矩阵. 当 $n = 10$ 及 $\xi = 1$, $T_{aw}(z)$ 的特征值及 $\Gamma(T_{aw}(z))$ 如图 5.2 所示, 其中 $*$ 为 $T_{aw}(z)$ 的特征值, 绿色区域为定位集 $\Gamma(T_{aw}(z))$. 显然, $\sigma(T_{aw}(z)) \subseteq \Gamma(T_{aw}(z))$.

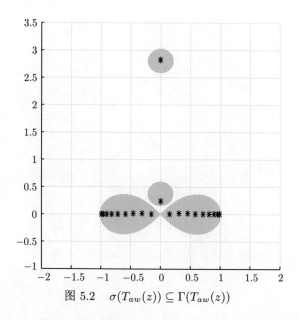

图 5.2　$\sigma(T_{aw}(z)) \subseteq \Gamma(T_{aw}(z))$

例 5.6.2 (Bibly 问题)　源于澳大利亚濒危有袋动物 Bibly (兔耳袋狸 (Macrotis lagotis)) 种群的拟生灭 (quasi-birth-death) 过程数学模型的二次特征值问题

$$T_b(z) = z^2 A + zB + C : \mathbb{C} \to \mathbb{C}^{5\times 5},$$

其中

$$A = \begin{bmatrix} 0 & 0.05 & 0.055 & 0.08 & 0.1 \\ 0 & 0 & 0 & 0 & 0 \\ 0 & 0.2 & 0 & 0 & 0 \\ 0 & 0 & 0.22 & 0 & 0 \\ 0 & 0 & 0 & 0.32 & 0.4 \end{bmatrix}, \quad B = \begin{bmatrix} -1 & 0.01 & 0.02 & 0.01 & 0 \\ 0 & -1 & 0 & 0 & 0 \\ 0 & 0.04 & -1 & 0 & 0 \\ 0 & 0 & 0.08 & -1 & 0 \\ 0 & 0 & 0 & 0.04 & -1 \end{bmatrix}$$

和

$$C = \begin{bmatrix} 0.1 & 0.4 & 0.025 & 0.01 & 0 \\ 0 & 0 & 0 & 0 & 0 \\ 0 & 1.6 & 0 & 0 & 0 \\ 0 & 0 & 0.1 & 0 & 0 \\ 0 & 0 & 0 & 0.4 & 0 \end{bmatrix}.$$

$T_b(z)$ 的特征值及 $\Gamma(T_b(z))$ 如图 5.3 所示, 其中 $*$ 为 $T_b(z)$ 的特征值, 绿色区域为定位集 $\Gamma(T_b(z))$. 显然, $\sigma(T_b(z)) \subseteq \Gamma(T_b(z))$.

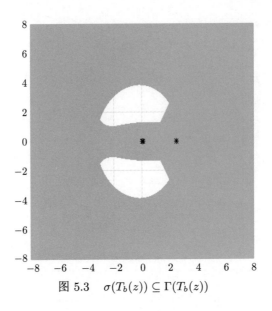

$$\text{图 5.3}\quad \sigma(T_b(z)) \subseteq \Gamma(T_b(z))$$

例 5.6.3 (vibration of a wiresaw)　源于 vibration of a wiresaw 分析中的二次特征值问题

$$T_w(z) = z^2 A + zB + C : \mathbb{C} \to \mathbb{C}^{n \times n},$$

其中 $A = I/2$, $C = \dfrac{\pi^2(1 - v^2)}{2}\text{diag}(1, \cdots, j^2, \cdots, n^2)$, v 表示 Wire 的速度 (故非负), $B = -B^\top = (b_{ij})$ 且若 $i + j$ 为奇数, 则 $b_{ij} = \dfrac{4ij}{i^2 - j^2}v$. 否则 $b_{ij} = 0$. 当 $n = 10$ 及 $v = 0$ 时,

$$\Gamma(T_w(z)) = \bigcup_{i=1}^{10} \left(\Gamma_i(T_w(z)) := \{ z \in \mathbb{C} : |z + i\xi_i||z - i\xi_i| \leqslant \rho_i |z| \}\right),$$

其中

$$\xi_1 = 3.14, \quad \xi_2 = 6.28, \quad \xi_3 = 9.42, \quad \xi_4 = 12.56, \quad \xi_5 = 15.71,$$

$$\xi_6 = 18.85, \quad \xi_7 = 21.99, \quad \xi_8 = 25.13, \quad \xi_9 = 28.27, \quad \xi_{10} = 31.41,$$

$$\rho_1 = 0.02, \quad \rho_2 = 0.23, \quad \rho_3 = 0.35, \quad \rho_4 = 0.45, \quad \rho_5 = 0.57,$$

$$\rho_6 = 0.64, \quad \rho_7 = 0.76, \quad \rho_8 = 0.46, \quad \rho_9 = 0.88, \quad \rho_{10} = 0.58.$$

$T_w(z)$ 的特征值包含于 $\Gamma_i(T_w(z))$, 如图 5.4 所示, 其中 ∗ 为 $T_w(z)$ 的特征值, 绿色区域为定位集 $\Gamma(T_w(z))$.

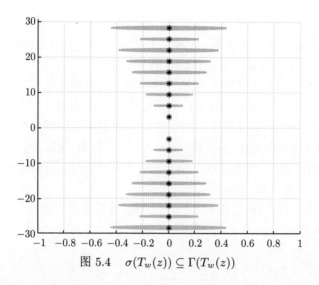

图 5.4 $\sigma(T_w(z)) \subseteq \Gamma(T_w(z))$

上述非线性特征值问题的 3 个例子选自文献 [16]. 该文献搜集整理了来源于不同实际或者科学问题, 例如光纤光学设计、核电站简化、符号算子的摄动问题等 52 个非线性特征值问题的例子.

本节介绍了非线性特征值问题含参数的特征值包含区域及其特殊形式 Geršgorin 型定位结果. 当然还可以建立非线性特征值问题的 Brauer 型和 S-型定位结果, 并应用其研究相关的实际问题. 尽管这些结果可以预见, 但由于 "非线性" 导致其研究并不容易, 这也带来了不同于矩阵特征值的研究问题及研究方法, 其相关结果参见文献 [343].

5.7 高阶张量特征值定位

张量 (tensor) 又称超矩阵或多维数组, 在信息、控制、经济、交通等领域具有广泛的应用.

定义 5.7.1 设 $N_k = \{1, 2, \cdots, n_k\}$, $k = 1, 2, \cdots, m$. 称定义在 $N_1, N_2, \cdots, N_m$ 的笛卡儿积 $N_1 \times N_2 \times \cdots \times N_m$ 上的函数

$$\mathcal{A}: N_1 \times N_2 \times \cdots \times N_m \to \mathbb{C}$$

为 m 阶 $n_1 \times n_2 \times \cdots \times n_m$ 维张量, 记为 $\mathcal{A} = [a_{i_1 i_2 \cdots i_m}] \in \mathbb{C}^{n_1 \times n_2 \times \cdots \times n_m}$, 这里 $a_{i_1 i_2 \cdots i_m}$ 为函数 $\mathcal{A}$ 在 $i_1 i_2 \cdots i_m$ 处的值. 特别地, 若 $n_1 = n_2 = \cdots = n_m = n$, 则称 $\mathcal{A}$ 为 m 阶 n 维张量, 记为 $\mathcal{A} \in \mathbb{C}^{[m,n]}$; 若每个 $a_{i_1 i_2 \cdots i_m}$ 都是实数, 则称 $\mathcal{A}$ 为实张量, 此时记为 $\mathcal{A} \in \mathbb{R}^{[m,n]}$; 若 $\mathcal{A}$ 为实张量且角标任意变换顺序而不改变其值, 即

$$a_{i_1 i_2 \cdots i_m} = a_{i_2 i_1 \cdots i_m} = \cdots = a_{i_m i_{m-1} \cdots i_1},$$

则称 $\mathcal{A}$ 为 m 阶 n 维对称张量, 记为 $\mathcal{A} \in \mathbb{S}^{[m,n]}$.

　　显然, 矩阵为 $m = 2$ 阶张量, 向量为 1 阶张量, 数为 0 阶张量. $m \geqslant 3$ 的张量称为高阶张量. 因此, 张量可以看作矩阵的高阶推广.

　　由于不同的实际问题关联不同的张量特征值, 例如文献 [292, 387] 引入张量 H-特征值和 Z-特征值研究非线性自治系统中多元多项式正定性的判定问题; 文献 [356] 引入张量 U-特征值和 US-特征值研究纯态量子纠缠的纠缠特征值进而刻画多体纯态的几何纠缠度; 文献 [170, 390] 引入张量 M-特征值研究各向异性弹性材料强椭圆条件的相关问题. 目前, 关于张量特征值理论、计算与应用的研究已获得一系列结果, 参见文献 [294, 393, 394].

　　下面仅考虑应用于多元多项式正定性判定问题中的张量特征值. 考虑 m 阶齐次 n 元多项式

$$f(\mathbf{x}) = \mathcal{A}\mathbf{x}^m := \sum_{i_1, \cdots, i_m = 1}^{n} a_{i_1 i_2 \cdots i_m} x_{i_1} \cdots x_{i_m},$$

其中 $\mathbf{x} = [x_1, \cdots, x_n]^\top \in \mathbb{R}^n$ 且 $\mathcal{A} = [a_{i_1 i_2 \cdots i_m}] \in \mathbb{R}^{[m,n]}$. 显然, 必存在对称张量 $\overline{\mathcal{A}}$ 使得

$$f(\mathbf{x}) = \mathcal{A}\mathbf{x}^m = \overline{\mathcal{A}}\mathbf{x}^m.$$

因此, 下文若不加特别说明, 总假设上述 $f(\mathbf{x})$ 关联的张量 $\mathcal{A}$ 对称. 进一步, 若对任意非零 $\mathbf{x} = [x_1, \cdots, x_n]^\top \in \mathbb{R}^n$, $f(\mathbf{x}) > 0$, 则称 $f(\mathbf{x})$ 为正定的. 同时, $f(\mathbf{x})$ 正定当且仅当张量 $\mathcal{A}$ 正定. 多元多项式的正定性在非线性自治系统的稳定性研究中起着重要作用. 当 $n \leqslant 3$ 时, 应用 Sturm 定理能够判定多元多项式的正定性. 但当 $n \geqslant 3$ 且 $m \geqslant 4$ 时, 判定多元多项式的正定性并不容易. 2005 年, 祁力群通过引入张量 H-特征值和 Z-特征值给出多元多项式正定性的等价条件. 值得指出的是, 同年 Lek-Heng Lim 也独立给出了该张量特征值的定义.

　　定义 5.7.2　设 $\mathcal{A} = [a_{i_1 i_2 \cdots i_m}] \in \mathbb{C}^{[m,n]}$, $\lambda \in \mathbb{C}$.

　　• 若存在非零向量 $\mathbf{x} = [x_1, \cdots, x_n]^\top \in \mathbb{C}^n \backslash \{\mathbf{0}\}$ 使得

$$\mathcal{A}\mathbf{x}^{m-1} = \lambda \mathbf{x}^{[m-1]}, \tag{5.97}$$

其中 $\mathcal{A}\mathbf{x}^{m-1} \in \mathbb{C}^n$ 的第 i 个分量为

$$(\mathcal{A}\mathbf{x}^{m-1})_i = \sum_{i_2, \cdots, i_m \in N} a_{i i_2 \cdots i_m} \mathbf{x}_{i_2} \cdots \mathbf{x}_{i_m},$$

$\mathbf{x}^{[m-1]} = \left[x_1^{m-1}, \cdots, x_n^{m-1} \right]^\top \in \mathbb{C}^n$, 则称 λ 为 $\mathcal{A}$ 的特征值, 非零向量 $\mathbf{x}$ 为 $\mathcal{A}$ 的对应于 λ 的特征向量. 进一步, 若 λ 和 $\mathbf{x}$ 均为实的, 则分别称其为 $\mathcal{A}$ 的 H-特征值和 H-特征向量;

• 若存在非零向量 $\mathbf{x} = [x_1, \cdots, x_n]^\top \in \mathbb{C}^n \backslash \{\mathbf{0}\}$ 使得

$$\mathcal{A}\mathbf{x}^{m-1} = \lambda\mathbf{x}, \quad \|\mathbf{x}\|_2 = 1, \tag{5.98}$$

则称 λ 为 $\mathcal{A}$ 的 E-特征值, 非零向量 $\mathbf{x}$ 为 $\mathcal{A}$ 的对应于 λ 的 E-特征向量. 进一步, 若 λ 和 $\mathbf{x}$ 均为实的, 则分别称其为 $\mathcal{A}$ 的 Z-特征值和 Z-特征向量.

应用 H-特征值和 Z-特征值可得到偶数阶齐次多元多项式正定的如下充分必要条件.

定理 5.69 设 $\mathcal{A} = [a_{i_1 i_2 \cdots i_m}] \in \mathbb{R}^{[m,n]}$ 且 m 为偶数. 则

(1) $\mathcal{A}$ 有 H-特征值, 且 $\mathcal{A}$ 正定当且仅当其所有的 H-特征值为正;

(2) $\mathcal{A}$ 有 Z-特征值, 且 $\mathcal{A}$ 正定当且仅当其所有的 Z-特征值为正.

证明 显然, (5.97) 式为优化问题

$$\max\left\{\mathcal{A}\mathbf{x}^m : \sum_{i=1}^{n} x_i^m = 1, \mathbf{x} \in \mathbb{R}^n\right\} \tag{5.99}$$

和

$$\min\left\{\mathcal{A}\mathbf{x}^m : \sum_{i=1}^{n} x_i^m = 1, \mathbf{x} \in \mathbb{R}^n\right\} \tag{5.100}$$

的最优性条件. 因为可行集是紧的且目标函数连续, 故全局最大值和最小值总存在. 这意味着 (5.97) 式有实数解, 即 $\mathcal{A}$ 有总有 H-特征值. 进一步, 因为 $\mathcal{A}$ 正定当且仅当 (5.100) 式最优值为正, 故 $\mathcal{A}$ 正定当且仅当其所有的 H-特征值为正.

进一步, 考虑优化问题

$$\max\left\{\mathcal{A}\mathbf{x}^m : \sum_{i=1}^{n} x_i^2 = 1, \mathbf{x} \in \mathbb{R}^n\right\}$$

和

$$\min\left\{\mathcal{A}\mathbf{x}^m : \sum_{i=1}^{n} x_i^2 = 1, \mathbf{x} \in \mathbb{R}^n\right\},$$

类似于 (1) 的证明, 易得 (2). □

定理 5.69 提供了判定偶数阶齐次多元多项式正定性的途径, 即计算其对应张量的所有 H-特征值 (或者 Z-特征值), 或者最小 H-特征值 (或者最小 Z-特征值). 关于计算 H-特征值和 Z-特征值的方法, 参见文献 [79, 217, 218, 307, 355]. 然而, 当阶数或者维数较大时, 精确计算 H-特征值或者 Z-特征值并不容易. 因此, 众多学者转而研究其定位问题, 即在复平面给出张量特征值的大致区域. 具有代

表性的结果之一是 2005 年祁力群给出的张量 Geršgorin 圆盘定理, 即将矩阵的 Geršgorin 圆盘定理推广到高阶张量.

定理 5.70　设 $\mathcal{A} = [a_{i_1 i_2 \cdots i_m}] \in \mathbb{C}^{[m,n]}$, $\sigma(\mathcal{A})$ 为 $\mathcal{A}$ 的谱, 即 $\mathcal{A}$ 的所有特征值构成的集合. 则

$$\sigma(\mathcal{A}) \subseteq \Gamma(\mathcal{A}) := \bigcup_{i \in N} \Gamma_i(\mathcal{A}),$$

其中

$$\Gamma_i(\mathcal{A}) = \left\{ z \in \mathbb{C} : |z - a_{i \cdots i}| \leqslant r_i(\mathcal{A}) := \sum_{\substack{i_2, \cdots, i_m \in N, \\ \delta_{i i_2 \cdots i_m} = 0}} |a_{i i_2 \cdots i_m}| \right\},$$

和若 $i_1 = \cdots = i_m$, 则 $\delta_{i_1 \cdots i_m} = 1$, 否则 $\delta_{i_1 \cdots i_m} = 0$.

证明　对任意的 $\lambda \in \sigma(\mathcal{A})$, 设 $\mathbf{x} = [x_1, x_2, \cdots, x_n]^\top \in \mathbb{C}^n \backslash \{\mathbf{0}\}$ 为特征值 λ 对应的特征向量, 则 (5.97) 式成立. 令

$$|x_t| \geqslant \max_{k \in N, \ k \neq t} |x_k|.$$

则 $|x_t| > 0$. 由 (5.97) 式中第 t 个等式得

$$\lambda x_t^{m-1} - a_{t \cdots t} x_t^{m-1} = \sum_{\substack{i_2, \cdots, i_m \in N, \\ \delta_{i i_2 \cdots i_m} = 0}} a_{i i_2 \cdots i_m} x_{i_2} \cdots x_{i_m}.$$

两边取模并应用三角不等式得

$$\begin{aligned}
|\lambda - a_{t \cdots t}||x_t|^{m-1} &\leqslant \sum_{\substack{i_2, \cdots, i_m \in N, \\ \delta_{t i_2 \cdots i_m} = 0}} |a_{t i_2 \cdots i_m}||x_{i_2}| \cdots |x_{i_m}| \\
&\leqslant \sum_{\substack{i_2, \cdots, i_m \in N, \\ \delta_{t i_2 \cdots i_m} = 0}} |a_{t i_2 \cdots i_m}||x_t| \cdots |x_t| \qquad (5.101) \\
&= r_t(\mathcal{A})|x_t|^{m-1}.
\end{aligned}$$

因此,

$$|\lambda - a_{t \cdots t}| \leqslant r_t(\mathcal{A}),$$

即 $\lambda \in \Gamma_t(\mathcal{A}) \subseteq \Gamma(\mathcal{A})$.　　　　　　　　　　　　　　　　　　　　　　□

集合 $\Gamma(\mathcal{A})$ 被称为张量特征值 Geršgorin 圆盘集. 类似于矩阵特征值的 Geršgorin 圆盘定理, 也可讨论张量 Geršgorin 圆盘的分离定理, 极小 Geršgorin 圆盘集等, 在此不再赘述. 下面介绍由其引出的一类结构张量.

定义 5.7.3 设 $\mathcal{A} = [a_{i_1i_2\cdots i_m}] \in \mathbb{C}^{[m,n]}$. 若对任意的 $i \in N$,

$$|a_{i\cdots i}| > r_i(\mathcal{A}),$$

则称 $\mathcal{A}$ 为严格对角占优张量.

显然, 严格对角占优张量是严格对角占优矩阵的高阶推广, 由其可得到多元多项式正定的一个充分条件.

定理 5.71 设 $\mathcal{A} = [a_{i_1i_2\cdots i_m}] \in \mathbb{S}^{[m,n]}$, m 为偶数且 $a_{i\cdots i} > 0$, $i \in N$. 若 $\mathcal{A}$ 为严格对角占优张量, 则 $\mathcal{A}$ 正定.

证明 反证法. 假若 $\mathcal{A}$ 不是正定的, 则由定理 5.69 知存在 H-特征值 $\lambda \leqslant 0$. 再由定理 5.70 知存在 $i_0 \in N$ 使得

$$|\lambda - a_{i_0\cdots i_0}| \leqslant r_{i_0}(\mathcal{A}).$$

另一方面, 由于 $\mathcal{A}$ 为严格对角占优张量, 故

$$|\lambda - a_{i_0\cdots i_0}| \geqslant |a_{i_0\cdots i_0}| > r_{i_0}(\mathcal{A}).$$

矛盾. 因此, $\mathcal{A}$ 的 H-特征值都为正, 即 $\mathcal{A}$ 正定. $\qquad\square$

从矩阵特征值的 Geršgorin 圆盘集到张量特征值的 Geršgorin 圆盘集、严格对角占优矩阵到严格对角占优张量, 即从 "矩阵"(特殊) 到 "张量"(一般) 的推广既自然又容易. 那么是否关于矩阵特征值定位的其他结果 (如矩阵特征值的 Brauer 卵形定理等) 都可类似地推广到张量呢? 然而事实并非如此. 考虑如下 4 阶 2 维张量 $\mathcal{A} = (a_{ijkl})$, 其中

$$a_{1111} = 7, \quad a_{1112} = a_{1121} = a_{1211} = a_{2111} = -2,$$
$$a_{2222} = 6, \quad a_{2221} = a_{2212} = a_{2122} = a_{1222} = -1,$$

其他元素 a_{ijkl} 都为零. 直接计算得 $\mathcal{A}$ 的谱为

$$\sigma(\mathcal{A}) = \{12.7389, 6.8707 + 3.4812i, 6.8707 - 3.4812i, 6.0236$$
$$+ 1.0598i, 6.0236 - 1.0598i, 0.4725\}.$$

然而, 特征值 12.7389, 0.4725 并不落在

$$\bigcup_{\substack{i,j \in \{1,2\}, \\ i \neq j}} \{z \in \mathbb{C} : |z - a_{i\cdots i}||z - a_{j\cdots j}| \leqslant r_i(\mathcal{A})r_j(\mathcal{A})\} = \{z \in \mathbb{C} : |z - 7||z - 6| \leqslant 35\}.$$

这意味着矩阵特征值的 Brauer 卵形定理不能推广到高阶张量. 这促使我们考虑如何应用张量不同 "两面" 元素给出比张量特征值的 Geršgorin 圆盘集更小的定

位集? 再次观察定理 5.70 证明中的 (5.101) 式, 在该式中除 $a_{tt\cdots t}x_t^{m-1}$ 外, 仍有包含 x_t 的项, 例如 $a_{t1\cdots 1t}x_1^{m-2}x_t$, 这导致不等式放缩时右边放的太大, 从而导致所得定位集过大. 下面通过适当调整不等式的放缩技巧给出如下张量特征值的 Brauer 型定位定理.

定理 5.72 设 $\mathcal{A} = [a_{i_1 i_2 \cdots i_m}] \in \mathbb{C}^{[m,n]}$, $n \geqslant 2$. 则

$$\sigma(\mathcal{A}) \subseteq \mathcal{L}(\mathcal{A}) = \bigcup_{\substack{i,j \in N, \\ j \neq i}} \mathcal{L}_{i,j}(\mathcal{A}),$$

其中

$$\mathcal{L}_{i,j}(\mathcal{A}) = \left\{ z \in \mathbb{C} : \left(|z - a_{i\cdots i}| - r_i^j(\mathcal{A}) \right) |z - a_{j\cdots j}| \leqslant |a_{ij\cdots j}| r_j(\mathcal{A}) \right\}$$

和

$$r_i^j(\mathcal{A}) = \sum_{\substack{\delta_{ii_2\cdots i_m}=0, \\ \delta_{ji_2\cdots i_m}=0}} |a_{ii_2\cdots i_m}| = r_i(\mathcal{A}) - |a_{ij\cdots j}|.$$

证明 设 $\lambda \in \sigma(\mathcal{A})$, $\mathbf{x} = [x_1, x_2, \cdots, x_n]^\top \in \mathbb{C}^n \backslash \{\mathbf{0}\}$ 为 $\mathcal{A}$ 的对应 λ 的特征向量, 则 (5.97) 式成立. 令

$$|x_t| \geqslant |x_s| \geqslant \max_{k \in N, \ k \neq s, \ k \neq t} |x_k|,$$

其中若 $n = 2$, 上式最右端约定为 0. 故 $|x_t| > 0$. 由 (5.97) 式中第 t 个等式得

$$(\lambda - a_{t\cdots t})x_t^{m-1} = \sum_{\substack{\delta_{ti_2\cdots i_m}=0, \\ \delta_{si_2\cdots i_m}=0}} a_{ti_2\cdots i_m}x_{i_2}\cdots x_{i_m} + a_{ts\cdots s}x_s^{m-1}.$$

两边取模并应用三角不等式得

$$|\lambda - a_{t\cdots t}||x_t|^{m-1} \leqslant \sum_{\substack{\delta_{ti_2\cdots i_m}=0, \\ \delta_{si_2\cdots i_m}=0}} |a_{ti_2\cdots i_m}||x_{i_2}|\cdots|x_{i_m}| + |a_{ts\cdots s}||x_s|^{m-1}$$

$$\leqslant \sum_{\substack{\delta_{ti_2\cdots i_m}=0, \\ \delta_{si_2\cdots i_m}=0}} |a_{ti_2\cdots i_m}||x_t|^{m-1} + |a_{ts\cdots s}||x_s|^{m-1}$$

$$= r_t^s(\mathcal{A})|x_t|^{m-1} + |a_{ts\cdots s}||x_s|^{m-1},$$

即

$$\left(|\lambda - a_{t\cdots t}| - r_t^s(\mathcal{A}) \right) |x_t|^{m-1} \leqslant |a_{ts\cdots s}||x_s|^{m-1}. \tag{5.102}$$

若 $|x_s| = 0$, 则由 $|x_t| > 0$ 得 $|\lambda - a_{t\cdots t}| - r_t^s(\mathcal{A}) \leqslant 0$. 故 $\lambda \in \mathcal{L}_{t,s}(\mathcal{A}) \subseteq \mathcal{L}(\mathcal{A})$. 否则, $|x_s| > 0$. 类似地由 (5.97) 式中第 s 个等式得

$$|\lambda - a_{s\cdots s}||x_s|^{m-1} \leqslant r_s(\mathcal{A})|x_t|^{m-1}. \tag{5.103}$$

(5.102) 式与 (5.103) 式相乘得

$$\left(|\lambda - a_{t\cdots t}| - r_t^s(\mathcal{A})\right)|\lambda - a_{s\cdots s}||x_t|^{m-1}|x_s|^{m-1} \leqslant |a_{ts\cdots s}|r_s(\mathcal{A})|x_t|^{m-1}|x_s|^{m-1}.$$

注意到 $|x_t|^{m-1}|x_s|^{m-1} > 0$. 故

$$\left(|\lambda - a_{t\cdots t}| - r_t^s(\mathcal{A})\right)|\lambda - a_{s\cdots s}| \leqslant |a_{ts\cdots s}|r_s(\mathcal{A}),$$

因而 $\lambda \in \mathcal{L}_{t,s}(\mathcal{A}) \subseteq \mathcal{L}(\mathcal{A})$. 因此, $\sigma(\mathcal{A}) \subseteq \mathcal{L}(\mathcal{A})$. □

当 $m = 2$ 时, 定理 5.72 退化为

$$\sigma(A) \subseteq \mathcal{L}(A) = \bigcup_{\substack{i,j \in N, \\ j \neq i}} \mathcal{L}_{i,j}(A),$$

其中 $\sigma(A)$ 为矩阵 A 的谱. $\mathcal{L}(A)$ 与矩阵特征值 Brauer 卵形区域 $\mathcal{K}(A)$ 略有不同, 因此称 $\mathcal{L}(A)$ 为张量特征值的 Brauer 型区域. 尽管 $\mathcal{L}(A)$ 比 $\Gamma(A)$ 复杂, 但是, 正如下述定理所示前者比后者更为精确.

定理 5.73　设 $\mathcal{A} = [a_{i_1 i_2 \cdots i_m}] \in \mathbb{C}^{[m,n]}$, $n \geqslant 2$. 则 $\mathcal{L}(\mathcal{A}) \subseteq \Gamma(\mathcal{A})$.

证明　对于任意的 $z \in \mathcal{L}(\mathcal{A})$, 存在 $i, j \in N$, $j \neq i$ 使得 $z \in \mathcal{L}_{i,j}(\mathcal{A})$, 即

$$\left(|z - a_{i\cdots i}| - r_i^j(\mathcal{A})\right)|z - a_{j\cdots j}| \leqslant |a_{ij\cdots j}|r_j(\mathcal{A}). \tag{5.104}$$

若 $|a_{ij\cdots j}|r_j(\mathcal{A}) = 0$, 则 $z = a_{j\cdots j}$ 或者 $|z - a_{i\cdots i}| \leqslant r_i^j(\mathcal{A}) \leqslant r_i(\mathcal{A})$. 此时 $z \in (\Gamma_i(\mathcal{A}) \bigcup \Gamma_j(\mathcal{A}))$. 若 $|a_{ij\cdots j}|r_j(\mathcal{A}) > 0$, 则由 (5.104) 式得

$$\frac{|z - a_{i\cdots i}| - r_i^j(\mathcal{A})}{|a_{ij\cdots j}|} \frac{|z - a_{j\cdots j}|}{r_j(\mathcal{A})} \leqslant 1.$$

故

$$\frac{|z - a_{i\cdots i}| - r_i^j(\mathcal{A})}{|a_{ij\cdots j}|} \leqslant 1$$

或者

$$\frac{|z - a_{j\cdots j}|}{r_j(\mathcal{A})} \leqslant 1,$$

即 $z \in \Gamma_i(\mathcal{A})$ 或者 $z \in \Gamma_j(\mathcal{A})$. 这意味着 $z \in (\Gamma_i(\mathcal{A}) \bigcup \Gamma_j(\mathcal{A})) \subseteq \Gamma(\mathcal{A})$. 因此, $\mathcal{L}(\mathcal{A}) \subseteq \Gamma(\mathcal{A})$. □

由张量特征值的 Brauer 型区域 $\mathcal{L}(\mathcal{A})$ 可给出判定偶数阶齐次多元多项式正定性的一个充分条件. 其证明类似于定理 5.71, 故略之.

定理 5.74 设 $\mathcal{A} = [a_{i_1 i_2 \cdots i_m}] \in \mathbb{S}^{[m,n]}$, m 为偶数且 $a_{i\cdots i} > 0$, $i \in N$. 若对任意的 $i, j \in N$, $j \neq i$,

$$\left(a_{i\cdots i} - r_i^j(\mathcal{A})\right) a_{j\cdots j} > |a_{ij\cdots j}| r_j(\mathcal{A}),$$

则 $\mathcal{A}$ 正定.

前文已讨论了将矩阵的 Geršgorin 圆盘定理、Brauer 卵形定理推广到高阶张量的问题. 同样, 仍可考虑将矩阵特征值定位的其他定理, 例如 S-型特征值定位集等进行推广, 感兴趣的读者可参阅 [43, 44, 111, 264], 在此不再逐一介绍. 下面讨论张量 $E(Z)$-特征值定位问题, 即能否类似于上述给出的张量 $(H$-$)$ 特征值的 Geršgorin 圆盘定理等, 建立张量 $E(Z)$-特征值的定位定理? 首先介绍 G. Wang, G. Zhou 与 L. Caccetta 于 2017 年给出的结果.

定理 5.75 设 $\mathcal{A} = [a_{i_1 i_2 \cdots i_m}] \in \mathbb{C}^{[m,n]}$, $\sigma_E(\mathcal{A})$ 为 $\mathcal{A}$ 的所有 E 特征值构成的集合. 则

$$\sigma_E(\mathcal{A}) \subseteq \Gamma^E(\mathcal{A}) := \bigcup_{i \in N} \Gamma_i^E(\mathcal{A}),$$

其中

$$\Gamma_i^E(\mathcal{A}) = \left\{ z \in \mathbb{C} : |z| \leqslant R_i(\mathcal{A}) := \sum_{i_2, \cdots, i_m \in N} |a_{i i_2 \cdots i_m}| \right\}.$$

证明 设 $\lambda \in \sigma_E(\mathcal{A})$, $\mathbf{x} = [x_1, x_2, \cdots, x_n]^\top \in \mathbb{C}^n \backslash \{\mathbf{0}\}$ 为 $\mathcal{A}$ 的对应 λ 的 E-特征向量, 则 $\|\mathbf{x}\|_2 = 1$ 和 (5.98) 式成立. 令

$$|x_t| \geqslant \max_{k \in N, \ k \neq t} |x_k|.$$

则 $0 < |x_t| \leqslant 1$ 且 $|x_t|^{m-1} \leqslant |x_t|$. 由 (5.98) 式中第 t 个等式得

$$\lambda x_t = \sum_{i_2, \cdots, i_m \in N} a_{i i_2 \cdots i_m} x_{i_2} \cdots x_{i_m}.$$

两边取模并应用三角不等式得

$$|\lambda| |x_t| \leqslant \sum_{i_2, \cdots, i_m \in N} |a_{t i_2 \cdots i_m}| |x_{i_2}| \cdots |x_{i_m}|$$

$$\leqslant \sum_{i_2, \cdots, i_m \in N} |a_{t i_2 \cdots i_m}| |x_t| \cdots |x_t|$$

$$= R_t(\mathcal{A})|x_t|^{m-1}$$
$$\leqslant R_t(\mathcal{A})|x_t|.$$

因此, $|\lambda| \leqslant R_t(\mathcal{A})$, 即 $\lambda \in \Gamma_t^E(\mathcal{A}) \subseteq \Gamma^E(\mathcal{A})$. □

若在定理 5.75 中只考虑 Z-特征值, 则可得 Z-特征值的定位区间.

推论 5.76 设 $\mathcal{A} = [a_{i_1 i_2 \cdots i_m}] \in \mathbb{R}^{[m,n]}$, $\sigma_Z(\mathcal{A})$ 为 $\mathcal{A}$ 的所有 Z-特征值构成的集合. 则

$$\sigma_Z(\mathcal{A}) \subseteq \Gamma^Z(\mathcal{A}) := \bigcup_{i \in N} \Gamma_i^Z(\mathcal{A}),$$

其中 $\Gamma_i^Z(\mathcal{A}) = \{z \in \mathbb{R} : -R_i(\mathcal{A}) \leqslant z \leqslant R_i(\mathcal{A})\}$.

无论是 $\Gamma^E(\mathcal{A})$ 还是 $\Gamma^Z(\mathcal{A})$ 均包括复平面的原点 (零), 这导致它们都不能用于判定多元多项式的正定性. 究其原因是每个 $\Gamma_i^E(\mathcal{A})$ 或者 $\Gamma_i^Z(\mathcal{A})$ 均是以原点为圆心或者中点. 那么, 改变它们的圆心或者中点, 可否得到能用于判定多元多项式正定性的结果呢? 下面, 我们讨论该问题. 为此, 引入单位张量和 Z-单位张量的概念.

定义 5.7.4 (1) 设 $\mathcal{I} \in \mathbb{R}^{[m,n]}$. 若对任意的 $\mathbf{x} \in \mathbb{R}^n$,

$$\mathcal{I}\mathbf{x}^{m-1} = \mathbf{x}^{[m-1]}, \tag{5.105}$$

则称 $\mathcal{I}$ 为单位张量.

(2) 设 $\mathcal{I}_Z \in \mathbb{R}^{[m,n]}$. 若对任意的 $\mathbf{x} \in \mathbb{R}^n$ 且 $\mathbf{x}^\top \mathbf{x} = 1$,

$$\mathcal{I}_Z\mathbf{x}^{m-1} = \mathbf{x}, \tag{5.106}$$

则称 $\mathcal{I}_Z$ 为 Z-单位张量.

注 (1) 单位张量 $\mathcal{I}$ 仅有特征值 1, 且形式唯一, 即

$$I = [\delta_{i_1 \cdots i_m}] \in \mathbb{R}^{[m,n]}.$$

(2) Z-单位张量 $\mathcal{I}_Z$ 仅有 Z-特征值 1, 这也是称其为 Z-单位张量的原因. 当 m 为偶数时, Z-单位张量存在, 但不唯一. 例如 Z-单位张量 $\mathcal{I}_Z = [(\mathcal{I}_Z)_{i_1 \cdots i_m}] \in \mathbb{R}^{[m,n]}$ 可取

- 情形 1　$(\mathcal{I}_Z)_{iii_2 i_2 \cdots i_k i_k} = 1$, $i, i_2, \cdots, i_k \in N$ 且 $m = 2k$;
- 情形 2　$(\mathcal{I}_Z)_{i_1 \cdots i_m} = \dfrac{1}{m!} \sum_{p \in \Pi_m} \delta_{i_{p(1)} i_{p(2)}} \cdots \delta_{i_{p(m-1)} i_{p(m)}}$, 其中 δ 为 Kronecker

符号, 即若 $i = j$, 则 $\delta_{ij} = 1$, 否则 $\delta_{ij} = 0$.

为了给出新的 Z-特征值定位区间, 先引入下列符号. 记

$$\Delta_i := \{(i_2, \cdots, i_m) : (\mathcal{I}_Z)_{ii_2 \cdots i_m} \neq 0, i_2, \cdots, i_m \in N\}, \quad i \in N$$

和

$$\overline{\Delta}_i := \{(i_2, \cdots, i_m) : (\mathcal{I}_Z)_{i i_2 \cdots i_m} = 0, i_2, \cdots, i_m \in N\}, \quad i \in N.$$

进一步, 对于给定的偶数阶张量 $\mathcal{A} = [a_{i_1 i_2 \cdots i_m}] \in \mathbb{R}^{[m,n]}$ 和任意的向量 $\alpha = [\alpha_1, \cdots, \alpha_n]^\top \in \mathbb{R}^n$, 记

$$r_i^{\Delta_i}(\mathcal{A}, \alpha_i) = \sum_{(i_2, \cdots, i_m) \in \Delta_i} |a_{i i_2 \cdots i_m} - \alpha_i (\mathcal{I}_Z)_{i i_2 \cdots i_m}|, \quad r_i^{\overline{\Delta}_i}(\mathcal{A}) = \sum_{(i_2, \cdots, i_m) \in \overline{\Delta}_i} |a_{i i_2 \cdots i_m}|.$$

定理 5.77 设 $\mathcal{A} = [a_{i_1 \cdots i_m}] \in \mathbb{R}^{[m,n]}$ 且 m 为偶数. 则对任意的向量 $\alpha = [\alpha_1, \cdots, \alpha_n]^\top \in \mathbb{R}^n$,

$$\sigma_Z(\mathcal{A}) \subseteq \Gamma^Z(\mathcal{A}, \alpha) := \bigcup_{i \in N} \Gamma_i^Z(\mathcal{A}, \alpha),$$

其中

$$\Gamma_i^Z(\mathcal{A}, \alpha) := \left\{ z \in \mathbb{R} : |z - \alpha_i| \leqslant R_i(\mathcal{A}, \alpha_i) := r_i^{\Delta_i}(\mathcal{A}, \alpha_i) + r_i^{\overline{\Delta}_i}(\mathcal{A}) \right\}.$$

进一步, $\sigma_Z(\mathcal{A}) \subseteq \bigcap_{\alpha \in \mathbb{R}^n} \Gamma^Z(\mathcal{A}, \alpha)$.

证明 设 $\lambda \in \sigma_Z(\mathcal{A})$, $\mathbf{x}$ 为 $\mathcal{A}$ 的相应 λ 的 Z-特征向量, 则 (5.98) 式成立, 故

$$\mathcal{A}\mathbf{x}^{m-1} = \lambda \mathbf{x} = \lambda \mathcal{I}_Z \mathbf{x}^{m-1}, \quad \mathbf{x}^\top \mathbf{x} = 1. \tag{5.107}$$

令 $|x_t| = \max_{i \in N} |x_i|$, 则 $0 < |x_t|^{m-1} \leqslant |x_t| \leqslant 1$. 由 (5.107) 中第 t 个等式得

$$\sum_{i_2, \cdots, i_m \in N} \lambda(\mathcal{I}_Z)_{t i_2 \cdots i_m} x_{i_2} \cdots x_{i_m} = \sum_{i_2, \cdots, i_m \in N} a_{t i_2 \cdots i_m} x_{i_2} \cdots x_{i_m}.$$

因此, 对任意的 α_t,

$$\sum_{i_2, \cdots, i_m \in N} (\lambda - \alpha_t)(\mathcal{I}_Z)_{t i_2 \cdots i_m} x_{i_2} \cdots x_{i_m}$$

$$= \sum_{i_2, \cdots, i_m \in N} (a_{t i_2 \cdots i_m} - \alpha_t (\mathcal{I}_Z)_{t i_2 \cdots i_m}) x_{i_2} \cdots x_{i_m}$$

$$= \sum_{(i_2, \cdots, i_m) \in \Delta_t} (a_{t i_2 \cdots i_m} - \alpha_t (\mathcal{I}_Z)_{t i_2 \cdots i_m}) x_{i_2} \cdots x_{i_m}$$

$$+ \sum_{(i_2, \cdots, i_m) \in \overline{\Delta}_t} a_{t i_2 \cdots i_m} x_{i_2} \cdots x_{i_m}.$$

两边取模并应用三角不等式得

$$|\lambda - \alpha_t||x_t| = |\lambda - \alpha_t|\left(\left|\sum_{i_2,\cdots,i_m \in N}(\mathcal{I}_Z)_{ti_2\cdots i_m}x_{i_2}\cdots x_{i_m}\right|\right)$$

$$\leqslant r_t^{\Delta_t}(\mathcal{A},\alpha_t)|x_t|^{m-1} + r_t^{\overline{\Delta}_t}(\mathcal{A})|x_t|^{m-1}$$

$$\leqslant R_t(\mathcal{A},\alpha_t)|x_t|.$$

因此, $|\lambda - \alpha_t| \leqslant R_t(\mathcal{A},\alpha_t)$, 这意味着 $\lambda \in \Gamma_t^Z(\mathcal{A},\alpha) \subseteq \Gamma^Z(\mathcal{A},\alpha)$. 再由 α 的任意性知 $\sigma_Z(\mathcal{A}) \subseteq \bigcap_{\alpha \in \mathbb{R}^n}\Gamma^Z(\mathcal{A},\alpha)$. $\qquad\square$

当 $\alpha = 0$ 时, 集合 $\Gamma^Z(\mathcal{A},\alpha)$ 退化为 $\Gamma^Z(\mathcal{A})$, 即

$$\Gamma^Z(\mathcal{A},0) = \Gamma^Z(\mathcal{A}).$$

因此,

$$\bigcap_{\alpha \in \mathbb{R}^n}\Gamma^Z(\mathcal{A},\alpha) \subseteq \Gamma^Z(\mathcal{A}).$$

另一方面, $R_i(\mathcal{A},\alpha_i)$(因此 $\Gamma^Z(\mathcal{A},\alpha)$) 与 $\mathcal{I}_Z$ 的选取密切相关, 例如取 $\mathcal{I}_Z$ 如上述情形 1, 则

$$r_i^{\Delta_i}(\mathcal{A},\alpha_i) = \sum_{i_2,\cdots,i_k \in N}|a_{iii_2i_2\cdots i_ki_k} - \alpha_i|$$

且 $r_i^{\overline{\Delta}_i}(\mathcal{A}) := r_i^Z(\mathcal{A}) = \sum_{i_2,\cdots,i_m \in N}|a_{ii_2\cdots i_m}| - \sum_{i_2,\cdots,i_k \in N}|a_{iii_2i_2\cdots i_ki_k}|$. 故有如下 Z-特征值定位区间.

推论 5.78 设 $\mathcal{A} = [a_{i_1\cdots i_m}] \in \mathbb{R}^{[m,n]}$ 且 $m = 2k$ 为偶数. 则对任意的向量 $\alpha = [\alpha_1,\cdots,\alpha_n]^\top \in \mathbb{R}^n$,

$$\sigma_Z(\mathcal{A}) \subseteq \Gamma^Z(\mathcal{A},\alpha) = \bigcup_{i \in N}\left\{z \in \mathbb{R} : |z - \alpha_i| \leqslant \sum_{i_2,\cdots,i_k \in N}|a_{iii_2i_2\cdots i_ki_k} - \alpha_i| + r_i^Z(\mathcal{A})\right\}.$$

对于推论 5.78 中的 Z-特征值定位区间, 可适当选取 α 使得其比推论 5.76 中的 $\Gamma^Z(\mathcal{A})$ 更为精确. 例如, 对于张量 $\mathcal{A} = (a_{ijkl}) \in \mathbb{R}^{[4,2]}$, 其中

$$a_{1111} = 10, \quad a_{2222} = 5, \quad a_{1122} = 9, \quad a_{1121} = a_{1211} = -1,$$
$$a_{2211} = 6, \quad a_{2122} = a_{2212} = -1,$$

其他元素 $a_{ijkl} = 0$. 计算知其 Z-特征值为 5 和 10. 由推论 5.76 得

$$\Gamma^Z(\mathcal{A}) = [-21,\ 21].$$

分别取 $\alpha = [10, 7]^\top$, $\alpha = [3, 8]^\top$ 和 $\alpha = [9, 5]^\top$, 由推论 5.78 得

$$\Gamma^Z\left(\mathcal{A}, [10, 7]^\top\right) = [2, 13], \quad \Gamma^Z\left(\mathcal{A}, [3, 8]^\top\right) = [-12, 18]$$

和

$$\Gamma^Z\left(\mathcal{A}, [9, 5]^\top\right) = [2, 12].$$

显然, $\Gamma^Z\left(\mathcal{A}, [9, 5]^\top\right) \subseteq \Gamma^Z\left(\mathcal{A}, [10, 7]^\top\right) \subseteq \Gamma^Z\left(\mathcal{A}, [3, 8]^\top\right) \subset \Gamma(\mathcal{A})$. 值得注意的是, 上述例子中的 Z-特征值定位区间 $\Gamma^Z\left(\mathcal{A}, [9, 5]^\top\right)$ 和 $\Gamma^Z\left(\mathcal{A}, [10, 7]^\top\right)$ 均不包含原点. 这为应用定理 5.77 或推论 5.78 判定多元多项式的正定性提供了可能. 事实上, 受定理 5.77 启发, 我们引入如下具有正定性的结构张量.

定义 5.7.5　设 $\mathcal{A} = [a_{i_1 \cdots i_m}] \in \mathbb{R}^{[m,n]}$ 且 m 为偶数, $\alpha = [\alpha_1, \cdots, \alpha_n]^\top \in \mathbb{R}^n$. 若对任意的 $i \in N$,

$$|\alpha_i| > R_i(\mathcal{A}, \alpha_i),$$

则称 $\mathcal{A}$ 为参数 α 严格对角占优张量.

定理 5.79　设 $\mathcal{A} = (a_{i_1 \cdots i_m}) \in \mathbb{R}^{[m,n]}$ 且 m 为偶数, λ 为 $\mathcal{A}$ 的 Z-特征值. 若 $\mathcal{A}$ 为参数 α 严格对角占优张量, 且对任意的 $i \in N$, $\alpha_i > 0$, 则 $\lambda > 0$. 进而, 若 $\mathcal{A}$ 对称, 则 $\mathcal{A}$ 正定.

证明　反证法. 假若 $\lambda \leqslant 0$. 由定理 5.77 得 $\lambda \in \Gamma^Z(\mathcal{A}, \alpha)$, 故存在 $i_0 \in N$ 使得 $\lambda \in \Gamma^Z_{i_0}(\mathcal{A}, \alpha)$, 即

$$|\lambda - \alpha_{i_0}| \leqslant R_i(\mathcal{A}, \alpha_{i_0}).$$

另一方面, 因为 $\alpha_{i_0} > 0$, 故

$$|\lambda - \alpha_{i_0}| \geqslant \alpha_{i_0} > R_i(\mathcal{A}, \alpha_{i_0}).$$

矛盾. 因此, $\lambda > 0$. 再由定理 5.69 知若 $\mathcal{A}$ 对称, 则 $\mathcal{A}$ 正定.　□

例 5.7.1　考虑对称张量 $\mathcal{A} = [a_{ijkl}] \in \mathbb{R}^{[4,2]}$, 其中

$$a_{1111} = 10, \quad a_{2222} = 9, \quad a_{1211} = a_{1121} = a_{1112} = a_{2111} = 0.5,$$
$$a_{1122} = a_{1221} = a_{1212} = a_{2211} = a_{2121} = a_{2112} = 3,$$
$$a_{2221} = a_{2212} = a_{2122} = a_{1222} = -0.2,$$

其他元素 $a_{ijkl} = 0$. 取 $\alpha = [10, 9]^\top$, $\mathcal{I}_Z$ 如上述情形 2, 则

$$\alpha_1 = 10 > R_1(\mathcal{A}, \alpha_1) = 2.7, \quad \alpha_2 = 9 > R_2(\mathcal{A}, \alpha_2) = 1.1.$$

因此, $\mathcal{A}$ 为参数 $\alpha = [10, 9]^\top$ 严格对角占优张量. 由定理 5.79 知 $\mathcal{A}$ 正定. 事实上, $\mathcal{A}$ 的所有 Z-特征值为 8.8501, 8.9289, 9.1661 和 10.3286.

再次考察定理 5.77 证明中的关键部分 (5.107) 式, 即

$$\mathcal{A}\mathbf{x}^{m-1} = \lambda\mathbf{x} = \lambda\mathcal{I}_Z\mathbf{x}^{m-1}, \quad \mathbf{x}^\top\mathbf{x} = 1.$$

其核心是通过 Z-单位张量将

$$\mathcal{A}\mathbf{x}^{m-1} = \lambda\mathbf{x}$$

等价变为

$$\mathcal{A}\mathbf{x}^{m-1} = \lambda\mathcal{I}_Z\mathbf{x}^{m-1}.$$

前者等式两边关于 $\mathbf{x}$ 非齐次, 后者等式两边关于 $\mathbf{x}$ 齐次. 而这为 Z-特征值定位问题及多元多项式正定性判定问题带来全新的研究视角. 再次从 "特殊" 到 "一般", 即将 $\mathcal{I}_Z$ 替换为更一般的张量 $\mathcal{B}$, 进而引出另一类重要的张量特征值——广义特征值.

定义 5.7.6 设 $\mathcal{A} \in \mathbb{C}^{[m,n]}$, $\mathcal{B} \in \mathbb{C}^{[m,n]}$, 若 $(\lambda, \mathbf{x}) \in \mathbb{C} \times (\mathbb{C}^n \backslash \{0\})$ 满足 $\mathcal{A}\mathbf{x}^{m-1}$ 和 $\mathcal{B}\mathbf{x}^{m-1}$ 不同时为零且

$$\mathcal{A}\mathbf{x}^{m-1} = \lambda\mathcal{B}\mathbf{x}^{m-1}, \tag{5.108}$$

则称 λ 为 $\mathcal{A}$ 相对于 $\mathcal{B}$ 的广义特征值, $\mathbf{x}$ 为对应的广义特征向量. 进一步, $\mathcal{A}$ 相对于 $\mathcal{B}$ 的所有广义特征值构成的集合记为 $\sigma(\mathcal{A}, \mathcal{B})$.

张量广义特征值统一了张量各类特征值, 如 H-特征值、E-特征值、Z-特征值、D-特征值和 US-特征值等. 关于其性质、计算及应用的研究, 推荐读者阅览文献 [117, 218], 在此不再介绍. 下面仅介绍张量广义特征值的 Geršgorin 型定位结果.

定理 5.80 设 $\mathcal{A} = [a_{i_1 \cdots i_m}] \in \mathbb{C}^{[m,n]}$, $\mathcal{B} = [b_{i_1 \cdots i_m}] \in \mathbb{C}^{[m,n]}$. 则

$$\sigma(\mathcal{A}, \mathcal{B}) \subseteq \Gamma(\mathcal{A}, \mathcal{B}) := \bigcup_{i \in N} \Gamma_i(\mathcal{A}, \mathcal{B}),$$

其中

$$\Gamma_i(\mathcal{A}, \mathcal{B}) = \left\{ z \in \mathbb{C} : |b_{i \cdots i} z - a_{i \cdots i}| \leqslant \sum_{\substack{i_2, \cdots, i_m \in N, \\ \delta_{i i_2 \cdots i_m} = 0}} |b_{i i_2 \cdots i_m} z - a_{i i_2 \cdots i_m}| \right\}.$$

证明 设 $\lambda \in \sigma(\mathcal{A}, \mathcal{B})$. 则由定义 5.7.6 知存在非零向量 $\mathbf{x} = [x_1, \cdots, x_n]^\top \in \mathbb{C}^n$ 使得 (5.108) 式成立. 令

$$|x_p| = \max_{i \in N} |x_i|.$$

则 $|x_p| > 0$. 由 (5.108) 式中的第 p 个等式, 即

$$\sum_{i_2,\cdots,i_m \in N} a_{pi_2\cdots i_m} x_{i_2} \cdots x_{i_m} = \lambda \sum_{i_2,\cdots,i_m \in N} b_{pi_2\cdots i_m} x_{i_2} \cdots x_{i_m},$$

得

$$(b_{p\cdots p}\lambda - a_{p\cdots p})\, x_p^{m-1} = \sum_{\substack{i_2,\cdots,i_m \in N, \\ \delta_{pi_2\cdots i_m}=0}} (a_{pi_2\cdots i_m} - \lambda b_{pi_2\cdots i_m}) x_{i_2} \cdots x_{i_m}.$$

两边取模并应用三角不等式得

$$|b_{p\cdots p}\lambda - a_{p\cdots p}||x_p|^{m-1} \leqslant \left(\sum_{\substack{i_2,\cdots,i_m \in N, \\ \delta_{pi_2\cdots i_m}=0}} |\lambda b_{pi_2\cdots i_m} - a_{pi_2\cdots i_m}| \right) |x_p|^{m-1}.$$

故

$$|b_{p\cdots p}\lambda - a_{p\cdots p}| \leqslant \sum_{\substack{i_2,\cdots,i_m \in N, \\ \delta_{pi_2\cdots i_m}=0}} |\lambda b_{pi_2\cdots i_m} - a_{pi_2\cdots i_m}|.$$

这意味着 $\lambda \in \Gamma_p(\mathcal{A}, \mathcal{B})$. 因此, $\lambda \in \Gamma(\mathcal{A}, \mathcal{B})$.   □

当 $\mathcal{B} = \mathcal{I}$ 时, 张量广义特征值退化到张量特征值、定理 5.80 退化为张量特征值的 Geršgorin 圆盘定理, 即定理 5.70.

当 $\mathcal{B} = \mathcal{I}_Z$ 时, 张量广义特征值退化到张量 $E(Z)$-特征值、定理 5.80 退化为如下结果, 其中 $\mathcal{I}_Z$ 选取上述情形 1.

推论 5.81   设 $\mathcal{A} = [a_{i_1\cdots i_m}] \in \mathbb{R}^{[m,n]}$ 且 $m = 2k$ 为偶数. 则

$$\sigma_Z(\mathcal{A}) \subseteq \tilde{\Gamma}^Z(\mathcal{A}) := \bigcup_{i \in N} \tilde{\Gamma}_i^Z(\mathcal{A}),$$

其中

$$\tilde{\Gamma}_i^Z(\mathcal{A}) = \left\{ z \in \mathbb{R} : |z - a_{i\cdots i}| - \sum_{\substack{i_2,\cdots,i_k \in N, \\ \delta_{ii_2\cdots i_m}=0}} |z - a_{iii_2i_2\cdots i_k i_k}| \leqslant \tilde{r}_i(\mathcal{A}) \right\}$$

且

$$\tilde{r}_i(\mathcal{A}) = r_i(\mathcal{A}) - \sum_{\substack{i_2,\cdots,i_k \in N, \\ \delta_{ii_2\cdots i_m}=0}} |a_{iii_2i_2\cdots i_k i_k}|.$$

当 $m = 2$ 时, 张量广义特征值退化到矩阵广义特征值、定理 5.80 退化为矩阵广义特征值的 Geršgorin 圆盘定理.

推论 5.82 设 $A = [a_{ij}] \in \mathbb{C}^{n \times n}$, $B = [b_{ij}] \in \mathbb{C}^{n \times n}$, $\sigma(A, B)$ 为矩阵 A 相对于 B 的广义特征值构成的集合. 则

$$\sigma(A, B) \subseteq \Gamma(A, B) := \bigcup_{i \in N} \Gamma_i(A, B),$$

其中

$$\Gamma_i(A, B) = \left\{ z \in \mathbb{C} : |b_{ii}z - a_{ii}| \leqslant \sum_{\substack{j \in N, \\ j \neq i}} |b_{ij}z - a_{ij}| \right\}.$$

当 $m = 2$, $\mathcal{B} = I$(单位矩阵) 时, 张量广义特征值退化到矩阵特征值、定理 5.80 退化为矩阵特征值的 Geršgorin 圆盘定理, 即定理 2.1.

本节简要介绍了高阶张量特征值、H-特征值、E-特征值、Z-特征值和广义特征值的 Geršgorin 型定位定理. 仍可考虑其他类型特征值定位, 如 S-型、Brualdi 型等. 除上述张量的几类特征值外, 仍有源于其他实际问题的张量特征值, 例如 C-特征值、M-特征值、T-特征值等, 同样地可以研究这些特征值的定位问题, 即给出 Geršgorin 型或其他特征值定位结果. 当然, 张量特征值的其他问题, 如计算、扰动等都取得了重要的研究成果. 鉴于篇幅有限, 不再介绍. 感兴趣的读者可参阅文献 [217, 218, 291, 305, 459, 473].

参 考 文 献

[1] Alanelli M, Hadjidimos A. A new iterative criterion for H-matrices. SIAM Journal on Matrix Analysis and Applications, 2007, 29(1): 160-176.

[2] Alanelli M, Hadjidimos A. A new iterative criterion for H-matrices: The reducible case. Linear Algebra and Its Applications, 2008, 428(11-12): 2761-2777.

[3] Al'pin Yu A. Bounds for the Perron root of a nonnegative matrix involving the properties of its graph. Matematicheskie Zametki, 1995, 58(4): 635-637.

[4] Araújo C M, Torregrosa J R. Some results on B-matrices and doubly B-matrices. Linear Algebra and Its Applications, 2014, 459: 101-120.

[5] Araújo C M, Mendes-Gonçalves S. On a class of nonsingular matrices containing B-matrices. Linear Algebra and Its Applications, 2019, 578: 356-369.

[6] Atik F. On equitable partition of matrices and its applications. Linear and Multilinear Algebra, 2020, 68(11): 2143-2156.

[7] Bai X L, Huang Z H, Wang Y. Global uniqueness and solvability for tensor complementarity problems. Journal of Optimization Theory and Applications, 2016, 170(1): 72-84.

[8] Bai Z Z. On the convergence of the multisplitting methods for the linear complementarity problem. SIAM Journal on Matrix Analysis and Applications, 1999, 21(1): 67-78.

[9] Bai Z Z, Golub G H, Ng M K. Hermitian and skew-Hermitian splitting methods for non-Hermitian positive definite linear systems. SIAM Journal on Matrix Analysis and Applications, 2003, 24(3): 603-626.

[10] Banerjee A, Mehatari R. An eigenvalue localization theorem for stochastic matrices and its application to Randić matrices. Linear Algebra and Its Applications, 2016, 505: 85-96.

[11] Bapat R B. Comparing the spectral radii of two nonnegative matrices. The American Mathematical Monthly, 1989, 96(2): 137-139.

[12] Bapat R B, Olesky D D, Van Den Driessche P. Perron-Frobenius theory for a generalized eigenproblem. Linear and Multilinear Algebra, 1995, 40(2): 141-152.

[13] Bárány I, Solymosi J. Gershgorin disks for multiple eigenvalues of non-negative matrices. A journey through discrete mathematics. Springer, Cham, 2017: 123-133.

[14] Berman A, Plemmons R J. Nonnegative Matrices in the Mathematical Sciences. Society for Industrial and Applied Mathematics, 1994.

[15] Betcke T, Higham N J, Mehrmann V, et al. NLEVP: A collection of Nonlinear eigenvalue Problem. Manchester Institute for Mathematical Sciences School of Mathematics, The University of Manchester, 2008. http://www.mims.manchester. ac.uk/research/numerical-analysis/nlevp.html(EPrint: 2008.40, accessed 05.09.2017).

[16] Betcke T, Higham N J, Mehrmann V, Schröder C. NLEVP: A collection of nonlinear eigenvalue problems. ACM Transactions on Mathematical Software, 2013, 39(2): 1-28.

[17] Betcke T, Voss H. A Jacobi-Davidson-type projection method for nonlinear eigenvalue problems. Future Generation Computer Systems, 2004, 20(3): 363-372.

[18] Beyn W J. An integral method for solving nonlinear eigenvalue problems. Linear Algebra and Its Applications, 2012, 436(10): 3839-3863.

[19] Bindel D, Hood A. Localization theorems for nonlinear eigenvalue problems. SIAM Journal on Matrix Analysis and Applications, 2013, 34(4): 1728-1749.

[20] Bini D A, Noferini V, Sharify M. Locating the eigenvalues of matrix polynomials. SIAM Journal on Matrix Analysis and Applications, 2013, 34(4): 1708-1727.

[21] Boros E, Brualdi R A, Crama Y, et al. Geršgorin variations III: On a theme of Brualdi and Varga. Linear Algebra and Its Applications, 2008, 428(1): 14-19.

[22] Boulton L, Lancaster P, Psarrakos P. On pseudospectra of matrix polynomials and their boundaries. Mathematics of Computation, 2008, 77(261): 313-334.

[23] Bozorgmanesh H, Hajarian M, Chronopoulos A T. Interval tensors and their application in solving multi-linear systems of equations. Computers and Mathematics with Applications, 2020, 79(3): 697-715.

[24] Braconnier T, Higham N J. Computing the field of values and pseudospectra using the Lanczos method with continuation. BIT Numerical Mathematics, 1996, 36(3): 422-440.

[25] Braman K. Third-order tensors as linear operators on a space of matrices. Linear Algebra and Its Applications, 2010, 433(7): 1241-1253.

[26] Brauer A. Limits for the characteristic roots of a matrix. II. Duke Mathematical Journal, 1947, 14(1): 21-26.

[27] Brauer A. Limits for the characteristic roots of a matrix. III. Duke Mathematical Journal, 1948, 15(3): 871-877.

[28] Brauer A. Limits for the characteristic roots of a matrix. IV: Applications to stochastic matrices. Duke Mathematical Journal, 1952, 19(1): 75-91.

[29] Brauer A. Limits for the characteristic roots of a matrix. V. Duke Mathematical Journal, 1952, 19(4): 553-562.

[30] Brauer A, LaBorde H T. Limits for the characteristic roots of a matrix. VI: Numerical computation of characteristic roots and of the error in the approximate solution of linear equations. Duke Mathematical Journal, 1955, 22(2): 253-261.

[31] Brauer A. A method for the computation of the greatest root of a nonnegative matrix. SIAM Journal on Numerical Analysis, 1966, 3(4): 564-569.

[32] Brauer A, Gentry I C. Bounds for the greatest characteristic root of an irreducible nonnegative matrix. Linear Algebra and Its Applications, 1974, 8(2): 105-107.

[33] Brauer A, Gentry I C. Bounds for the greatest characteristic root of an irreducible nonnegative matrix II. Linear Algebra and Its Applications, 1976, 13(1-2): 109-114.

[34] Browne E T. Limits to the characteristic roots of a matrix. The American Mathematical Monthly, 1939, 46(5): 252-265.

[35] Bru R, Corral C, Giménez I, Mas J. Classes of general H-matrices. Linear Algebra and Its Applications, 2008, 429(10): 2358-2366.

[36] Bru R, Corral C, Giménez I, Mas J. Schur complement of general H-matrices. Numerical Linear Algebra with Applications, 2009, 16(11-12): 935-947.

[37] Bru R, Cvetković L, Kostić V, et al. Characterization of α_1 and α_2-matrices. Open Mathematics, 2010, 8(1): 32-40.

[38] Bru R, Cantó R, Soto R L, et al. A Brauer's theorem and related results. Central European Journal of Mathematics, 2012, 10(1): 312-321.

[39] Bru R, Giménez I, Hadjidimos A. Is $A \in \mathbb{C}^{n,n}$ a general H-matrix? Linear Algebra and Its Applications, 2012, 436(2): 364-380.

[40] Brualdi R A. Matrices eigenvalues, and directed graphs. Linear and Multilinear Algebra, 1982, 11(2): 143-165.

[41] Brualdi R A, Mellendorf S. Regions in the complex plane containing the eigenvalues of a matrix. The American Mathematical Monthly, 1994, 101(10): 975-985.

[42] Bryan W. Lewis, Gerschgorin Disks and Brauer's ovals of Cassini. https: //bwlewis. github.io/cassini/.

[43] Bu C J, Wei Y P, Sun L Z, Zhou J. Brualdi-type eigenvalue inclusion sets of tensors. Linear Algebra and Its Applications, 2015, 480: 168-175.

[44] Bu C J, Jin X Q, Li H F, Deng C L. Brauer-type eigenvalue inclusion sets and the spectral radius of tensors. Linear Algebra and Its Applications, 2017, 512: 234-248.

[45] Bueno M I, Dopico F M, Furtado S, et al. A block-symmetric linearization of odd degree matrix polynomials with optimal eigenvalue condition number and backward error. Calcolo, 2018, 55(3): 1-43.

[46] Bünger F, Rump S. The determinant of a complex matrix and Gershgorin circles. Electronic Journal of Linear Algebra, 2019, 35: 181-186.

[47] Bünger F, Rump S M. Complex Disk Products and Cartesian Ovals. Journal of Geometry, 2019, 110(3): 1-9.

[48] Burkill J C. Functions of intervals. Proceedings of the London Mathematical Society, 1924, 22: 375-446.

[49] Burrage K, Burrage P, MacNamara S. Localization and pseudospectra of twisted Toeplitz matrices with applications to ion channels. SIAM Journal on Matrix Analysis and Applications, 2021, 42(4): 1656-1679.

[50] Cai Y, Zhang L H, Bai Z, et al. On an eigenvector-dependent nonlinear eigenvalue problem. SIAM Journal on Matrix Analysis and Applications, 2018, 39(3): 1360-1382.

[51] Camion P, Hoffman A. On the nonsingularity of complex matrices. Pacific Journal of Mathematics, 1966, 17(2): 211-214.

[52] Cancès E, Chakir R, Maday Y. Numerical analysis of nonlinear eigenvalue problems. Journal of Scientific Computing, 2010, 45(1): 90-117.

[53] Cao Z, Xie P. On some tensor inequalities based on the t-product. Linear and Multilinear Algebra, 2023, 71(3): 377-390.

[54] Carey G F, Sepehrnoori K. Gershgorin theory for stiffness and stability of evolution systems and convection-diffusion. Computer Methods in Applied Mechanics and Engineering, 1980, 22(1): 23-48.

[55] Carlson D, Markham T L. Schur complements of diagonally dominant matrices. Czechoslovak Mathematical Journal, 1979, 29(2): 246-251.

[56] Carlson D. What are Schur complements, anyway? Linear Algebra and its Applications, 1986, 74: 257-275.

[57] Carnicer J M, Goodman T N T, Peña J M. Linear conditions for positive determinants. Linear Algebra and Its Applications, 1999, 292(1-3): 39-59.

[58] Cartwright D, Sturmfels B. The number of eigenvalues of a tensor. Linear Algebra and Its Applications, 2013, 438(2): 942-952.

[59] Caspary O. Generalized Gerschgorin's theorem for source number detection. 2002 11th European Signal Processing Conference. IEEE, 2002: 1-4.

[60] Chang K C, Pearson K, Zhang T. Perron-Frobenius theorem for nonnegative tensors. Communications in Mathematical Sciences, 2008, 6(2): 507-520.

[61] Chang K C, Pearson K, Zhang T. On eigenvalue problems of real symmetric tensors. Journal of Mathematical Analysis and Applications, 2009, 350(1): 416-422.

[62] Che H, Chen H, Wang Y. C-eigenvalue inclusion theorems for piezoelectric-type tensors. Applied Mathematics Letters, 2019, 89: 41-49.

[63] Che M L, Qi L Q, Wei Y M. Positive-definite tensors to nonlinear complementarity problems. Journal of Optimization Theory and Applications, 2016, 168(2): 475-487.

[64] Che M L, Li G Y, Qi L Q, et al. Pseudo-spectra theory of tensors and tensor polynomial eigenvalue problems. Linear Algebra and Its Applications, 2017, 533: 536-572.

[65] Che M L, Wei Y M. Theory and Computation of Complex Tensors and Its Applications. Singapore: Springer Singapore, 2020.

[66] Che M L, Qi L Q, Wei Y M. The generalized order tensor complementarity problems. Numer. Math. Theor. Meth. Appl., 2020, 13(1): 131-149.

[67] Chen H, Qi L, Caccetta L, et al. Birkhoff-Von Neumann theorem and decomposition for doubly stochastic tensors. Linear Algebra and its Applications, 2019, 583: 119-133.

[68] Chen S. Inequalities for M-matrices and inverse M-matrices. Linear algebra and Its Applications, 2007, 426(2-3): 610-618.

[69] Chen S J, Lin J L. Robust D-stability of discrete and continuous time interval systems. Journal of the Franklin Institute, 2004, 341(6): 505-517.

[70] Chen T T, Li W, Wu X, et al. Error bounds for linear complementarity problems of MB-matrices. Numerical Algorithms, 2015, 70(2): 341-356.

[71] Chen X J, Xiang S H. Computation of error bounds for P-matrix linear complementarity problems. Mathematical Programming, 2006, 106(3): 513-525.

[72] Chen X J, Xiang S H. Perturbation bounds of P-matrix linear complementarity problems. SIAM Journal on Optimization, 2008, 18(4): 1250-1265.

[73] Cheng G H, Huang T Z. An upper bound for $||A^{-1}||_\infty$ of strictly diagonally dominant M-matrices. Linear Algebra Appl., 2007, 426: 667-673.

[74] Chi X, Gowda M S, Tao J. The weighted horizontal linear complementarity problem on a Euclidean Jordan algebra. Journal of Global Optimization, 2019, 73(1): 153-169.

[75] Chien M T, Fang S T, Su Y X. A generalization of Gershgorin circles. Appl. Comput. Math., 2016, 15(1): 101-111.

[76] Ching W K, Ng M K. Markov Chains: Models, Algorithms and Applications. Berlin: Springer, 2010.

[77] Clayton A. Quasi-birth-and-death processes and matrix-valued orthogonal polynomials. SIAM Journal on Matrix Analysis and Applications, 2010, 31(5): 2239-2260.

[78] Cottle R W, Pang J S, Stone R E. The linear complementarity problem. Academic Press, San Diego, 1992.

[79] Cui C F, Dai Y H, Nie J. All real eigenvalues of symmetric tensors. SIAM Journal on Matrix Analysis and Applications, 2014, 35(4): 1582-1601.

[80] Cvetković D L, Cvetković L, Kostić V R. New pseudospectra localizations with application in ecology and vibration analysis. 2019 IEEE 9th Annual Computing and Communication Workshop and Conference (CCWC). IEEE, 2019: 201-205.

[81] Cvetković D L, Cvetković L, Li C Q. CKV-type matrices with applications. Linear Algebra and Its Applications, 2021, 608: 158-184.

[82] Cvetković L, Kostić V, Varga R S. A new Geršgorin-type eigenvalue inclusion set. Electron. Trans. Numer. Anal., 2004, 18: 73-80.

[83] Cvetković L, Kostić V. More About Geršgorin-type theorems. PAMM: Proceedings in Applied Mathematics and Mechanics, 2004, 4(1): 662-663.

[84] Cvetković L, Kostić V. A new eigenvalue localization theorem via graph theory. PAMM: Proceedings in Applied Mathematics and Mechanics. Berlin: WILEY-VCH Verlag, 2005, 5(1): 787-788.

[85] Cvetković L, Kostić V. New criteria for identifying H-matrices. Journal of Computational and Applied Mathematics, 2005, 180(2): 265-278.

[86] Cvetković L. H-matrix theory vs. eigenvalue localization. Numerical Algorithms, 2006, 42(3): 229-245.

[87] Cvetković L, Kostić V. New subclasses of block H-matrices with applications to parallel decomposition-type relaxation methods. Numerical Algorithms, 2006, 42(3): 325-334.

[88] Cvetković L, Kostić V. Between Geršgorin and minimal Geršgorin sets. Journal of Computational and Applied Mathematics, 2006, 196(2): 452-458.

[89] Cvetković L, Kostić V, Kovačević M, et al. Further results on H-matrices and their Schur complements. Applied Mathematics and Computation, 2008, 198(2): 506-510.

[90] Cvetković L, Kostić V, Rauški S. A new subclass of H-matrices. Applied Mathematics and Computation, 2009, 208(1): 206-210.

[91] Cvetković L, Nedović M. Special H-matrices and their Schur and diagonal-Schur complements. Applied Mathematics and Computation, 2009, 208(1): 225-230.

[92] Cvetković L, Peña J M. Minimal sets alternative to minimal Geršgorin sets. Applied Numerical Mathematics, 2010, 60(4): 442-451.

[93] Cvetković L, Kostić V, Bru R, et al. A simple generalization of Geršgorin's theorem. Advances in Computational Mathematics, 2011, 35(2): 271-280.

[94] Cvetković L J, Kostić V, Peña J M. Eigenvalue localization refinements for matrices related to positivity. SIAM Journal on Matrix Analysis and Applications, 2011, 32(3): 771-784.

[95] Cvetković L, Kostić V. Application of generalized diagonal dominance in wireless sensor network optimization problems. Applied Mathematics and Computation, 2012, 218(9): 4798-4805.

[96] Cvetković L, Nedović M. Eigenvalue localization refinements for the Schur complement. Applied Mathematics and Computation, 2012, 218(17): 8341-8346.

[97] Cvetković L, Kostić V, Doroslovački K. Max-norm bounds for the inverse of S-Nekrasov matrices. Applied Mathematics and Computation, 2012, 218(18): 9498-9503.

[98] Cvetković L, Dai P F, Doroslovački K, Li Y T. Infinity norm bounds for the inverse of Nekrasov matrices. Applied Mathematics and Computation, 2013, 219(10): 5020-5024.

[99] Cvetković L, Doroslovački K. Max norm estimation for the inverse of block matrices. Applied Mathematics and Computation, 2014, 242: 694-706.

[100] Cvetković L, Kostić V, Nedović M. Generalizations of Nekrasov matrices and applications. Open Mathematics, 2015, 13(1): 96-105.

[101] Cvetković L, Erić M, Peña J M. Eventually SDD matrices and eigenvalue localization. Applied Mathematics and Computation, 2015, 252: 535-540.

[102] Cvetković L, Kostić V, Doroslovački K, Cvetković L D. Euclidean norm estimates of the inverse of some special block matrices. Applied Mathematics and Computation, 2016, 284: 12-23.

[103] Dai P F. Error bounds for linear complementarity problems of DB-matrices. Linear Algebra and its Applications, 2011, 434(3): 830-840.

[104] Dai P F, Li Y T, Lu C J. Error bounds for linear complementarity problems for SB-matrices. Numerical Algorithms, 2012, 61(1): 121-139.

[105] Dai P F, Li J C, Li Y T, et al. Error bounds for linear complementarity problems of QN-matrices. Calcolo, 2016, 53(4): 647-657.

[106] Dai P F, Wu S L. The GUS-Property and Modulus-Based Methods for Tensor Complementarity Problems. Journal of Optimization Theory and Applications, 2022, 195: 976-1006.

[107] Dashnic L S, Zusmanovich M S. K voprosu o lokalizacii harakteristicheskih chisel matricy. Zhurnal Vychislitelnoi Matematiki i Matematicheskoi Fiziki, 1970, 10(6): 1321-1327.

[108] Dashnic L S, Zusmanovich M S. O nekotoryh kriteriyah regulyarnosti matric i lokalizacii ih spectra. Zhurnal Vychislitelnoi Matematiki i Matematicheskoi Fiziki, 1970, 5: 1092-1097.

[109] De Schutter B, Heemels W, Bemporad A. On the equivalence of linear complementarity problems. Operations Research Letters, 2002, 30(4): 211-222.

[110] Deaett L, Fischer J, Garnett C, et al. Non-sparse companion matrices. Electronic Journal of Linear Algebra, 2019, 35: 223-247.

[111] Deng C L, Li H F, Bu C J. Brauer-type eigenvalue inclusion sets of stochastic/irreducible tensors and positive definiteness of tensors. Linear Algebra and Its Applications, 2018, 556: 55-69.

[112] Deng W, Li C, Lü J. Stability analysis of linear fractional differential system with multiple time delays. Nonlinear Dynamics, 2007, 48(4): 409-416.

[113] Denton P, Parke S, Tao T, Zhang X. Eigenvectors from eigenvalues: a survey of a basic identity in linear algebra. Bulletin of the American Mathematical Society, 2022, 59(1): 31-58.

[114] Desplanques J. Théorèm d'algébre. J. de Math. Spec., 1887, 9: 12-13.

[115] Deutsch E, Zenger C. On Bauer's generalized Gershgorin discs. Numerische Mathematik, 1975, 24(1): 63-70.

[116] DeVille L. Optimizing gershgorin for symmetric matrices. Linear Algebra and Its Applications, 2019, 577: 360-383.

[117] Ding W, Wei Y. Generalized tensor eigenvalue problems. SIAM Journal on Matrix Analysis and Applications, 2015, 36(3): 1073-1099.

[118] Ebiefung A A, Fernandes L M, Júdice J J, et al. A block principal pivoting algorithm for vertical generalized LCP with a vertical block P-matrix. Journal of Computational and Applied Mathematics, 2022, 404: 113913.

[119] Effenberger C. Robust successive computation of eigenpairs for nonlinear eigenvalue problems. SIAM Journal on Matrix Analysis and Applications, 2013, 34(3): 1231-1256.

[120] Elsner L, Sun J. Perturbation thèorems for the generalized eigenvalue problem. Linear Algebra and Its Applications, 1982, 48: 341-357.

[121] Elsner L, Johnson C R, Dias Da Silva J A. The perron root of a weighted geometric mean of nonneagative matrices. Linear and Multilinear Algebra, 1988, 24(1): 1-13.

[122] Embree M, Trefethen L N. Generalizing eigenvalue theorems to pseudospectra theorems. SIAM Journal on Scientific Computing, 2001, 23(2): 583-590.

[123] Farid F O, Lancaster P. Spectral properties of diagonally dominant infinite matrices, Part I. Proceedings of the Royal Society of Edinburgh Section A: Mathematics, 1989, 111(3-4): 301-314.

[124] Farid F O, Lancaster P. Spectral properties of diagonally dominant infinite matrices. II. Linear Algebra and Its Applications, 1991, 143: 7-17.

[125] Farid F O. Topics on a generalization of Gershgorin's theorem. Linear Algebra and Its Applications, 1998, 268: 91-116.

[126] Feingold D G, Varga R S. Block diagonally dominant matrices and generalizations of the Gerschgorin circle theorem. Pacific Journal of Mathematics, 1962, 12(4): 1241-1250.

[127] Fiedler M, Pták V. Diagonally dominant matrices. Czechoslovak Mathematical Journal, 1967, 17(3): 420-433.

[128] Fiedler M. Bounds for the determinant of the sum of hermitian matrices. Proceedings of the American Mathematical Society, 1971, 30(1): 27-31.

[129] Fiedler M. Eigenvalues of nonnegative symmetric matrices. Linear Algebra and Its Applications, 1974, 9: 119-142.

[130] Fiedler M, Pták V. Loewner and Bézout matrices. Linear Algebra and Its Applications, 1988, 101: 187-220.

[131] Fiedler M. A note on companion matrices. Linear Algebra and Its Applications, 2003, 372: 325-331.

[132] Fiedler M. Special matrices and their applications in numerical mathematics. Courier Corporation, 2008.

[133] Fiedler M, Hall F J, Marsli R. Geršgorin discs revisited. Linear Algebra and Its Applications, 2013, 438(1): 598-603.

[134] Firouzbahrami M, Babazadeh M, Karimi H, et al. New sufficient conditions for robust stability analysis of interval matrices. Systems and Control Letters, 2012, 61(12): 1117-1123.

[135] Franzé G, Carotenuto L, Balestrino A. New inclusion criterion for the stability of interval matrices. IEE Proceeding-Control Theory and Applications, 2006, 153(4): 478-482.

[136] Friedland S. Lower bounds for the first eigenvalue of certain M-matrices associated with graphs. Linear Algebra and its Applications, 1992, 172: 71-84.

[137] Friedland S, Nabben R. On the second real eigenvalue of nonegative and Z-matrices. Linear Algebra and its Applications, 1997, 255(1-3): 303-313.

[138] Friedland S, Gaubert S, Han L. Perron-Frobenius theorem for nonnegative multilinear forms and extensions. Linear Algebra and its Applications, 2013, 438(2): 738-749.

[139] Friedman A, Shinbrot M. Nonlinear eigenvalue problems. Acta Mathematica, 1968, 121: 77-125.

[140] Freitag M A, Spence A. A Newton-based method for the calculation of the distance to instability. Linear Algebra and its Applications, 2011, 435(12): 3189-3205.

[141] Gan T B, Huang T Z. Simple criteria for nonsingular H-matrices. Linear Algebra and its Applications, 2003, 374: 317-326.

[142] Gao L, Wang Y Q, Li C Q, et al. Error bounds for linear complementarity problems of S-Nekrasov matrices and B-S-Nekrasov matrices. Journal of Computational and Applied Mathematics, 2018, 336: 147-159.

[143] Gao L, Li C Q, Li Y T. Parameterized error bounds for linear complementarity problems of B_π^R-matrices and their optimal values. Calcolo, 2019, 56(3): 1-24.

[144] Gao L, Liu Y. On OBS matrices and OBS-B matrices. Bulletin of the Iranian Mathematical Society, 2022, 48(5): 2807-2824.

[145] Gao L, Li C Q. On Cvetković-Kostić-Varga type matrices. Electronic Transactions on Numerical Analysis, 2023, 58: 244-270.

[146] Gao Y M, Wang X H. Criteria for generalized diagonally dominant matrices and M-matrices. Linear Algebra and Its Applications, 1992, 169: 257-268.

[147] Gao Y M, Wang X H. Criteria for generalized diagonally dominant matrices and M-matrices. II. Linear Algebra and Its Applications, 1996, 248: 339-353.

[148] García-Esnaola M, Peña J M. Error bounds for linear complementarity problems for B-matrices. Applied Mathematics Letters, 2009, 22(7): 1071-1075.

[149] García-Esnaola M, Peña J M. Error bounds for the linear complementarity problem with a Σ-SDD matrix. Linear Algebra and Its Applications, 2013, 438(3): 1339-1346.

[150] García-Esnaola M, Peña J M. Error bounds for linear complementarity problems of Nekrasov matrices. Numerical Algorithms, 2014, 67(3): 655-667.

[151] García-Esnaola M, Peña J M. B-Nekrasov matrices and error bounds for linear complementarity problems. Numerical Algorithms, 2016, 72(2): 435-445.

[152] García-Esnaola M, Peña J M. B_π^R-matrices and error bounds for linear complementarity problems. Calcolo, 2017, 54(3): 813-822.

[153] García-Esnaola M, Peña J M. On the asymptotic optimality of error bounds for some linear complementarity problems. Numerical Algorithms, 2019, 80(2): 521-532.

[154] Geršchgorin S A. Über die Abgrenzung der Eigenwerte einer Matrix. Izv. Akad. Nauk SSSR Ser. Mat., 1931 (6): 749-754.

[155] Gendreau M. On the location of eigenvalues of off-diagonal constant matrices. Linear Algebra and Its Applications, 1986, 79: 99-102.

[156] Gilbert J, Gilbert L. Linear Algebra and Matrix Theory. Elsevier, 2014.

[157] Gillis N, Karow M, Sharma P. Approximating the nearest stable discrete-time system. Linear Algebra and Its Applications, 2019, 573: 37-53.

[158] Gleich D F, Lim L H, Yu Y. Multilinear pagerank. SIAM Journal on Matrix Analysis and Applications, 2015, 36(4): 1507-1541.

[159] Godunov S K, Sadkane M. Computation of pseudospectra via spectral projectors. Linear Algebra and Its Applications, 1998, 279(1-3): 163-175.

[160] Gohberg I, Lancaster P, Rodman L. Matrix Polynomials. Birkhäuser Basel, 2005.

[161] Golub G H, Van Loan C F. Matrix Computations. 3rd ed. The John Hopkins University Press, 1996.

[162] Gowda M S, Sznajder R. The generalized order linear complementarity problem. SIAM Journal on Matrix Analysis and Applications, 1994, 15(3): 779-795.

[163] Grammont L, Largillier A. On ε-spectra and stability radii. Journal of Computational and Applied Mathematics, 2002, 147(2): 453-469.

[164] Greenbaum A, Trefethen L N. GMRES/CR and Arnoldi/Lanczos as matrix approximation problems. SIAM Journal on Scientific Computing, 1994, 15(2): 359-368.

[165] Gümüş I, Hirzallah O, Kittaneh F. Eigenvalue localization for complex matrices. The Electronic Journal of Linear Algebra, 2014, 27: 892-906.

[166] Guo W X, Zheng H, Peng X F. New convergence results of the modulus-based methods for vertical linear complementarity problems. Applied Mathematics Letters, 2023, 135: 108444.

[167] Güttel S, Van Beeumen R, Meerbergen K, et al. NLEIGS: A class of fully rational Krylov methods for nonlinear eigenvalue problems. SIAM Journal on Scientific Computing, 2014, 36(6): A2842-A2864.

[168] Güttel S, Tisseur F. The nonlinear eigenvalue problem. Acta Numerica, 2017, 26: 1-94.

[169] Hadjidimos A, Tzoumas M. On Brauer-Ostrowski and Brualdi sets. Linear Algebra and Its Applications, 2014, 449: 175-193.

[170] Han D, Dai H H, Qi L. Conditions for strong ellipticity of anisotropic elastic materials. Journal of Elasticity, 2009, 97(1): 1-13.

[171] Hashemi B, Nakatsukasa Y, Trefethen L N. Rectangular eigenvalue problems. Advances in Computational Mathematics, 2022, 48(6): 1-16.

[172] Hawkins J. Perron-Frobenius Theorem and Some Applications: Ergodic Dynamics. Cham: Springer, 2021.

[173] He C, Watson G A. An algorithm for computing the distance to instability. SIAM Journal on Matrix Analysis and Applications, 1998, 20(1): 101-116.

[174] He J, Li C Q, Wei Y M. Pseudospectra localization sets of tensors with applications. Journal of Computational and Applied Mathematics, 2020, 369: 112580.

[175] He J, Li C Q, Wei Y M. M-eigenvalue intervals and checkable sufficient conditions for the strong ellipticity. Applied Mathematics Letters, 2020, 102: 106137.

[176] Hetmaniok E, Pleszczyński M, Różański M, et al. Parametric-vector versions of the Gerschgorin Theorem and the Brauer Theorem. AIP Conference Proceedings. AIP Publishing LLC, 2018, 1978(1): 470015.

[177] Higham N J, Tisseur F. Bounds for eigenvalues of matrix polynomials. Linear Algebra and Its Applications, 2003, 358(1-3): 5-22.

[178] Higham N J, MacKey D S, Tisseur F, et al. Scaling, sensitivity and stability in the numerical solution of quadratic eigenvalue problems. International Journal for Numerical Methods in Engineering, 2008, 73(3): 344-360.

[179] Hillar C J, Lim L H. Most tensor problems are NP-hard. Journal of the ACM (JACM), 2013, 60(6): 1-39.

[180] Hladík M, Daney D, Tsigaridas E. Bounds on real eigenvalues and singular values of interval matrices. SIAM Journal on Matrix Analysis and Applications, 2010, 31(4): 2116-2129.

[181] Hladík M. Bounds on eigenvalues of real and complex interval matrices. Applied Mathematics and Computation, 2013, 219(10): 5584-5591.

[182] Hmamed A, Bouchra M E. Comments on necessary and sufficient conditions for the Hurwitz and Schur stability of interval matrices. IEEE Transactions on Automatic Control, 1996, 41(2): 311.

[183] Hoffman A J. On the nonsingularity of real matrices, Math. Comp., 1965, 19(89): 56-61.

[184] Hoffman A J. Geršgorin variations I: on a theme of Pupkov and Solovév. Linear Algebra and Its Applications, 2000, 304(1-3): 173-177.

[185] Hoffman A J. Geršgorin variations II: On themes of Fan and Gudkov. Advances in Computational Mathematics, 2006, 25(1-3): 1-6.

[186] Hoffman A J, Wu C W. Geršgorin variations IV: A left eigenvector approach. Linear Algebra and Its Applications, 2016, 498: 136-144.

[187] Horn R A, Johnson C R. Matrix Analysis. New York: Cambridge University Press, 1985.

[188] Horn R A, Johnson C R. Topics in Matrix Analysis. Cambridge: Cambridge University Press, 1991.

[189] Horn R A, Rhee N H, Wasin S. Eigenvalue inequalities and equalities. Linear Algebra and Its Applications, 1998, 270(1-3): 29-44.

[190] Horn R A, Zhang F Z. Bounds on the spectral radius of a Hadamard product of nonnegative or positive semidefinite matrices. The Electronic Journal of Linear Algebra, 2010, 20: 90-94.

[191] Hu S L, Huang Z H, Ling C, et al. On determinants and eigenvalue theory of tensors. Journal of Symbolic Computation, 2013, 50: 508-531.

[192] Hu S L, Ye K. Multiplicities of tensor eigenvalues. Communications in Mathematical Sciences, 2016, 14(4): 1049-1071.

[193] Huang T Z, Zhang W, Shen S Q. Regions containing eigenvalues of a matrix. The Electronic Journal of Linear Algebra, 2006, 15(1): 215-224.

[194] Huang T Z, Wang L. Improving bounds for eigenvalues of complex matrices using traces. Linear Algebra and Its Applications, 2007, 426(2-3): 841-854.

[195] 黄廷祝, 杨传胜. 特殊矩阵分析及应用. 北京: 科学出版社, 2007.

[196] Huang T Z, Zhu Y. Estimation of $||A^{-1}||_\infty$ for weakly chained diagonally dominant M-matrices. Linear Algebra and Its Applications, 2010, 432(2-3): 670-677.

[197] Huang Z H, Qi L. Tensor complementarity problems-part I: basic theory. Journal of Optimization Theory and Applications, 2019, 183(1): 1-23.

[198] Huang Z H, Qi L. Tensor complementarity problems-part III: applications. Journal of Optimization Theory and Applications, 2019, 183(3): 771-791.

[199] Huang Z H, Qi L. Formulating an n-person noncooperative game as a tensor complementarity problem. Computational Optimization and Applications, 2017, 66(3): 557-576.

[200] Jarlebring E, Michiels W, Meerbergen K. A linear eigenvalue algorithm for the nonlinear eigenvalue problem. Numerische Mathematik, 2012, 122(1): 169-195.

[201] Johnson C R. Geršgorin sets and the field of values. Journal of Mathematical Analysis and Applications, 1974, 45(2): 416-419.

[202] Johnson C R. Row stochastic matrices similar to doubly stochastic matrices. Linear and Multilinear Algebra, 1981, 10(2): 113-130.

[203] Johnson C R. A Geršgorin-type lower bound for the smallest singular value. Linear Algebra and Its Applications, 1989, 112: 1-7.

[204] Johnson C R. Matrix completion problems: a survey. Matrix Theory and Applications, 1990, 40: 171-198.

[205] Johnson C R, Szulc T. Further lower bounds for the smallest singular value. Linear Algebra and Its Applications, 1998, 272(1-3): 169-179.

[206] Johnson C, Peña J, Szulc T. Optimal Geršgorin-style estimation of the singular value. The Electronic Journal of Linear Algebra, 2012, 25: 48-59.

[207] Johnston R L. Gerschgorin theorems for partitioned matrices. Linear Algebra and Its Applications, 1971, 4(3): 205-220.

[208] Kannan M R, Shaked-Monderer N, Berman A. Some properties of strong H-tensors and general H-tensors. Linear Algebra and Its Applications, 2015, 476: 42-55.

[209] Kierzkowski J, Smoktunowicz A. Block normal matrices and Gershgorin-type discs. The Electronic Journal of Linear Algebra, 2011, 22: 1059-1069.

[210] Kirkland S, Psarrakos P J, Tsatsomeros M J. On the location of the spectrum of hypertournament matrices. Linear Algebra and Its Applications, 2001, 323(1-3): 37-49.

[211] Kirkland S J, Neumann M, Ormes N, Xu J. On the elasticity of the Perron root of a nonnegative matrix. SIAM Journal on Matrix Analysis and Applications, 2002, 24(2): 454-464.

[212] Kirkland S. Girth and subdominant eigenvalues for stochastic matrices. The Electronic Journal of Linear Algebra, 2005, 12: 25-41.

[213] Kirkland S. A cycle-based bound for subdominant eigenvalues of stochastic matrices. Linear and Multilinear Algebra, 2009, 57(3): 247-266.

[214] Kirkland S. Subdominant eigenvalues for stochastic matrices with given column sums. The Electronic Journal of Linear Algebra, 2009, 18: 784-800.

[215] Kohno T, Niki H, Sawami H, et al. An iterative test for H-matrix. Journal of Computational and Applied Mathematics, 2000, 115(1-2): 349-355.

[216] Kolda T G, Bader B W. Tensor decompositions and applications. SIAM Review, 2009, 51(3): 455-500.

[217] Kolda T G, Mayo J R. Shifted power method for computing tensor eigenpairs. SIAM Journal on Matrix Analysis and Applications, 2011, 32(4): 1095-1124.

[218] Kolda T G, Mayo J R. An adaptive shifted power method for computing generalized tensor eigenpairs. SIAM Journal on Matrix Analysis and Applications, 2014, 35(4): 1563-1581.

[219] Kolotilina L Y. Lower bounds for the Perron root of a nonnegative matrix. Linear Algebra and Its Applications, 1993, 180: 133-151.

[220] Kolotilina L Y. Nonsingularity/singularity criteria for nonstrictly block diagonally dominant matrices. Linear Algebra and Its Applications, 2003, 359(1-3): 133-159.

[221] Kolotilina L Y. Generalizations of the Ostrowski-Brauer theorem. Linear Algebra and Its Aplications, 2003, 364: 65-80.

[222] Kolotilina L Y. Pseudoblock conditions of diagonal dominance. Zapiski Nauchnykh Seminarov POMI, 2005, 323: 94-131.

[223] Kolotilina L Y. Bounds for the infinity norm of the inverse for certain M-and H-matrices. Linear Algebra and Its Applications, 2009, 430(2-3): 692-702.

[224] Kolotilina L Y. Diagonal dominance characterization of PM-and PH-matrices. Journal of Mathematical Sciences, 2010, 165(5): 556-561.

[225] Kolotilina L Y. On bounding inverses to Nekrasov matrices in the infinity norm. Zapiski Nauchnykh Seminarov POMI, 2013, 419: 111-120.

[226] Kolotilina L Y. Some characterizations of Nekrasov and S-Nekrasov matrices. Zapiski Nauchnykh Seminarov POMI, 2014, 428: 152-165.

[227] Kolotilina L Y. Bounds for the inverses of generalized Nekrasov matrices. Journal of Mathematical Sciences, 2015, 207(5): 786-794.

[228] Kolotilina L Y. New Nonsingularity conditions for general matrices and the associated eigenvalue inclusion sets. Journal of Mathematical Sciences, 2016, 216(6): 805-815.

[229] Kolotilina L Y. Bounds on the l_∞ norm of inverses for certain block matrices. Zapiski Nauchnykh Seminarov POMI, 2016, 216(6): 816-824.

[230] Kolotilina L Y. A new subclass of the class of nonsingular H-matrices and related inclusion sets for eigenvalues and singular values. Zapiski Nauchnykh Seminarov POMI, 2018, 472: 166-178.

[231] Kolotilina L Y. On Dashnic-Zusmanovich (DZ) and Dashnic-Zusmanovich Type (DZT) matrices and their inverses. Journal of Mathematical Sciences, 2019, 240(6): 799-812.

[232] Kolotilina L Y. Some bounds for inverses involving matrix sparsity pattern. Journal of Mathematical Sciences, 2020, 249(2): 242-255.

[233] Kostić V R, Cvetković L J, Varga R S. Geršgorin-type localizations of generalized eigenvalues. Numerical Linear Algebra with Applications, 2009, 16(11-12): 883-898.

[234] Kostić V R, Varga R S, Cvetković L. Localization of generalized eigenvalues by Cartesian ovals. Numerical Linear Algebra with Applications, 2012, 19(4): 728-741.

[235] Kostić V R. On general principles of eigenvalue localizations via diagonal dominance. Advances in Computational Mathematics, 2015, 41(1): 55-75.

[236] Kostić V R, MieDlar A, Stolwijk J J. On matrix nearness problems: distance to delocalization. SIAM Journal on Matrix Analysis and Applications, 2015, 36(2): 435-460.

[237] Kostić V R, MieDlar A, Cvetković L. An algorithm for computing minimal Geršgorin sets. Numerical Linear Algebra with Applications, 2016, 23(2): 272-290.

[238] Kostić V R, Cvetković L, Cvetković D L. Pseudospectra localizations and their applications. Numerical Linear Algebra with Applications, 2016, 23(2): 356-372.

[239] Kostić V R, Cvetković L, Cvetković D L. Improved stability indicators for empirical food webs. Ecological Modelling, 2016, 320: 1-8.

[240] Kostić V R, Cvetković L. On the inertia of the block H-matrices. Numerical Linear Algebra with Applications, 2017, 24(5): e2101.

[241] Kostić V R, Gardašević D. On the Geršgorin-type localizations for nonlinear eigenvalue problems. Applied Mathematics and Computation, 2018, 337: 179-189.

[242] Kostić V R, Cvetković L, Šanca E. From pseudospectra of diagonal blocks to pseudospectrum of a full matrix. Journal of Computational and Applied Mathematics, 2021, 386: 113265.

[243] Kovarik Z V, Olesky D D. Sharpness of generalized Gerschgorin disk. Linear Algebra and its Applications, 1974, 8(6): 477-482.

[244] Kressner D. Finding the distance to instability of a large sparse matrix. 2006 IEEE Conference on Computer Aided Control System Design, 2006 IEEE International Conference on Control Applications, 2006 IEEE International Symposium on Intelligent Control. IEEE, 2006: 31-35.

[245] Kressner D. A block Newton method for nonlinear eigenvalue problems. Numerische Mathematik, 2009, 114(2): 355-372.

[246] Kressner D, Vandereycken B. Subspace methods for computing the pseudospectral abscissa and the stability radius. SIAM Journal on Matrix Analysis and Applications, 2014, 35(1): 292-313.

[247] Kushel O Y, Pavani R. Generalization of the concept of diagonal dominance with applications to matrix D-stability. Linear Algebra and Its Applications, 2021, 630: 204-224.

[248] Lancaster P, Psarrakos P. On the pseudospectra of matrix polynomials. SIAM Journal on Matrix Analysis and Applications, 2005, 27(1): 115-129.

[249] Lay D C, Lay S R, McDonald J J. Linear Algebra and Its Applications. 5th ed. Pearson, 2016.

[250] Levinger B, Varga R. Minimal gerschgorin sets. II. Pacific Journal of Mathematics, 1966, 17(2): 199-210.

[251] Lévy, L. Sur le possibilité du l'equibre électrique. Comptes Rendus de l'Académie des Sciences, 1881, 93: 706-708.

[252] Li B S, Tsatsomeros M J. Doubly diagonally dominant matrices. Linear Algebra and Its Applications, 1997, 261(1-3): 221-235.

[253] Li B S, Li L, Harada M, et al. An iterative criterion for H-matrices. Linear Algebra and Its Applications, 1998, 271(1-3): 179-190.

[254] Li C K, Schneider H. Applications of Perron-Frobenius theory to population dynamics. Journal of Mathematical Biology, 2002, 44(5): 450-462.

[255] Li C K, Zhang F Z. Eigenvalue continuity and Geršgorin's theorem. Electronic Journal of Linear Algebra, 2019, 35(1): 619-625.

[256] Li C Q, Li Y T, Zhao R J. New inequalities for the minimum eigenvalue of M-matrices. Linear and Multilinear Algebra, 2013, 61(9): 1267-1279.

[257] Li C Q, Hu B H, Li Y T. Simplifications of the Ostrowski upper bounds for the spectral. The Electronic Journal of Linear Algebra, 2014, 27: 237-249.

[258] Li C Q, Li Y T. New regions including eigenvalues of Toeplitz matrices. Linear and Multilinear Algebra, 2014, 62(2): 229-241.

[259] Li C Q, Li Y T. A modification of eigenvalue localization for stochastic matrices. Linear Algebra and Its Applications, 2014, 460: 231-241.

[260] Li C Q, Li Y T, Kong X. New eigenvalue inclusion sets for tensors. Numerical Linear Algebra with Applications, 2014, 21(1): 39-50.

[261] Li C Q, Wang F, Zhao J X, Zhu Y, Li Y T. Criterions for the positive definiteness of real supersymmetric tensors. Journal of Computational and Applied Mathematics, 2014, 255: 1-14.

[262] Li C Q, Li Y T. Double B-tensors and quasi-double B-tensors. Linear Algebra and Its Applications, 2015, 466: 343-356.

[263] Li C Q, Liu Q B, Li Y T. Geršgorin-type and Brauer-type eigenvalue localization sets of stochastic matrices. Linear and Multilinear Algebra, 2015, 63(11): 2159-2170.

[264] Li C Q, Jiao A Q, Li Y T. An S-type eigenvalue localization set for tensors. Linear Algebra and Its Applications, 2016, 493: 469-483.

[265] Li C Q, Li Y T. Note on error bounds for linear complementarity problems for B-matrices. Applied Mathematics Letters, 2016, 57: 108-113.

[266] Li C Q, Li Y T. Weakly chained diagonally dominant B-matrices and error bounds for linear complementarity problems. Numerical Algorithms, 2016, 73(4): 985-998.

[267] Li C Q, Cvetković L, Wei Y M, Zhao J X. An infinity norm bound for the inverse of Dashnic-Zusmanovich type matrices with applications. Linear Algebra and Its Applications, 2019, 565: 99-122.

[268] Li C Q, Liu Y J, Li Y T. C-eigenvalues intervals for piezoelectric-type tensors. Applied Mathematics and Computation, 2019, 358: 244-250.

[269] Li C Q, Liu Q L, Wei Y M. Pseudospectra localizations for generalized tensor eigenvalues to seek more positive definite tensors. Computational and Applied Mathematics, 2019, 38(4): 1-22.

[270] Li C Q. Schur complement-based infinity norm bounds for the inverse of SDD matrices. Bulletin of the Malaysian Mathematical Sciences Society, 2020, 43(5): 3829-3845.

[271] Li C Q, Liu Y J, Li Y T. Note on Z-eigenvalue inclusion theorems for tensors. Journal of Industrial and Management Optimization, 2021, 17(2): 687.

[272] Li C Q, Huang Z Y, Zhao J X. On Schur complements of Dashnic-Zusmanovich type matrices. Linear and Multilinear Algebra, 2022, 70(19): 4071-4096.

[273] Li C X, Wu S L. A class of modulus-based matrix splitting methods for vertical linear complementarity problem. Optimization, 2022: 1-18.

[274] Li H B, Huang T Z. On a new criterion for the H-matrix property. Applied Mathematics Letters, 2006, 19(10): 1134-1142.

[275] Li H B, Huang T Z, Shen S Q, et al. Lower bounds for the minimum eigenvalue of Hadamard product of an M-matrix and its inverse. Linear Algebra and Its Applications, 2007, 420(1): 235-247.

[276] Li H B, Huang T Z, Li H, et al. Optimal Gerschgorin-type inclusion intervals of singular values. Numerical Linear Algebra with Applications, 2007, 14(2): 115-128.

[277] Li H B, Huang T Z, Li H. On some subclasses of P-matrices. Numerical Linear Algebra with Applications, 2007, 14(5): 391-405.

[278] Li J C, Li G. Error bounds for linear complementarity problems of S-QN matrices. Numerical Algorithms, 2020, 83(3): 935-955.

[279] Li L. On the iterative criterion for generalized diagonally dominant matrices. SIAM Journal on Matrix Analysis and Applications, 2002, 24(1): 17-24.

[280] Li M, Sun Y. Practical criteria for H-matrices. Applied Mathematics and Computation, 2009, 211(2): 427-433.

[281] Li S H, Li C Q, Li Y T. M-eigenvalue inclusion intervals for a fourth-order partially symmetric tensor. Journal of Computational and Applied Mathematics, 2019, 356: 391-401.

[282] Li W. On nekrasov matrices. Linear Algebra and Its Applications, 1998, 281(1-3): 87-96.

[283] Li W. The infinity norm bound for the inverse of nonsingular diagonal dominant matrices. Applied Mathematics Letters, 2008, 21(3): 258-263.

[284] Li W, Liu D, Vong S W. Z-eigenpair bounds for an irreducible nonnegative tensor. Linear Algebra and Its Applications, 2015, 483: 182-199.

[285] Li W, Ng M K. Some bounds for the spectral radius of nonnegative tensors. Numerische Mathematik, 2015, 130(2): 315-335.

[286] 黎稳, 郑华. 线性互补问题的数值分析. 华南师范大学学报 (自然科学版), 2015, 47(3): 1-9.

[287] Li W, Liu W, Vong S. On the Z-Eigenvalue Bounds for a Tensor. Numerical Mathematics: Theory, Methods and Applications, 2018, 11(4): 810-826.

[288] Li W, Liu W, Vong S W. Some bounds for H-eigenpairs and Z-eigenpairs of a tensor. Journal of Computational and Applied Mathematics, 2018, 342: 37-57.

[289] Li W, Ke R, Ching W K, et al. A C-eigenvalue problem for tensors with applications to higher-order multivariate Markov chains. Computers and Mathematics with Applications, 2019, 78(3): 1008-1025.

[290] Li Y T, Liu Q L, Qi L Q. Programmable criteria for strong $\mathcal{H}$-tensors. Numerical Algorithms, 2017, 74(1): 199-221.

[291] Liang C, Yang Y. Shifted eigenvalue decomposition method for computing C-eigenvalues of a piezoelectric-type tensor. Computational and Applied Mathematics, 2021, 40(7): 1-22.

[292] Lim L H. Singular values and eigenvalues of tensors: a variational approach.1st IEEE International Workshop on Computational Advances in Multi-Sensor Adaptive Processing, 2005. IEEE, 2005: 129-132.

[293] Lim L H. Tensors and hypermatrices. Handbook of Linear Algebra, 2013: 231-260.

[294] Lim L H. Tensors in computations. Acta Numerica, 2021, 30: 555-764.

[295] Lindqvist P. A nonlinear eigenvalue problem. Topics in Mathematical Analysis, 2008, 3: 175-203.

[296] Liu J Z, Huang Y Q, Zhang F Z. The Schur complements of generalized doubly diagonally dominant matrices. Linear Algebra and Its Applications, 2004, 378: 231-244.

[297] Liu J Z, Huang Y Q. Some properties on Schur complements of H-matrices and diagonally dominant matrices. Linear Algebra and Its Applications, 2004, 389: 365-380.

[298] Liu J Z, Zhang F Z. Disc separation of the Schur complement of diagonally dominant matrices and determinantal bounds. SIAM Journal on Matrix Analysis and Applications, 2005, 27(3): 665-674.

[299] Liu J Z, Li J C, Huang Z H, et al. Some properties of Schur complements and diagonal-Schur complements of diagonally dominant matrices. Linear Algebra and Its Applications, 2008, 428(4): 1009-1030.

[300] Liu J Z, Huang Z J, Zhang J. The dominant degree and disc theorem for the Schur complement of matrix. Applied Mathematics and Computation, 2010, 215(12): 4055-4066.

[301] Liu J Z, Huang Z J. The Schur complements of γ-diagonally and product γ-diagonally dominant matrix and their disc separation. Linear Algebra and Its Applications, 2010, 432(4): 1090-1104.

[302] Liu J Z, Zhang J, Liu Y. The Schur complement of strictly doubly diagonally dominant matrices and its application. Linear Algebra and Its Applications, 2012, 437(1): 168-183.

[303] Liu J Z, Zhang J, Zhou L, et al. The Nekrasov diagonally dominant degree on the Schur complement of Nekrasov matrices and its applications. Applied Mathematics and Computation, 2018, 320: 251-263.

[304] Liu S L. Bounds for the greatest characteristic root of a nonnegative matrix. Linear Algebra and Its Applications, 1996, 239: 151-160.

[305] Liu W H, Jin X Q. A study on T-eigenvalues of third-order tensors. Linear Algebra and its Applications, 2021, 612: 357-374.

[306] Lu L, Ng M K. Localization of Perron roots. Linear Algebra and Its Applications, 2004, 392: 103-117.

[307] Lu Y, Pan J. Shifted power method for computing tensor H-eigenpairs. Numerical Linear Algebra with Applications, 2016, 23(3): 410-426.

[308] Lui S H. Computation of pseudospectra by continuation. SIAM Journal on Scientific Computing, 1997, 18(2): 565-573.

[309] Mangasarian O L, Pang J S. The extended linear complementarity problem. SIAM Journal on Matrix Analysis and Applications, 1995, 16(2): 359-368.

[310] Mansour M. Robust stability of interval matrices. Proceedings of the 28th IEEE Conference on Decision and Control. IEEE, 1989: 46-51.

[311] Marsli R, Hall F J. Further results on Geršgorin discs. Linear Algebra and Its Applications, 2013, 439(1): 189-195.

[312] Marsli R, Hall F J. Geometric multiplicities and Geršgorin discs. The American Mathematical Monthly, 2013, 120(5): 452-455.

[313] Marsli R, Hall F J. On the location of eigenvalues of real matrices. The Electronic Journal of Linear Algebra, 2017, 32: 357-364.

[314] Marsli R, Hall F J. On bounding the eigenvalues of matrices with constant row-sums. Linear and Multilinear Algebra, 2019, 67(4): 672-684.

[315] Marsli R, Hall F J. Equivalence classes of e-matrices and associated eigenvalue localization regions. Linear and Multilinear Algebra, 2020, 68(5): 915-930.

[316] Mathias R, Pang J S. Error bounds for the linear complementarity problem with a P-matrix. Linear Algebra and Its Applications, 1990, 132: 123-136.

[317] Melman A. Bounds on the extreme eigenvalues of real symmetric Toeplitz matrices. SIAM Journal on Matrix Analysis and Applications, 2000, 21(2): 362-378.

[318] Melman A. Extreme eigenvalues of real symmetric Toeplitz matrices. Mathematics of Computation, 2001, 70(234): 649-669.

[319] Melman A. Spectral inclusion sets for structured matrices. Linear Algebra and Its Applications, 2009, 431(5-7): 633-656.

[320] Melman A. An alternative to the Brauer set. Linear and Multilinear Algebra, 2010, 58(3): 377-385.

[321] Melman A. Gershgorin disk fragments. Mathematics Magazine, 2010, 83(2): 123-129.

[322] Melman A. Generalizations of Gershgorin disks and polynomial zeros. Proceedings of the American Mathematical Society, 2010, 138(7): 2349-2364.

[323] Melman A. Modified Gershgorin disks for companion matrices. SIAM Review, 2012, 54(2): 355-373.

[324] Melman A. Ovals of Cassini for Toeplitz matrices. Linear and Multilinear Algebra, 2012, 60(2): 189-199.

[325] Melman A. Upper and lower bounds for the Perron root of a nonnegative matrix. Linear and Multilinear Algebra, 2013, 61(2): 171-181.

[326] Melman A. A single oval of Cassini for the zeros of a polynomial. Linear and Multilinear Algebra, 2013, 61(2): 183-195.

[327] Melman A. Cauchy-type inclusion and exclusion regions for polynomial zeros. The Teaching of Mathematics, 2014, 17(1): 39-50.

[328] Melman A. Bounds for eigenvalues of matrix polynomials with applications to scalar polynomials. Linear Algebra and Its Applications, 2016, 504: 190-203.

[329] Melman A. Cauchy, Gershgorin, and matrix polynomials. Mathematics Magazine, 2018, 91(4): 274-285.

[330] Melman A. Eigenvalue localization under partial spectral information. Linear Algebra and its Applications, 2019, 573: 12-25.

[331] Melman A. Polynomial eigenvalue bounds from companion matrix polynomials. Linear and Multilinear Algebra, 2019, 67(3): 598-612.

[332] Melman A. Directional bounds for polynomial zeros and eigenvalues. Journal of Mathematical Analysis and Applications, 2020, 482(2): 123571.

[333] Melman A. Zero Exclusion sectors for some polynomials with structured coefficients. The American Mathematical Monthly, 2021, 128(4): 322-336.

[334] Melman A. Polynomials whose zeros are powers of a given polynomial's zeros. The American Mathematical Monthly, 2022, 129(3): 276-280.

[335] Mendes Araújo C, Torregrosa J R. Some results on B-matrices and doubly B-matrices. Linear Algebra and Its Applications, 2014, 459: 101-120.

[336] Mendes Araújo C, Mendes-Gonçalves S. On a class of nonsingular matrices containing B-matrices. Linear Algebra and Its Applications, 2019, 578: 356-369.

[337] Mengi E. Large-scale and global maximization of the distance to instability. SIAM Journal on Matrix Analysis and Applications, 2018, 39(4): 1776-1809.

[338] Meyer D, Veselić K. On some new inclusion theorems for the eigenvalues of partitioned matrices. Numerische Mathematik, 1980, 34(4): 431-437.

[339] Mezzadri F, Galligani E. Modulus-based matrix splitting methods for horizontal linear complementarity problems. Numerical Algorithms, 2020, 83(1): 201-219.

[340] Mezzadri F, Galligani E. A modulus-based nonsmooth Newton's method for solving horizontal linear complementarity problems. Optimization Letters, 2021, 15(5): 1785-1798.

[341] Mezzadri F, Galligani E. Projected splitting methods for vertical linear complementarity problems. Journal of Optimization Theory and Applications, 2022, 193(1): 598-620.

[342] Mezzadri F. A modulus-based formulation for the vertical linear complementarity problem. Numerical Algorithms, 2022, 90(4): 1547-1568.

[343] Michailidou C, Psarrakos P. Gershgorin type sets for eigenvalues of matrix polynomials. The Electronic Journal of Linear Algebra, 2018, 34(1): 652-674.

[344] Milićević S, Kostić V R, Cvetković L, et al. An implicit algorithm for computing the minimal Geršgorin set. Filomat, 2019, 33(13): 4229-4238.

[345] Morača N. Upper bounds for the infinity norm of the inverse of SDD and S-SDD matrices. Journal of Computational and Applied Mathematics, 2007, 206(2): 666-678.

[346] Morača N. Bounds for norms of the matrix inverse and the smallest singular value. Linear Algebra and Its Applications, 2008, 429(10): 2589-2601.

[347] Moore R E. Interval Arithmetic and Automatic Error Analysis in Digital Computing. Ph.D. dissertation, Department of Mathematics, Stanford University, Stanford, CA, 1962.

[348] Moore R E. Interval Analysis. Englewood Cliffs, NJ: Prentice-Hall, 1966.

[349] Morača N. Upper bounds for the infinity norm of the inverse of SDD and S-SDD matrices. Journal of Computational and Applied Mathematics, 2007, 206(2): 666-678.

[350] Murty K G. On a characterization of P-matrices. SIAM Journal on Applied Mathematics, 1971, 20(3): 378-384.

[351] Nakatsukasa Y. Geršgorin's theorem for generalized eigenvalue problems in the Euclidean metric. Mathematics of Computation, 2011, 80(276): 2127-2142.

[352] Nedović M, Cvetković L. The Schur complement of PH-matrices. Applied Mathematics and Computation, 2019, 362: 124541.

[353] Nesterov Y, Protasov V Y. Computing closest stable nonnegative matrix. SIAM Journal on Matrix Analysis and Applications, 2020, 41(1): 1-28.

[354] Neumann M, Peña J M, Pryporova O. Some classes of nonsingular matrices and applications. Linear Algebra and Its Applications, 2013, 438(4): 1936-1945.

[355] Ng M, Qi L Q, Zhou G L. Finding the largest eigenvalue of a nonnegative tensor. SIAM Journal on Matrix Analysis and Applications, 2010, 31(3): 1090-1099.

[356] Ni G Y, Qi L Q, Bai M R. Geometric measure of entanglement and U-eigenvalues of tensors. SIAM Journal on Matrix Analysis and Applications, 2014, 35(1): 73-87.

[357] Ni G Y, Bai M R. Spherical optimization with complex variablesfor computing US-eigenpairs. Computational Optimization and Applications, 2016, 65(3): 799-820.

[358] Ni Q, Qi L Q, Wang F. An eigenvalue method for testing positive definiteness identification of a multivariate form. IEEE Transactions on Automatic Control, 2008, 53(5): 1096-1107.

[359] Orera H, Peña J M. Infinity norm bounds for the inverse of Nekrasov matrices using scaling matrices. Applied Mathematics and Computation, 2019, 358: 119-127.

[360] Orera H, Peña J M. Error bounds for linear complementarity problems of B_π^R-matrices. Computational and Applied Mathematics, 2021, 40(3): 1-13.

[361] Ostrowski A M. Über die Determinanten mit überwiegender Hauptdiagonale. Commentarii Mathematici Helvetici, 1937, 10(1): 69-96.

[362] Ostrowski A M. Über das nichtverschwinden einer klasse von determinanten und die lokalisierung der charakteristischen wurzeln von matrizen. Compositio Mathematica, 1951, 9: 209-226.

[363] Ostrowski A M. Note on bounds for some determinants. Duke Mathematical Journal, 1955, 22(1): 95-102.

[364] Ostrowski A M. Determinanten mit überwiegender Hauptdiagonale und die absolute Konvergenz von linearen Iterationsprozessen. Commentarii Mathematici Helvetici, 1956, 30(1): 175-210.

[365] Ostrowski A M. On some conditions for nonvanishing of determinants. Proceedings of the American Mathematical Society, 1961, 12(2): 268-273.

[366] Ostrowski A M. On subdominant roots of nonnegative matrices. Linear Algebra and Its Applications, 1974, 8(2): 179-184.

[367] Pan S Z, Chen S C. An upper bound for $||A^{-1}||_\infty$ of strictly doubly diagonally dominant matrices. J. Fuzhou Univ. Nat. Sci. Ed, 2008, 36: 39-642.

[368] 逢明贤. 矩阵谱论. 长春: 吉林大学出版社, 1989.

[369] 逢明贤. 关于 Brauer 定理的注记. 数学研究与评论, 1996, 16(4): 631-632.

[370] 逢明贤. Cassini 卵形谱包含域的改进及应用. 数学学报, 2003, 46(6): 1055-1062.

[371] Parlett B N. A result complementary to Geršgorin's circle theorem. Linear Algebra and Its Applications, 2009, 431(1-2): 20-27.

[372] Pastravanu O, Matcovschi M H. Sufficient conditions for Schur and Hurwitz diagonal stability of complex interval matrices. Linear Algebra and Its Applications, 2015, 467: 149-173.

[373] Peña J M. Pivoting strategies leading to diagonal dominance by rows. Numerische Mathematik, 1998, 81(2): 293-304.

[374] Peña J M. A class of P-matrices with applications to the localization of the eigenvalues of a real matrix. SIAM Journal on Matrix Analysis and Applications, 2001, 22(4): 1027-1037.

[375] Peña J M. On an alternative to Gerschgorin circles and ovals of Cassini. Numerische Mathematik, 2003, 95(2): 337-345.

[376] Peña J M. A stable test to check if a matrix is a nonsingular M-matrix. Mathematics of computation, 2004, 73(247): 1385-1392.

[377] Peña J M. Exclusion and inclusion intervals for the real eigenvalues of positive matrices. SIAM Journal on Matrix Analysis and Applications, 2005, 26(4): 908-917.

[378] Peña J M. Refining Gerschgorin disks through new criteria for nonsingularity. Numerical Linear Algebra with Applications, 2007, 14(8): 665-671.

[379] Peña J M. Eigenvalue bounds for some classes of P-matrices. Numerical Linear Algebra with Applications, 2009, 16(11-12): 871-882.

[380] Peña J M. Eigenvalue localization for totally positive matrices. Positive Systems. Berlin, Heidelberg: Springer, 2009: 123-130.

[381] Peña J M. Diagonal dominance, Schur complements and some classes of H-matrices and P-matrices. Advances in Computational Mathematics, 2011, 35(2-4): 357-373.

[382] Peña J M. Eigenvalue localization and pivoting strategies for Gaussian elimination. Applied Mathematics and Computation, 2013, 219(14): 7725-7729.

[383] Peña J M. Eigenvalue localization and Neville elimination. Applied Mathematics and Computation, 2014, 242: 340-345.

[384] Petráš I. Stability of fractional-order systems with rational orders. in: Fractional-Order Nonlinear Systems. Nonlinear Physical Science. Berlin, Heidelberg: Springer, 2011.

[385] Powers D L. A block Geršgorin theorem. Linear Algebra and Its Applications, 1976, 13(1-2): 45-52.

[386] Qi L Q. Some simple estimates for singular values of a matrix. Linear Algebra and Its Applications, 1984, 56: 105-119.

[387] Qi L Q. Eigenvalues of a real supersymmetric tensor. Journal of Symbolic Computation, 2005, 40(6): 1302-1324.

[388] Qi L Q. Eigenvalues and invariants of tensors. Journal of Mathematical Analysis and Applications, 2007, 325(2): 1363-1377.

[389] Qi L Q, Wang Y J, Wu E X. D-eigenvalues of diffusion kurtosis tensors. Journal of Computational and Applied Mathematics, 2008, 221(1): 150-157.

[390] Qi L Q, Dai H H, Han D R. Conditions for strong ellipticity and M-eigenvalues. Frontiers of Mathematics in China, 2009, 4(2): 349-364.

[391] Qi L Q, Wang F, Wang Y J. Z-eigenvalue methods for a global polynomial optimization problem. Mathematical Programming, 2009, 118(2): 301-316.

[392] Qi L Q, Song Y S. An even order symmetric B tensor is positive definite. Linear Algebra and Its Applications, 2014, 457(457): 303-312.

[393] Qi L Q, Luo Z Y. Tensor analysis: spectral theory and special tensors. Society for Industrial and Applied Mathematics, 2017.

[394] Qi L Q, Chen H B, Chen Y N. Tensor Eigenvalues and Their Applications. Singapore: Springer, 2018.

[395] Qi L Q, Huang Z H. Tensor complementarity problems-part II: Solution methods. Journal of Optimization Theory and Applications, 2019, 183(2): 365-385.

[396] Rabinowitz P H. Variational methods for nonlinear eigenvalue problems. Eigenvalues of non-linear problems. Berlin, Heidelberg: Springer, 2009: 139-195.

[397] Reichel L, Trefethen L N. Eigenvalues and pseudo-eigenvalues of Toeplitz matrices. Linear Algebra and Its Applications, 1992, 162: 153-185.

[398] Riedel K S. Generalized Epsilon-pseudospectra. SIAM Journal on Numerical Analysis, 1994, 31(4): 1219-1225.

[399] Rohn J. Positive definiteness and stability of interval matrices. SIAM Journal on Matrix Analysis and Applications, 1994, 15(1): 175-184.

[400] Rohn J. An algorithm for checking stability of symmetric interval matrices. IEEE Transactions on Automatic Control, 1996, 41(1): 133-136.

[401] Rohn J, Rex G. Interval P-matrices. SIAM Journal on Matrix Analysis and Applications, 1996, 17(4): 1020-1024.

[402] Rohn J. Bounds on eigenvalues of interval matrices. ZAMM-Zeitschrift fur Angewandte Mathematik und Mechanik, 1998, 78(s3): S1049.

[403] Rojo O, Soto R L, Rojo H. New eigenvalue estimates for complex matrices. Computers and Mathematics with Applications, 1993, 25(3): 91-97.

[404] Rojo O, Soto R, Rojo H. Bounds for the spectral radius and the largest singular value. Computers and Mathematics with Applications, 1998, 36(1): 41-50.

[405] Rojo O, Soto R, Rojo H. Bounds for sums of eigenvalues and applications. Computers and Mathematics with Applications, 2000, 39(7-8): 1-15.

[406] Rothblum U G, Tan C P. Upper bounds on the maximum modulus of subdominant eigenvalues of nonnegative matrices. Linear Algebra and Its Applications, 1985, 66: 45-86.

[407] Rump S M. On P-matrices. Linear Algebra and Its Applications, 2003, 363: 237-250.

[408] Rump S M. Bounds for the determinant by Gershgorin circles. Linear Algebra and Its Applications, 2019, 563: 215-219.

[409] Salas H N. Gershgorin's theorem for matrices of operators. Linear Algebra and Its Applications, 1999, 291(1-3): 15-36.

[410] Šanca E, Kostić V R, Cvetković L. Fractional pseudospectra and their localizations. Linear Algebra and Its Applications, 2018, 559: 244-269.

[411] Schäfer U. A linear complementarity problem with a P-matrix. SIAM Review, 2004, 46(2): 189-201.

[412] Schur J. Über Potenzreihen, die im Innern des Einheitskreises beschränkt sind. Journal für die reine und angewandte Mathematik, 1917, 147: 205-232.

[413] Sezer M E, Siljak D D. On stability of interval matrices. IEEE Transactions on Automatic Control, 1994, 39(2): 368-371.

[414] Shao X H, Wang Z, Shen H L. A sign-based linear method for horizontal linear complementarity problems. Numerical Algorithms, 2022, 91(3): 1165-1181.

[415] Shen S Q, Huang T Z, Jing Y F. On inclusion and exclusion intervals for the real eigenvalues of real matrices. SIAM Journal on Matrix Analysis and Applications, 2009, 31(2): 816-830.

[416] Shen S Q, Yu J, Huang T Z. Some classes of nonsingular matrices with applications to localize the real eigenvalues of real matrices. Linear Algebra and Its Applications, 2014, 447: 74-87.

[417] Shivakumar P N, Chew K H. A sufficient condition for nonvanishing of determinants. Proceedings of the American Mathematical Society, 1974, 43(1): 63-66.

[418] Shivakumar P N, Williams J J, Ye Q, et al. On two-sided bounds related to weakly diagonally dominant M-matrices with application to digital circuit dynamics. SIAM Journal on Matrix Analysis and Applications, 1996, 17(2): 298-312.

[419] Shen S Q, Huang T Z, Jing Y F. On inclusion and exclusion intervals for the real eigenvalues of real matrices. SIAM Journal on Matrix Analysis and Applications, 2009, 31(2): 816-830.

[420] Shen S Q, Yu J, Huang T Z. Some classes of nonsingular matrices with applications to localize the real eigenvalues of real matrices. Linear Algebra and Its Applications, 2014, 447: 74-87.

[421] Song Y S, Qi L Q. Properties of some classes of structured tensors. Journal of Optimization Theory and Applications, 2015, 165(3): 854-873.

[422] Song Y S, Yu G H. Properties of solution set of tensor complementarity problem. Journal of Optimization Theory and Applications, 2016, 170(1): 85-96.

[423] Song Y S, Mei W. Structural properties of tensors and complementarity problems. Journal of Optimization Theory and Applications, 2018, 176(2): 289-305.

[424] Song Y Z. Lower bounds for the Perron root of a nonnegative matrix. Linear Algebra and Its Applications, 1992, 169: 269-278.

[425] Song Y Z. Some new results on generalized diagonally dominant matrices and matrix eigenvalue inclusion regions. arXiv preprint arXiv: 2104. 13204v1 [math.NA] 27 Apr 2021.

[426] Strang G. Introduction to Linear Algebra. 5th ed. Wellesley-Cambridge Press, 2021.

[427] Strang G. Linear Algebra and Learning from Data. Wellesley-Cambridge Press, 2019.

[428] Stewart G W. Gershgorin theory for the generalized eigenvalue problem $Ax = \lambda Bx$. Mathematics of Computation, 1975, 29(130): 600.

[429] Sunaga T. Theory of an interval algebra and its application to numerical analysis. Japan Journal of Industrial and Applied Mathematics, 2009, 26(2-3): 125-143.

[430] Sznajder R, Gowda M S. Generalizations of P_0-and P-properties; extended vertical and horizontal linear complementarity problems. Linear Algebra and Its Applications, 1995, 223-224: 695-715.

[431] Tam T Y, Yan W. On Ky Fan's result on eigenvalues and real singular values of a matrix. Linear Algebra and Its Applications, 2015, 468: 3-17.

[432] Tarjan R. Depth-first search and linear graph algorithms. SIAM Journal on Computing, 1972, 1(2): 146-160.

[433] Taşçi D, Kirkland S. A sequence of upper bounds for the Perron root of a nonnegative matrix. Linear Algebra and Its Applications, 1998, 273(1-3): 23-28.

[434] Taussky O. Bounds for characteristic roots of matrices. Duke Mathematical Journal, 1948, 15(4): 1043-1044.

[435] Taussky O. A recurring theorem on determinants. The American Mathematical Monthly, 1949, 56(10P1): 672-676.

[436] Tian G X, Huang T Z. Inequalities for the minimum eigenvalue of M-matrices. The Electronic Journal of Linear Algebra, 2010, 20: 291-302.

[437] Tisseur F, Meerbergen K. The quadratic eigenvalue problem. SIAM Review, 2001, 43(2): 235-286.

[438] Trefethen L N. Pseudospectra of matrices. Numerical Analysis, 1991, 91: 234-266.

[439] Trefethen L N. Pseudospectra of linear operators. SIAM Review, 1997, 39(3): 383-406.

[440] Trefethen L N. Computation of pseudospectra. Acta Numerica, 1999, 8: 247-295.

[441] Trefethen L N. Spectral methods in MATLAB. Society for Industrial and Applied Mathematics, 2000.

[442] Trefethen L N, Embree M. Spectra and Pseudospectra: The Behavior of Nonnormal Matrices and Operators. Princeton University Press, 2005.

[443] Tsatsomeros M J, Li L. A recursive test for P-matrices. BIT Numerical Mathematics, 2000, 40(2): 410-414.

[444] Uhl M, Seifert U. Affinity-dependent bound on the spectrum of stochastic matrices. Journal of Physics A: Mathematical and Theoretical, 2019, 52(40): 405002.

[445] Varah J M. A lower bound for the smallest singular value of a matrix. Linear Algebra and Its Applications, 1975, 11(1): 3-5.

[446] Varah J M. A practical examination of some numerical methods for linear discrete ill-posed problems. SIAM Review, 1979, 21(1): 100-111.

[447] Varga R S. Minimal Gerschgorin sets. Pacific Journal of Mathematics, 1965, 15(2): 719-729.

[448] Varga R S. On recurring theorems on diagonal dominance. Linear Algebra and Its Applications, 1976, 13(1-2): 1-9.

[449] Varga R S. On diagonal dominance arguments for bounding $||A^{-1}||_\infty$. Linear Algebra and Its Applications, 1976, 14(3): 211-217.

[450] Varga R S, Krautstengl A. On Geršgorin-type problems and ovals of Cassini. Electron. Trans. Numer. Anal., 1999, 8: 15-20.

[451] Varga R S. Matrix Iterative Analysis. 2nd ed. Berlin: Springer-Verlag. Physics Today, 2000, 16(7): 52-54.

[452] Varga R S. Geršgorin-type eigenvalue inclusion theorems and their sharpness. Electronic Transactions on Numerical Analysis, 2001, 12: 113-133.

[453] Varga R S. Geršgorin and His Circles. Berlin: Springer-Verlag, 2004.

[454] Varga R S, Cvetković L, Kostić V. Approximation of the minimal Geršgorin set of a square complex matrix. Electronic Transactions on Numerical Analysis, 2008, 30: 398-405.

[455] Voss H. An Arnoldi method for nonlinear eigenvalue problems. BIT Numerical Mathematics, 2004, 44(2): 387-401.

[456] Voss H. Projection methods for nonlinear sparse eigenvalue problems. Annals of European Academy of Sciences, 2005, 97: 152-183.

[457] Wagenknecht T, Michiels W, Green K. Structured pseudospectra for nonlinear eigenvalue problems. Journal of Computational and Applied Mathematics, 2008, 212(2): 245-259.

[458] Wang B Y, Zhang F. Schur complements and matrix inequalities of Hadamard products. Linear and Multilinear Algebra, 1997, 43(1-3): 315-326.

[459] Wang G, Zhou G, Caccetta L. Z-eigenvalue inclusion theorems for tensors. Discrete and Continuous Dynamical Systems-B, 2017, 22(1): 187.

[460] Wang K, Michel A N. On sufficient conditions for the stability of interval matrices. Systems and Control Letters, 1993, 20(5): 345-351.

[461] Wang K, Michel A N, Liu D. Necessary and sufficient conditions for the Hurwitz and Schur stability of interval matrices. IEEE Transactions on Automatic Control, 1994, 39(6): 1251-1255.

[462] Wang H H, Zhang H B, Li C Q. Global error bounds for the extended vertical LCP of B-type matrices. Computational and Applied Mathematics, 2021, 40(4): 1-15.

[463] Wang Y C, Wei Y M. Generalized eigenvalue for even order tensors via Einstein product and its applications in multilinear control systems. Computational and Applied Mathematics, 2022, 41(8): 419.

[464] Wang Z F, Li C Q, Li Y T. Infimum of error bounds for linear complementarity problems of Σ-SDD and Σ_1-SSD matrices. Linear Algebra and Its Applications, 2019, 581: 285-303.

[465] Ding W Y, Wei Y M. Theory and computation of tensors: multi-dimensional arrays. London, UK: Academic Press, 2016.

[466] Wright T G, Trefethen L N. Pseudospectra of rectangular matrices. IMA Journal of Numerical Analysis, 2002, 22(4): 501-519.

[467] Wu G, Wei Y. A Power-Arnoldi algorithm for computing PageRank. Numerical Linear Algebra with Applications, 2007, 14(7): 521-546.

[468] Xiang S, You Z. Weak block diagonally dominant matrices, weak block H-matrix and their applications. Linear Algebra and Its Applications, 1998, 282(1-3): 263-274.

[469] Xiao Y, Unbehauen R. Robust Hurwitz and Schur stability test for interval matrices. Proceedings of the 39th IEEE Conference on Decision and Control (Cat. No. 00CH37187). IEEE, 2000, 5: 4209-4214.

[470] Xiu N, Zhang J. A characteristic quantity of P-matrices. Applied Mathematics Letters, 2002, 15(1): 41-46.

[471] Xu S J, Rachid A. Generalized Gerschgorin disc and stability analysis of dynamic interval systems. UKACC International Conference on Control'96 (Conf. Publ. No. 427). IET, 1996, 1: 276-280.

[472] Yang Y, Yang Q. Further results for Perron-Frobenius theorem for nonnegative tensors. SIAM Journal on Matrix Analysis and Applications, 2010, 31(5): 2517-2530.

[473] Yang Y, Liang C. Computing the largest C-eigenvalue of a tensor using convex relaxation. Journal of Optimization Theory and Applications, 2022, 192(2): 648-677.

[474] Yang Q, Yang Y. Further results for Perron-Frobenius theorem for nonnegative tensors II. SIAM Journal on Matrix Analysis and Applications, 2011, 32(4): 1236-1250.

[475] Young R C. The algebra of many-valued quantities. Math. Ann., 1931, 104(1): 260-290.

[476] You L, Shu Y, Yuan P. Sharp upper and lower bounds for the spectral radius of a nonnegative irreducible matrix and its applications. Linear and Multilinear Algebra, 2017, 65(1): 113-128.

[477] Zhan X Z. Matrix Theory. American Mathematical Society Providence, Rhode Island, 2013.

[478] Zhang C, Li Y, Chen F. On Schur complement of block diagonally dominant matrices. Linear Algebra and Its Applications, 2006, 414(2-3): 533-546.

[479] Zhang C, Chen X, Xiu N. Global error bounds for the extended vertical LCP. Computational Optimization and Applications, 2009, 42(3): 335-352.

[480] Zhang C Y, Luo S, Huang A, Xu C. The eigenvalue distribution of block diagonally dominant matrices and block H-matrices. The Electronic Journal of Linear Algebra, 2010, 20: 621-639.

[481] 张成毅. H-矩阵研究的新进展. 北京: 科学出版社, 2017.

[482] 张谋成, 黎稳. 非负矩阵论. 广州: 广东高等教育出版社, 1995.

[483] Zhang F Z. Linear Algebra: Challenging Problems for Students. Baltimore: JHU Press, 1996.

[484] Zhang F Z. Matrix Theory: Basic Results and Techniques. New York: Springer, 1999.

[485] Zhang F Z. A matrix identity on the Schur complement. Linear and Multilinear Algebra, 2004, 52(5): 367-373.

[486] Zhang F Z. The Schur Complement and Its Applications. New York: Springer-Verlag, 2005.

[487] Zhang F Z. Geršgorin type theorems for quaternionic matrices. Linear Algebra and Its Applications, 2007, 424(1): 139-153.

[488] Zhang F Z. Linear Algebra: Challenging Problems for Students. Baltimore MD: The Johns Hopkins University Press, 2009.

[489] Zhang J, Xiu N. Global s-type error bound for the extended linear complementarity problem and applications. Mathematical Programming, 2000, 88(2): 391-410.

[490] Zhang L P, Qi L Q, Zhou G L. M-tensors and some applications. SIAM Journal on Matrix Analysis and Applications, 2014, 35(2): 437-452.

[491] Zhang X, Gu D. A note on A. Brauer's theorem. Linear Algebra and Its Applications, 1994, 196: 163-174.

[492] Zhao Z, Bai Z J, Jin X Q. A Riemannian Newton algorithm for nonlinear eigenvalue problems. SIAM Journal on Matrix Analysis and Applications, 2015, 36(2): 752-774.

[493] Zhao J X, Liu Q L, Li C Q, Li Y T. Dashnic-Zusmanovich type matrices: a new subclass of nonsingular H-matrices. Linear Algebra and Its Applications, 2018, 552: 277-287.

[494] Zheng H, Vong S. On convergence of the modulus-based matrix splitting iteration method for horizontal linear complementarity problems of H_+-matrices. Applied Mathematics and Computation, 2020, 369: 124890.

附 录

附录 A 图 2.1 的 MATLAB 代码

```
clc, clear all
A=[1,2,0;-1,-1,0;1,0,-4];
n=length(A);
[A_Eig_Vec, A_Eig]=eig(A); % 计算矩阵 A 的特征值与特征向量
Row_A=sum(abs(A-diag(diag(A)))'); % 计算矩阵 A 的去心行和
% 选取图像所在区域
del=0.005;x_len=6;y_len=5;
x_min=-x_len;x_max=x_len;y_min=-y_len;y_max=y_len;
[x,y]=meshgrid(x_min:del:x_max,y_min:del:y_max);
Z=x+i*y;
% 第一个 Geršgorin 圆盘的边界
gsets_1= abs(Z) < 0;
gsets_1=gsets_1 | abs(Z-A(1,1)) <= Row_A(1);
gsets_1=gsets_1 & abs(Z-A(1,1)) > (Row_A(1)-del);
z_1=Z(gsets_1);
hold on;
plot(real(z_1),imag(z_1),'g.'); text(2.5,1.5,'\Gamma_1(A)')
% 第二个 Geršgorin 圆盘的边界
gsets_2= abs(Z) < 0;
gsets_2=gsets_2 | abs(Z-A(2,2)) <= Row_A(2);
gsets_2=gsets_2 & abs(Z-A(2,2)) > (Row_A(2)-del);
z_2=Z(gsets_2);
plot(real(z_2),imag(z_2),'b.'); text(-2.3,1,'\Gamma_2(A)')
% 第三个 Geršgorin 圆盘的边界
gsets_3= abs(Z)<0;
gsets_3=gsets_3 | abs(Z-A(3,3)) <= Row_A(3);
gsets_3=gsets_3 & abs(Z-A(3,3)) > (Row_A(3)-del);
z_3=Z(gsets_3);
plot(real(z_3),imag(z_3),'r.'); text(-5.2,1,'\Gamma_3(A)')
% 画矩阵 A 的特征值
real_A=real(diag(A_Eig)); imag_A=imag(diag(A_Eig));
plot(real_A,imag_A,'k*')
text(-4.1,-0.2,'-4'); text(0.2,1,'i'); text(0.2,-1,'-i'); axis([-6,4,-3,
    3]); grid on
```

附录 B　图 2.2 的 MATLAB 代码

```
clc, clear all
A=[1,-1,0,0;0,i,-i,0;0,0,-1,1;i,0,0,-i];
n=length(A);
[A_Eig_Vec,A_Eig]=eig(A);
Row_A=sum(abs(A-diag(diag(A)))')
del=0.005;x_len=2;y_len=2;
x_min=-x_len;x_max=x_len;y_min=-y_len;y_max=y_len;
[x,y]=meshgrid(x_min:del:x_max,y_min:del:y_max);
Z=x+i*y;
% Geršgorin 圆盘的边界
gsets= abs(Z) <= 0;
for p=1:n
    gsets=gsets | (abs(Z-A(p,p)) <= Row_A(p));
    gsets=gsets & (abs(Z-A(p,p)) > (Row_A(p)-del));
    z=Z(gsets);
    plot(real(z),imag(z),'g.')
    hold on
end
real_A=real(diag(A_Eig)); imag_A=imag(diag(A_Eig));
plot(real_A,imag_A,'k*'); axis([-2.5,2.5,-2.5,2.5]); grid on
```

附录 C　图 3.4 的 MATLAB 代码

```
clc,clear all
A=[1,1,0,0;0.5,i,0.5,0;0,0,-1,1;1,0,0,-i];
n=length(A); [A_Eig_Vec,A_Eig]=eig(A);
Row_A=sum(abs(A-diag(diag(A)))');
del=0.0125;x_len=2;y_len=2;
x_min=-x_len;x_max=x_len;y_min=-y_len;y_max=y_len;
[x,y]=meshgrid(x_min:del:x_max,y_min:del:y_max); Z=x+i*y;
%Geršgorin 圆盘区域
gsets= abs(Z) < 0;
for p=1:n
    gsets=gsets | abs(Z-A(p,p)) <= Row_A(p);
    gsets=gsets & abs(Z-A(p,p)) > (Row_A(p)-del);
    z=Z(gsets);
    plot(real(z),imag(z),'g.'); hold on
end
% Brauer 卵形区域
bsets= abs(Z) < 0;
for p=1:n-1
    for q=p+1:n
        bsets=bsets | abs(Z-A(p,p)).*abs(Z-A(q,q)) <= Row_A(p) * Row_A(q);
    end
end
z=Z(bsets); plot(real(z),imag(z),'b.')
% 特征值定位集 C(A)
csets = abs(Z) >=0;
for p=1:n
    csets_i= abs(Z) < 0;
    for q=1:n
        if p =q
            csets_i= csets_i | abs(Z-A(p,p)).*(abs(Z-A(q,q))-Row_A(q)+abs
                (A(q,p)))
                    <= abs(A(q,p))*Row_A(p);
        end
    end
    csets = csets & csets_i;
end
z=Z(csets); plot(real(z),imag(z),'r.')
real_A=real(diag(A_Eig)); imag_A=imag(diag(A_Eig));
plot(real_A,imag_A,'k*'); axis([-2,2,-2,2]); grid on
```

附录 D   图 4.2 的 MATLAB 代码

```
clc, clear all
A= [0.0781,0.1563,0.1406,0.5156,0.1094;
0.0833,0.1302,0.1250,0.5208,0.1407;
0.0730,0.2187,0.1146,0.4062,0.1875;
0,0,0,1,0;
0.0625,0.1458,0.1458,0.5625,0.0834];
n=length(A);
[A_Eig_Vec,A_Eig]=eig(A);
A_delte_center=A-diag(diag(A)); A_delte_center1=A-diag(diag(A));
% 计算 γ(A)
for k=1:n
    A_delte_center(k,k)=inf;
end
s_A=min(A_delte_center); gamma_A=max(diag(A)'-s_A);
% 计算 γ̃(A)
for k=1:n
    A_delte_center1(k,k)=0;
end
S_A=max(A_delte_center1); tilde_gamma_A=max(S_A-diag(A)');
del=0.01;x_len=3;y_len=3;
x_min=-x_len;x_max=x_len;y_min=-y_len;y_max=y_len;
[x,y]=meshgrid(x_min:del:x_max,y_min:del:y_max);
Z=x+i*y;
gsets= abs(Z) <= 0;
gsets=gsets | (abs(Z-gamma_A) <= (1-trace(A)+(n-1)*gamma_A));
gsets=gsets & (abs(Z-gamma_A) > (1-trace(A)+(n-1)*gamma_A-del));
z=Z(gsets); plot(real(z),imag(z),'g.'); hold on
ggsets= abs(Z)<= 0;
ggsets=ggsets | (abs(Z+tilde_gamma_A) <= (trace(A)+(n-1)*tilde_gamma_A-1));
z=Z(ggsets); plot(real(z),imag(z),'b.')
real_A=real(diag(A_Eig)); imag_A=imag(diag(A_Eig));
plot(real_A,imag_A,'k*');axis([-2,3,-2,2.3]);grid on
```

附录 E　图 5.1 的 MATLAB 代码

```
clc, clear
m=50;
for i=1:m
    A=[3.2,-2.3,-0.5+rand,-0.05,-0.1;
        -rand,8,-0.5,-1,-rand;
        -1,-(1+rand),5,-0.7,-0.1;
        -4+rand,-0.3,-0.1,6+rand,-0.01;
        -1.5,-(1+rand),-4,-3,11];
    % 每次打开 MATLAB 随机生成的前 50 个矩阵 A 是一致的
    n=length(A);
    % 定理 2.17 中的界
    Varah_bnd(i)=varah_bnd(A);
    % 定理 3.5 中的界
    DSDD_bnd(i)=dsdd_bnd(A);
    % 定理 5.16 中的界
    Inf_bnd_schur(i)= inf_bnd_schur(A);
    A_Inf_bnd(i)=norm(inv(A),inf);
end
t=1:m; plot(t,Varah_bnd,'k+',t,DSDD_bnd,'b*',t,Inf_bnd_schur,'g diamond',
    t,A_Inf_bnd,'r.');
legend(' 定理 2.17 中的界',' 定理 3.5 中的界',' 定理 5.16 中的界',' 矩阵逆的
无穷范数'); grid on
------------------------------------------------------------------------
% varah_bnd 函数
function y=varah_bnd(A)
n=length(A); B=compare_matrix(A); y=min(sum(B'))^(-1);
% compare_matrix 函数
function y=compare_matrix(A)
n=length(A); B=zeros(n,n);
for i=1:n
    B(i,i)=abs(A(i,i));
    for j=1:n
        if i =j
            B(i,j)=-abs(A(i,j));
        end
    end
end
y=B;
% dsdd_bnd 函数
function y=dsdd_bnd(A)
```

```
n=length(A); B=compare_matrix(A);
row1_B=row_sum(B);
bnd=zeros(n,n);
for i=1:n
    for j=1:n
        if i = j
            bnd(i,j)=(B(i,i)+row1_B(j))/ (B(i,i)*B(j,j) - row1_B(i)*row1_
                B(j) );
        end
    end
end
y=max(max(bnd));
% row_sum 函数
function [row1,row12]=row_sum(A)
n=length(A); B=compare_matrix(A);
row1=diag(B)'-sum(B'); Row12=zeros(n,n);
for i=1:n
    for j=1:n
        if j =i
            Row12(i,j)=row1(i)+B(i,j);
        end
    end
end
row12=Row12;
% inf_bnd_schur 函数
function Inf_bnd_schur=inf_bnd_schur(A)
n=length(A); Row=row_sum(A) ;
P_inf=zeros(n,1);
for i=1:n
    P_n_1=zeros(n,1);
    for j=1:n
        if j =i
            P_n_1(j)=abs(A(j,i));
        end
    end
    P_inf(i)=1+max(P_n_1)/abs(A(i,i));
end
B_inv_inf=zeros(n,1);
Rowji=zeros(n,n);
for i=1:n
    for j=1:n
        if j =i
            Rowji(j,i)=abs(A(j,j))-Row(j)+ ((abs(A(i,
```

```
                    i))-Row(i))/abs(A(i,i)))*abs(A(j,i));
        else
            Rowji(j,j)=inf;
        end
    end
    B_inv_inf(i)=1/min([abs(A(i,i)); min(Rowji(:,i))]);
end
Inf_bnd_schur= min(2.*P_inf.*B_inv_inf);
```